海绵之都，生态之城

——上海市海绵城市建设案例集

上海市政工程设计研究总院（集团）有限公司

长三角绿色建筑与韧性城市产业技术联合创新中心

编

上海科学技术出版社

图书在版编目（CIP）数据

海绵之都，生态之城 ：上海市海绵城市建设案例集 / 上海市政工程设计研究总院（集团）有限公司，长三角绿色建筑与韧性城市产业技术联合创新中心编. -- 上海 ：上海科学技术出版社，2022.11（2023.4 重印）
ISBN 978-7-5478-5763-2

Ⅰ. ①海… Ⅱ. ①上… ②长… Ⅲ. ①城市建设－案例－上海 Ⅳ. ①TU984.251

中国版本图书馆CIP数据核字（2022）第134788号

海绵之都，生态之城——上海市海绵城市建设案例集

上海市政工程设计研究总院（集团）有限公司
长三角绿色建筑与韧性城市产业技术联合创新中心 编

上海世纪出版（集团）有限公司
上 海 科 学 技 术 出 版 社 出版、发行
（上海市闵行区号景路 159 弄 A 座 9F-10F）
邮政编码 201101 www. sstp. cn
上海当纳利印刷有限公司印刷
开本 889×1194 1/16 印张 16.5
字数 360 千字
2022 年 11 月第 1 版 2023 年 4 月第 2 次印刷
ISBN 978-7-5478-5763-2/TU·323
定价：130.00 元

编委会

主　　编　吕永鹏

参编人员　李慧杰　梁昕荔　莫祖澜　陈　涛　马　玉
张　格　沈红联　李谐然　叶　挺　李士龙
尹冠霖　刘　爽　谢　胜　谭学军　丁　磊
陈　建　朱五星　叶汇彬　史丽霞　向　阳
唐睿豪

序

我国正处在城镇化高速发展时期，发展不平衡、不充分的矛盾十分突出。针对迄今为止我国城市普遍存在的严峻的“水问题”，习近平总书记多次强调要建设“自然积存、自然渗透、自然净化”的海绵城市。2015年国务院办公厅印发了《关于推进海绵城市建设的指导意见》(国办发〔2015〕75号)，明确提出了要转变城市建设的发展方式，建设海绵城市，并提出了工作目标任务。党的十九大报告指出，要提供更多优质生活产品以满足人民日益增长的优美生态环境需要。统筹解决“水安全、水环境、水生态、水资源”问题的海绵城市建设，正是涉水生态文明建设的重大民生工程。

2016年4月，经财政部、住房和城乡建设部与水利部批准，上海市入选第二批全国海绵城市建设试点城市，试点区域为浦东新区临港地区。上海市委市政府高度重视海绵城市建设工作，注重顶层设计，从理念、体制机制、政策、标准等方面系统全域推进上海市的海绵城市建设。截至国家海绵城市试点期结束，临港地区共完成197项海绵城市建设项目。

上海市在临港地区国家海绵城市建设试点成果的基础上，进一步扩大试点范围，确定了16个市级海绵城市建设试点区，通过一区一试点，以期以点带面，根据不同地域的具体情况推进全市海绵城市建设。相关工作包括老旧小区海绵化改造、新改建海绵型公园绿地、整治和改善河道水体、城市积水点改造工程，排水管网的整治与完善等。这些建设工程与系统方案的实施对推进上海市海绵城市建设发挥了很好的推动作用。此外，相关案例通过实施“海绵+”项目，对建筑小区、道路广场、河道水体、公园绿化等不同类型项目进行改造提升，有效实现了保障水安全、改善水环境、修复水生态、保护水资源的目标，提高了群众的获得感、幸福感。

海绵城市建设是城市发展由粗放型转向精细化的具体体现。上海市统筹推进体现海绵城市建设理念与要求的建筑与小区、道路与广场、公园与绿地、水务系统、海绵型村镇等项目建设，狠抓项目质量，尤其是源头海绵设施；精细化建设管理，实现了海绵城市建设形式与效能相融合，数量和质量相统一。为总结与推广前期工作的经验与成果，《海绵之都，生态之城——上海市海绵城市建设案例集》一书收集了上海市近5年的优秀的海绵城市建设系统方案与样板工程案例，以期为我国海绵城市建设系统方案编制及样本工程设计提供参照与指导。

李田

前　言

上海地处中国“江海之汇，南北之中”，因水而生、因水而兴。经历改革开放 40 多年快速发展，为建成卓越的全球城市和社会主义现代化国际大都市，不断迈进。面临城市发展转型、人口持续增长、环境资源约束等方面压力也日益凸显，亟须从城市发展模式上开辟新思路，运用新理念，打造人水和谐更可持续的韧性生态之城。

2013 年 12 月，习近平总书记在中央城镇化工作会议上提出“建设自然积存、自然渗透、自然净化的海绵城市”，从生态文明高度为打造更可持续的韧性生态之城提供全新发展思路。上海抓住国家试点建设契机，以临港地区国家试点先行先试，以海绵城市理念打造人水和谐的现代化新城，发挥示范引领作用。经过三年多的试点建设，取得了积极成效，并带动全市海绵城市建设，城市水生态环境明显改善，居民满意度不断提升。2019 年 11 月 2 日，习近平总书记在杨浦滨江实地查看了雨水花园项目和海绵城市建设工作。

为系统总结五年来上海海绵城市建设工作，为海绵城市建设四大类项目贡献“上海智慧”，上海市政工程设计研究总院（集团）有限公司等单位联合编制了《海绵之都，生态之城——上海市海绵城市建设案例集》。本书共三章，内容包括上海市海绵城市建设成效、上海市优秀海绵城市建设系统方案以及海绵城市建设案例，可为海绵城市规划、设计相关技术人员提供技术指导，为政府和城市管理者提供决策依据。

感谢住房和城乡建设部城市建设司、上海市住房和城乡建设管理委员会、上海市勘察设计行业协会、上海市水务局、上海市 16 区人民政府及建管委、中国（上海）自由贸易试验区临港新片区管理委员会、上海虹桥国际中央商务区管理委员会以及为本书案例项目提供资料的建设、规划、设计、施工等相关单位对本书编写的大力支持。由于时间仓促和作者水平有限，书中不足和疏漏之处在所难免，敬请同行和读者指正。

作　者

2022 年 7 月

目录

第一章
上海市海绵城市建设概况

2013年，习近平总书记在中央城镇化工作会议上首次指出："在提升城市排水系统时要优先考虑把有限的雨水留下来，优先考虑更多利用自然力量排水，建设自然积存、自然渗透、自然净化的海绵城市。"2016年，上海市入选第二批全国海绵城市建设试点城市，试点区域为浦东临港地区，面积约79km^2。按照国家工作部署，上海市高度重视海绵城市建设，注重顶层设计，从体制、机制、政策、标准等各方面系统推进全市海绵城市建设，并取得积极成效。

1.1 “十三五”主要工作回顾

1.1.1 上海海绵城市建设背景

《上海市城市总体规划（2017—2035）》提出：“努力把上海建设成为创新之城、人文之城、生态之城，卓越的全球城市和具有世界影响力的社会主义现代化国际大都市。”其中，在“生态之城”中提出，在资源环境紧约束条件下睿智发展、建设绿色低碳的生态环境、提高城市安全保障能力等要求。但上海市现状雨水排水系统在设施建设和管理方面与国内外先进水平均存在差距，城市生态、环境保护及水资源利用等考虑不足，单纯在原有市政雨水排水系统基础上进行提标改造等工作，投资量巨大，且难以适应新形势下的发展要求，对降雨径流管理理念和管理方式的优化亟待进行。

2015年，国务院办公厅印发《关于推进海绵城市建设的指导意见》（国办发〔2015〕75号），明确提出：到2020年，城市建成区20%以上的面积达到目标要求；到2030年，城市建成区80%以上的面积达到目标要求。2018年，上海市政府批复了《上海市海绵城市专项规划（2016—2035年）》，明确提出：建设能够适应全球气候变化趋势，具备抵抗雨洪灾害的韧性城市；建设水环境质量优良、水生态与城市景观协调、水景观为市民提供亲水休憩空间的水和谐城市；建设外围生态空间充足，邻域生态廊道完整，开发建设区高植被覆盖度的生态文明城市。并提出了海绵城市建设目标、策略与路径，为今后上海市海绵城市建设提供了发展指引。

1.1.2 推进工作情况

1）建立体制，完善机制

2015年11月，上海市政府办公厅出台《贯彻落实国务院办公厅〈关于推进海绵城市建设的指导意见〉的实施意见》（沪府办〔2015〕111号），明确了上海市海绵城市建设推进工作机构、政策措施、工作任务等。上海市建立海绵城市建设推进协调联席会议制度，市政府分管领导任召集人，联席会议办公室设在市住建委。市住建委、规资局、发改委、水务局、交通委、环保局、绿化市容局等有关部门按照职责分工，各司其职，共同做好海绵城市建设相关工作。市级层面主要负责全市海绵城市建设法规、政策、标准等的制定。

各区政府和有关管委会是推进海绵城市建设的责任主体，负责具体海绵城市建设项目的实施推进。截至2019年底，16个区政府和临港、虹桥商务区、国际旅游度假区、长兴岛等管委会都已建立了海绵城市建设推进工作机制，明确了区建委（建交委）为牵头部门，积极推进海绵城市建设。

2）规划引领，全域覆盖

海绵城市建设是城市转型发展新理念，从水出发，但不是“就水论水”。要注重生态系统的完整性，避免生态系统的碎片化。要牢固树立“山水林田湖草”生命共同体思想，坚持规划引领、系统谋划、统筹推进。截至 2021 年，上海已建立了宏观层面、中观层面、微观层面三级海绵城市规划体系。

在宏观层面，2018 年 3 月，市政府批复了《上海市海绵城市专项规划（2016—2035 年）》，明确了全市（陆域 6 833km^2）海绵城市建设目标，确定了生态保护、生态修复、低影响开发海绵城市整体格局，划定 15 个水利分片管控分区，确定各分区控制目标和指标要求。

在中观层面，编制了 16 个区和有关管委会海绵城市建设规划，将全市海绵城市各项规划指标落实到片区。目前 16 区已编制完成海绵城市建设规划并获批复。

在微观层面，围绕集中成片绿化建设改造、中心城区雨水提标改造、建成区黑臭河道治理、低影响海绵地块建设、“五违四必”拆除等区域，编制区块海绵城市建设规划（实施方案），实现了全市三级海绵城市规划全覆盖。

3）标准引领，强化支撑

2019 年 11 月 1 日，《海绵城市建设技术标准》（DG/TJ 08-2298—2019）正式实施。2020 年 6 月 1 日，《海绵城市建设技术标准图集》（DBJT 08-128—2019）正式实施；并出台了《上海市海绵城市建设工程投资估算指标（SHZ 0-12—2018）》，为本市海绵城市建设工程投资估算提供依据；印发《上海市建设项目设计文件海绵专篇（章）编制深度（试行）》，进一步规范和提高本市建设项目海绵城市建设设计文件质量。《海绵城市设施施工验收与运行维护标准》（DG/TJ 08-2370—2021）为海绵设施的后期运行维护提供依据。

为进一步加强上海市海绵城市建设技术支撑，市住建委印发《关于成立上海市海绵城市建设专家委员会的有关通知》（沪建综规〔2017〕397 号），设立委员会主任委员 1 名、副主任委员 4 名、专家 64 名。专家来自相关部门、高校及设计院，专业领域涵盖规划、建筑与小区、园林绿地、道路与广场、水务，以及投资、特许经营、政府购买服务等。依托委员会专家资源提供海绵城市决策咨询和技术支撑，组织专家对海绵城市建设标准、绩效评估体系等开展研究。

4）强化管控，落实理念

海绵城市是理念，不是项目。海绵城市建设是在现有的城市建设管理中体现“+ 海绵”理念。这主要包括两个层面：一是在项目层面体现“+ 海绵”理念，在城市道路、绿化、水务、建筑小区等城市建设项目“+ 海绵”。二是在每个项目管控层面体现“+ 海绵”理念，即在规划、立项、土地出让、选址（规划条件）、设计招标、方案设计及审查、建设工程规划许可、施工图审查、竣工验收备案等程序中体现海绵理念。所以，海绵城市建设是一项复杂的系统工程，要加强各环节管控，合力推进。

2018 年 6 月，市政府办公厅出台了《上海市海绵城市规划建设管理办法》（沪府办〔2018〕42号），进一步明确了适用范围、管理体制等，并将海绵城市建设理念体现在规划、立项、土地出让、设计、建设验收移交、运营管理等各个环节，体现了海绵城市建设的全生命周期管理，为本市开展海绵城市建设提供了重要的管理依据。为体现海绵城市建设的源头管理，在土地出让环节，将建设管理部门提供的海绵城市建设管理要求（年径流总量控制率、年污染径流控制率等指标）纳入土地出让条件。此外，在立法工作方面，市人大出台《上海市排水与污水处理条例》，对海绵城市建设提出了明确要求。

5）国家试点，先试先行

浦东新区临港国家海绵试点区面积79km^2。临港地区围绕建设“生态之城、品质之城、未来之城”总体目标，以海绵城市建设为抓手，打造中国新时代“未来城市CASE of Future最佳实践区”，海绵城市建设取得了积极成效。在试点过程中，临港海绵城市建设的制度体系不断健全，编制了专项规划，形成了“1+1+N”的管理制度框架（1个试点实施意见、1个试点管理办法和若干个管理文件）。技术管控不断完善。制定了三年行动计划、指标管控实施细则、施工图审查和海绵设施运行维护要点等。

临港国家试点项目建设有序推进，共约197个项目，主要包括公园与绿地、道路与广场、建筑与小区、河道水系、生态保护与土壤修复五大类，海绵总投资约71亿元。

6）以点带面，系统治理

围绕“到2020年，本市建成区20%的区域达到海绵城市”建设要求，在临港国家海绵试点基础上，进一步扩大试点范围，本市确定了16个市级海绵城市建设试点区，总面积约72km^2。通过一区一试点，各区结合实际，以点带面，推进全市海绵城市建设。通过实施“海绵+”项目，对老旧小区、道路广场、河道水体、公园绿化等进行改造提升。

目前，在建筑与小区方面，形成了以长宁区虹梅花苑、华山花苑、潍坊小区等为代表的海绵型小区建设样板；在公园与绿地方面，形成了以虹湾绿地、张家浜楔形绿地、桃浦科技智慧城等为代表的海绵型绿地建设样板；在道路与广场方面，形成了以临港芦茂路、新三路步行街、五角场下沉式广场等为代表的海绵型道路建设样板；在河道水系方面，形成了以真如港滨河、杨树浦港滨河、机场围场河建设等为代表的海绵型水系建设样板。同时，在全市重大工程立功竞赛中设立“海绵城市建设赛区”，充分调动16区和有关管委会等的积极性，营造海绵城市建设的良好氛围。

7）各方参与，共建共享

加强政府引导、广泛宣传，鼓励全社会共同参与。建设临港海绵城市展示馆，制作海绵宣传片，编制海绵案例图集，依托各种媒介宣传海绵城市建设理念，增进社会各方对海绵城市建设的理解，让海绵城市建设理念深入人心，增强居民对海绵城市的感受度和获得感。

1.2 “十四五”主要任务研究

1.2.1 加强体系支撑，完善五大体系

1）完善管理体系

进一步完善市、区（管委会）两级海绵城市建设管理体制。在市级层面，市住建委牵头推进全市海绵城市建设工作，负责统筹协调、监督考核、宣传培训等；市发改委、财政局、规资局、水务局、交通委、生态环境、绿化市容局、房管、城管等部门或单位应按照职责分工，推进本市海绵城市建设相关工作。在区级层面，各区政府、相关管委会是本辖区海绵城市建设的责任主体，应明确海绵城市建设主管部门，完善工作机制，统筹规划建设。

2）健全海绵城市规划体系

建立宏观（市层面）、中观（区、管委会）、微观（区块）三级海绵城市规划体系，将年径流总量控制率、调蓄空间控制等海绵城市建设控制指标及雨水排水规划指标通过不同层级规划逐级落实。在生态空间、水务、道路等专项规划中，应衔接落实海绵城市相关建设要求。在编制国土空间总体规划、国土空间详细规划、城镇雨水排水和防洪除涝专项规划、城市绿地系统专项规划、市道路交通系统专项规划中，应衔接落实海绵城市建设有关要求。

3）完善海绵城市建设标准体系

制定《海绵城市建设工程预算定额》《海绵城市设施运行维护定额》等。依托上海市海绵城市建设专家委员会，为全市海绵城市建设提供技术支撑。编制和修订道路交通、绿化、水务、建筑与小区等各行业建设管理标准应落实海绵城市建设有关要求，确保海绵城市建设理念真正落实到各行业建设管理中。

4）强化项目全过程管控体系

落实新改扩建项目、城市维护项目、住宅修缮工程的全过程管控流程，建立完善相关领域海绵设施运行维护管理标准和管理制度。建设全市海绵城市建设信息管理平台，实现海绵城市建设智慧管控。

5）社会各方共建体系

加强政府引导、广泛宣传，鼓励全社会共同参与。依托网站、新媒体、微信公众号等平台，宣传海绵城市建设理念，增进社会各方对海绵城市建设的理解，让海绵城市建设理念深入人心。

1.2.2 注重系统理念，强化系统推进

1）统筹大、中、小海绵建设

海绵城市建设是一个雨水综合管理体系，是通过大、中、小海绵协同运作、系统运行。“大海绵”是指山、水、林、田、湖生态格局要素，与城市规划建设紧密关联。“中海绵”是指建成区内排水管网、调蓄池、生态滤池、泵站等，传统雨水管渠系统将溢流的雨水外排至河道等自然水体，保证设计场地安全。“小海绵”是指源头控制，是城市中的小海绵体，如绿色屋顶、下凹式绿地、雨水花园、植草沟等，促进雨水下渗，维持水的生态系统及其循环。

2）注重海绵整体格局

生态系统的保护和恢复是海绵城市建设的重要途径。一是对城市原有生态系统的保护，最大限度地保护原有的河流、湖泊、湿地、坑塘、沟渠等水生态敏感区，留有足够涵养水源、应对较大强度降雨的林地、草地、湖泊、湿地，维持城市开发前的自然水文特征，这是海绵城市建设的基本要求。二是生态恢复和修复，对传统粗放式城市建设模式下已经受到破坏的水体和其他自然环境，运用生态的手段进行恢复和修复，并维持一定比例的生态空间。

3）提出海绵系统方案

根据海绵城市建设目标和具体指标，按照源头减排、过程控制、系统治理的思路，从保护城市水生态、保障城市水安全、改善城市水环境、提升水资源承载能力等方面提出实施方案。

4）制定海绵系统实施策略

根据对上海市排水情况、水系及水环境情况的分析，上海市水问题综合治理主要以提高城市应对灾害性气候的排水防涝能力、改善水环境质量、恢复水生态系统为基本目标，以提升水景观价值、为市民提供更多的亲水空间为增值目标。为实现此目标，需基于海绵城市理念，构建生态型绿色基础设施和传统灰色基础设施相结合的设施体系，并制定“源头 – 过程 – 末端”系统整体化治水策略。

5）坚持因地制宜，分类推进实施

根据新建地区、城市更新地区、生态保护和修复区、城市公园和绿地，以及乡村建设等各个方面特点，因地制宜落实海绵城市建设理念。

1.2.3 推进系统治理，统筹“六水”建设

水生态方面，一是保护生态格局，二是按既定的蓝线绿线落实，三是落实年径流总量控制率。

水安全方面，一是源头减排系统，二是雨水管渠系统，三是排涝除险系统，四是应急管理系统。

水环境方面，一是控源截污，二是内源治理，三是生态修复，四是活水保质，五是长制久清。

水资源方面，提高雨水收集利用水平，提高再生水、雨水的就地利用水平。

水科技方面，大力发展智慧水务，鼓励新科技和新产业发展。

水文化方面，呼应黄浦江、苏州河综合开发，市区突出亲水文化，郊区突出自然和生态，打造集景观、休闲、游览等多功能为一体的景观水系。

1.2.4　注重高质量建设，推进四类建设项目

1）公园与绿地

公园与绿地及周边区域径流雨水应通过有组织的汇流与转输，经截污等预处理后引入城市绿地内的以雨水渗透、储存、调节等为主要功能的海绵城市设施，消纳自身及周边区域径流雨水，并衔接区域内的雨水管渠系统和超标雨水径流排放系统，提高区域内涝防治能力。海绵城市设施的选择应因地制宜、经济有效、方便易行，如湿地公园和有景观水体的城市公园绿地宜设计雨水湿地、湿塘等。公园与绿地系统应满足如下要求：①新建项目中，下凹式绿地率≥ 10%，绿色屋顶率≥ 50%，透水铺装率≥ 50%；②改建项目中，下凹式绿地率≥ 7%，绿色屋顶率≥ 50%，透水铺装率≥ 30%。

2）道路与广场

道路与广场作为线性用地，海绵城市建设过程中要重点利用人行道透水、中间绿化隔离带、红线内绿地，解决自身雨水问题。道路与广场系统应满足如下要求：①新建项目中，道路绿地率≥ 15%，人行道透水铺装率≥ 50%，广场透水铺装率≥ 70%；②改建项目中，人行道透水铺装率≥ 30%，广场透水铺装率≥ 50%。

3）建筑与小区

新建建筑与小区的海绵城市建设设计应以目标为导向，实现年径流总量控制目标。既有建筑与小区的海绵改造应以问题为导向，以解决内涝积水、雨水收集利用、雨污混接等问题。集中开发区、片区海绵化改造、城市双修和老旧小区改造的海绵城市建设设计应进行片区海绵建设方案设计、细化海绵指标分配和设施布局，达到科学合理。历史文化街区应以保护文物和历史风貌为前提，主要解决内涝积水、雨污混接、水体黑臭等问题，不宜设置控制指标。老旧小区改造应以解决涝、污染等问题为主，经可达性分析制定其他海绵指标。建筑与小区系统应满足如下要求：①新建项目中，集中绿地率≥ 10%，公建绿色屋顶率≥ 30%，住宅和公建透水铺装率≥ 70%；②改建项目中，公建绿色屋顶率≥ 30%，公建透水铺装率≥ 70%。

4）河道与水务

河道水系应在满足防洪排涝功能要求的基础上开展海绵城市建设。优先保护区域内原有城市水系自然生态，尊重自然本底，提升城市水系在雨洪调蓄、雨水净化、生物多样性等方面的功能，促进生态良性循环。河湖水系设计应统筹防洪排涝、生态、景观等功能需求。在枯水期应保证河流水系的基本生态水量；在汛期应保障标准内洪涝水的安全排泄。落实“蓝绿结合”的规划设计理念，要充分利用“绿化系统 + 河道水系”空间，通过增加生物滞留设施，增加道路与路边绿地、公园及水系的连接等措

施，构建排水防涝系统与江、河的联动。

1.2.5 聚焦重点区域，构建“1+6+5+16”格局

“十四五”期间，建成区40%的区域达到海绵城市建设要求。推进“1+6+5+16”海绵城市建设格局，即推进1个临港国家海绵试点区，推进虹桥商务区、长三角一体化示范区、虹口北外滩地区、黄浦江和苏州河两岸地区、普陀桃浦科技智慧城、宝山南大和吴淞创新城6个市重点功能建设地区，南汇新城、嘉定新城、松江新城、奉贤新城、青浦新城5大新城和16区海绵城市建设。统筹推进建筑与小区、公园与绿地、道路与广场、水务系统等各类海绵建设项目。新建区应以目标为导向，老城区应以问题为导向。

1.2.6 加强科技支撑，推进智慧海绵和产业化发展

1）推进智慧海绵城市建设

对接全市“一网统管”平台，建设开发海绵城市建设平台。海绵管控平台从在线监测、项目管理、运维管理、绩效考核、决策支持、公众服务6个方面开展建设。

（1）在线监测。对区内河湖水系、管网关键节点、重点排口、项目地块及重点海绵设施等进行实时动态监测，实现自动预警动态监管。

（2）项目管理。对海绵工程项目基本信息、项目改造前情况、项目设计及工程资料、项目监测信息的录入、审批及档案管理，从而掌控项目建设进度，监管项目的建设质量。

（3）运维管理。海绵城市设施及监测设备巡检、养护、维修等一系列工作的信息化流程管理。

（4）绩效考核。结合住建部海绵试点城市绩效考核要求，实现海绵考核的自评与自动汇总计算。

（5）决策支持。基于对水安全、水环境的全天候动态监测及平台内涝积水模型、水质预测模型，进行预警预报及应急指挥调度以应对风险。

（6）公众服务。向公众提供水情反馈、海绵城市信息互动等，宣传海绵城市，增强社会公众对海绵城市的参与度。

2）推进海绵产业化发展

加大海绵基础设施建设，搭建海绵产业体系，有利于推动绿色发展和高质量发展，促进新时代城市现代化建设。大力发展海绵城市新产品、新技术。围绕“渗、滞、蓄、净、用、排”，发展相关技术和产品。充分利用现有传统建材行业产能进行优化升级和创新创造，促进企业转型和产业结构优化；提升现有产品性能，满足现代城市对功能性材料、产品不断提高的要求，实现产品的高性能化、差异化和多样化；充分利用建材行业在协同处置固体废弃物方面的优势，发展利废型海绵建材产品。建立海绵城市技术与产品目录，为海绵城市建设提供技术支撑，开展“海绵城市建设先进适

用技术与产品”征集和评审，形成一批符合上海实际特点的海绵城市建设适用技术与产品目录。

3）推进海绵绿色产业发展行动

引导传统产业进行技术和产品优化升级，加大科技投入，生产差异化、高附加值海绵产业产品。海绵建材及装备企业应加强资金的投入以补齐环保设施，加快技术创新以完善生产工艺技术条件，力争企业生产达到废气、废水和废渣的零排放标准。鼓励有条件的海绵建材企业在利用工业固体废弃物生产利废型海绵建材产品方面有所作为。重点提高建筑垃圾等工业固体废弃物在海绵建材中的大规模消纳利用，促进海绵建材企业的绿色转型发展。

第二章
海绵城市系统方案

2.1 临港新片区

编制单位：上海市政工程设计研究总院（集团）有限公司
指导单位及资料提供单位：临港新片区管理委员会

2.1.1 基本情况

临港地区是长三角地区滨江沿海发展廊道上的区域性节点城市，是上海建设具有全球影响力的科技创新中心的主体承载区，是以自贸区创新、产业科技创新为特色的开放创新先行示范区。临港的发展目标为：至 2035 年，把临港地区建设成为以先进智造、智能制造、海洋产业为支撑的滨海科技新城，以航运贸易、生产服务、会展旅游为特色的开放创新先行示范区，以低碳环保、智慧健康、产城融合为内涵的绿色活力新城。

临港海绵城市建设试点区系统方案编制范围，规划总面积约 79km^2，主要包括临港主城区、临港森林一期、临港国际物流园区和芦潮港社区功能板块。规划范围如图 2-1 所示。

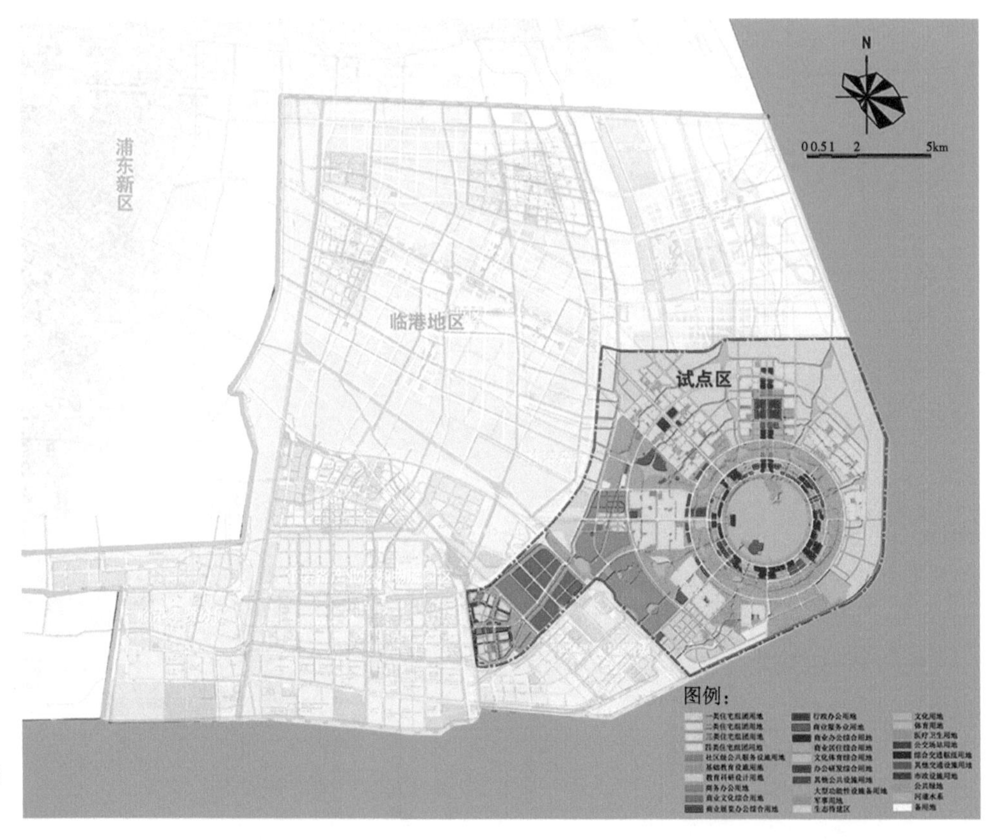

图 2-1 规划范围示意图

2.1.2 建设需求分析

1）进一步提升区域河湖水环境质量，尤其是保障主城区滴水湖的水质及老城区河道水质改善

主城区立足陆域污染源的削减及河湖生态系统构建，重点对城市面源污染进行拦截净化，对源头雨污混接进行调查改造，建设生态型河湖，增强水体的自净功能，提升试点区河湖水环境。

老城区目前经过前期整治，已基本消除黑臭。目前水质处于V或劣V类，但由于面源污染等因素，导致河道水质存在恶化的可能。下一阶段通过源头截污纳管、河道底泥疏浚、生态护岸建设等综合措施提升老城区河道水质。

2）修复区域水生态系统，提高地块径流总量控制

对河道及滴水湖开展生态治理，健全水生态系统，完善水体生物链，发挥水生态系统净化功能，提高水体自净能力。

构建源头径流控制系统。已开发地块结合城市更新改造，利用源头低影响开发设施，因地制宜地采取“渗、滞、蓄、净、用、排”等措施，充分发挥建筑、道路和绿地、水系等生态系统对雨水的吸纳、蓄渗和缓释作用，有效控制雨水径流。待开发地块通过规划建设管理，按地块开发径流控制要求进行开发建设。

3）提升区域防汛安全保障能力，着力消除内涝风险区域

通过高标准排水、内涝防治、防洪（潮）等体系构建，建设临港区域海绵城市可持续内涝防治系统。科学调控降雨地表径流，削减降雨径流总量和降雨峰值流量，充分利用雨水资源，减轻城市排水压力；过程蓄排，局部管道标准提升。同时，通过水利措施对末端河道水位进行调控。通过以上综合措施缓解和治理城市内涝问题，确保临港的水安全保障能力，尤其是解决芦潮港社区等老城区、主城区、国际物流园区等建成区域的易涝积水问题，着力消除内涝风险区域。

4）重视非传统水资源利用，开展节水型社会建设工作

重视非传统水资源利用，提高公共服务设施用水中再生水、雨水的替代率，将雨水回用在景观用水、绿化浇灌、道路冲洗、车辆冲洗等方面。开展节水减排宣传，提高水资源的利用效率，积极有效地开展节水型社会建设工作。

2.1.3 目标体系

通过加强城市规划建设管理，因地制宜地采取“渗、滞、蓄、净、用、排”等措施，充分发挥建筑、道路和绿地、水系等生态系统对雨水的吸纳、蓄渗和缓释作用，有效控制雨水径流，实现自然积存、自然渗透、自然净化的城市发展方式，逐步实现小雨不积水、大雨不内涝、水体不黑臭、热岛有缓解。

以示范区海绵城市建设为起点，积累经验，探索模式，在全市推进海绵城市建设。规划期末，规划区内全面实现试点区海绵城市建设“5年一遇降雨不积水、100年一遇降雨不内涝、水体不黑臭、热岛有缓解”总体目标要求。至2018年，建成区以问题

为导向，针对问题，系统治理；新建区以目标为导向；未利用区以涵养保护为导向，高标准管控，试点区海绵城市建设效果初见成效。至 2035 年，规划范围内全面落实水生态、水环境、水资源、水灾害治理等多方面试点建设目标，包括年径流总量控制率、生态岸线恢复率、天然水域面积保持程度、初雨污染控制、雨水资源化利用、防洪及内涝防治，以及机制建设等多项指标。

2.1.4 编制方案

1）海绵城市空间格局构建

综合考虑规划试点区生态资源要素分布、用地生态敏感性、内涝风险及地形标高，形成“一核—两环—六楔—多片”的海绵城市自然生态空间格局（图 2-2）。

“一核”即滴水湖水生态敏感核心。其功能定位是生态保护，保持和提升水体水质。滴水湖是临港的精神象征，受外围现状环境影响，又是生态脆弱的水体。作为敏感核心，重中之重是生态保护，保持和提升水体水质。规划加强环湖 80m 绿地的低影响开发的同时，注重城市功能与雨水系统净化、滞纳、蓄积的综合效应，做好滴水湖的最后一道屏障，并释放重要的景观和公共活动空间。

“两环”包括临港森林通廊的外围生态环带和玉环带城市公园环带。两环的主要作用和定位是调蓄和生态净化。作为临港试点区滴水湖生态敏感核心外围的两道重要的生态屏障，既是优质的雨水净化区，又是潜力巨大的汇水调蓄空间，必须在充分考虑地形的基础上，通过河、湖、湿地、生态绿地等的“渗、滞、蓄、净、用”等功能，

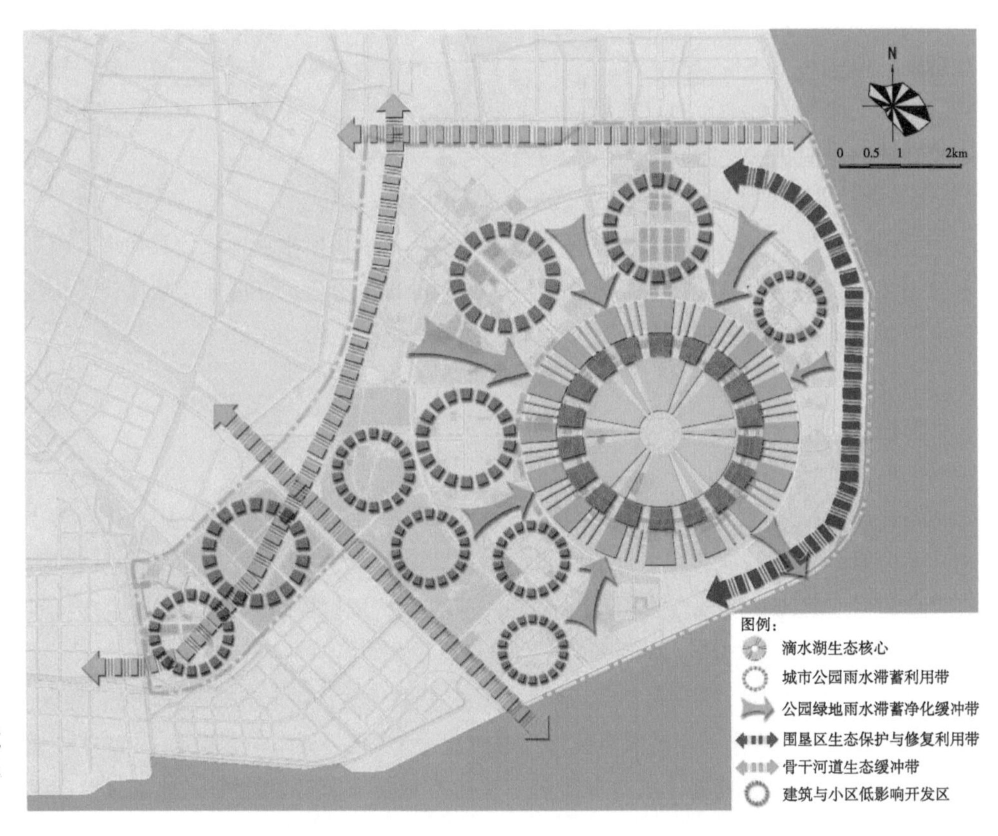

图 2-2 上海临港试点区海绵城市建设总体布局图

减轻地块消纳雨水量及净化初雨径流的压力，在极端情况下可作为收纳和行泄的空间。

“六楔”是以橙黄绿青蓝紫六条河及周边绿地空间形成的楔形绿地。其功能定位是生态净化，主要发挥雨水径流污染强化拦截、净化等作用，集中性的雨水滞留、净化湿地，净化后的雨水补充河网的生态需水。楔形绿地是“居住岛”与“居住岛”之间雨水汇水的主要流向区域，并最终可与滴水湖连通。

“多片”是指试点区范围内主要的集中建设空间。依据源头控制的原则，是未来城市建设管控的重点之一，通过低影响措施开发，依靠“蓄、净、用、排”手段达到区内雨水充分消纳、径流污染分流控制及超标雨水及时排出的效果。

2）管控单元划分

（1）老城区。老城区临港森林一期主要根据建设情况划分汇水分区。

老城区汇水分区划分结果如图 2-3 所示，共划分为 3 个排水分区，分别为物流园—临港森林汇水分区、芦潮港社区（江山路以北）汇水分区、芦潮港社区（江山路以南）汇水分区。

（2）主城区。主城区主要以提升区域河湖水环境质量，尤其是保障主城区滴水湖水质的目标为导向，考虑河道流向、流速、是否入湖及入湖水量占比，划分汇水分区，如图 2-4 所示。

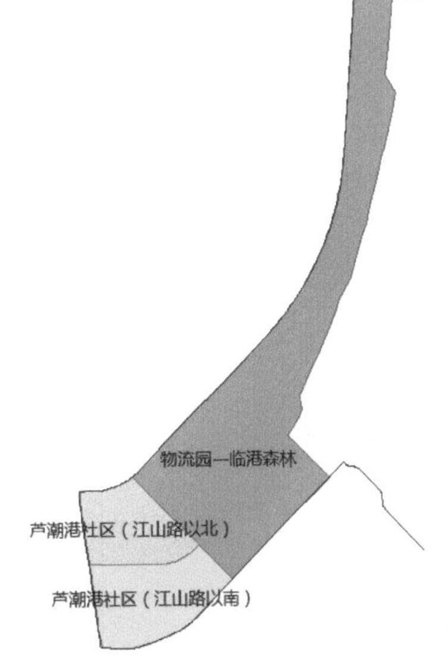

图 2-3　老城区汇水分区划分结果

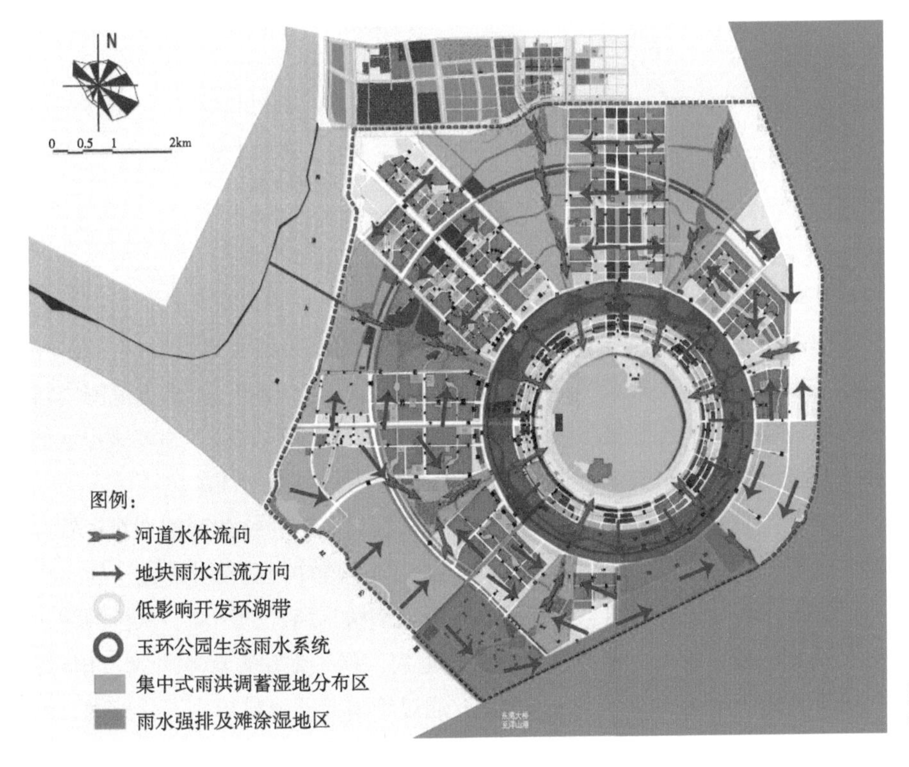

图 2-4　临港主城区初始排水规划示意图

根据主城区现状排水模式，结合已构建的水动力模型，分别对100年一遇降雨和典型年全年降雨两种工况的河湖流场进行模拟分析。模拟结果显示，主城区现状排水模式下射河涟河入湖比例，部分射河涟河以入滴水湖后排海为主，而另外部分以直接排海为主。同时，参考临港最初的排水规划方案，最后确定将主城区划分为8个汇水分区，如图2-5所示。

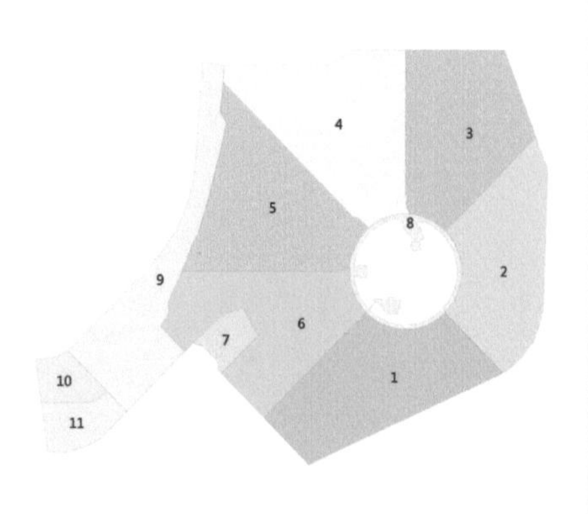

图2-5 试点区汇水分区划分结果

	分区名称	面积 / km^2	主要特征
主城区	1分区	10.44	规划用地类型具有较低密度开发结合大面积生态保留区特点，尚未大规模开发建设
	2分区	9.08	现状以空地为主，作为远景城市空间拓展预留，现阶段大部分河网水系未实施
	3分区	10.02	尚未大规模开发建设，现状农田用地为主，近期主要进行骨架路网及骨架水系建设
	4分区	11.48	尚未大规模开发建设，近期主要进行骨架路网及骨架水系建设
	5分区	10.44	片区包括楔形绿地、居民区、大学、二环带公园，正在开发建设
	6分区	9.32	大部分为已建区域，主要为居住区和大学
	7分区	1.20	片区为海洋大学，已初步建成，水系现已建成，外接芦潮引河，不与主城区内其他水系沟通
	8分区	5.76	作为保障滴水湖水质的最后生态屏障，正在开发建设
老城区	9分区	7.90	物流园区已基本建成；临港森林一期区域将建成大型城市功能绿地，承担区域生态廊道功能，现状农田为主
	10分区	1.44	已建区，居住用地为主，大多在近10年内建成
	11分区	1.89	已建区，居住用地为主，除农民自建房，其他多为近10年内建成

3）总体布局思路

（1）水生态修复路线。根据上位规划确定的海绵城市建设目标，充分分析现状，确定临港试点区水生态修复目标为：至试点期末（2018年），试点范围内河面率和生态岸线能够得到合理修复与保护，年径流总量控制率达80%，临港试点区能够实现水生态环境的持续稳定改善。试点区水生态修复目标见表2-1。

年径流总量的控制，通过对已建区源头径流控制、待建区规划指标管控的措施达到。生态岸线的恢复，通过生态岸线建设、滨岸缓冲带建设等措施达到。

（2）水环境提升方案。根据试点区近远期引水路径的不同，从控源截污、内源治理、活水保质、长制久清等方面入手。近期，通过地块低影响开发、雨污混接改造、污染源清退等措施实现源头污染削减；通过管道疏通、排口生态化处理、河道生态修复和人工湿地净化等措施实现过程净化；通过对滴水湖的生态整治和生态补水等措施实现系统治理，确保区域河道水质达标，保障滴水湖水质。水环境提升方案（近期）如图 2–6 所示。

表 2–1 试点区水生态修复目标

指标内容	指标值
年径流总量控制率	≥ 80%
生态岸线恢复率	≥ 80%
天然水域面积保持程度	11%

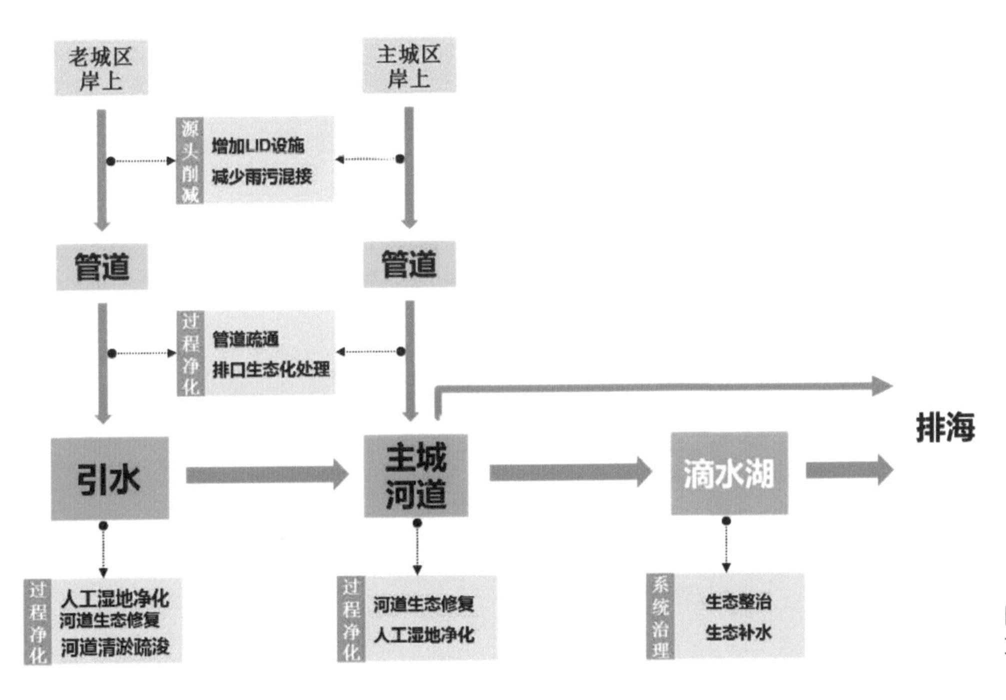

图 2–6 水环境提升方案（近期）

远期，通过地块规划管控和低影响开发实现源头污染削减；通过环湖闸坝、人工湿地净化等措施实现过程控制；通过对滴水湖的生态整治、生态补水等实现系统治理，确保河湖水质稳定达标。水环境提升方案（远期）如图 2–7 所示。

（3）水安全保障方案。通过构建源头减排、雨水管渠、排涝除险、应急管理四大系统，全面实现水安全保障总体目标。

近期，保持现状候潮排水模式，通过地块低影响开发实现源头径流总量和峰值削减；通过管网优化、积水点整治、局部行泄通道建设实现过程控制；通过新开河道对河道水位进行调控，以及优化滴水湖调度等措施实现水安全系统提升（图 2–8）。

远期，采用增加排海泵强排模式，通过地块规划管控实现源头径流总量和峰值削减；通过区域大行泄通道建设实现水安全过程控制；通过新增排海泵及区域竖向控制等措施实现水安全系统提升（图 2–9）。

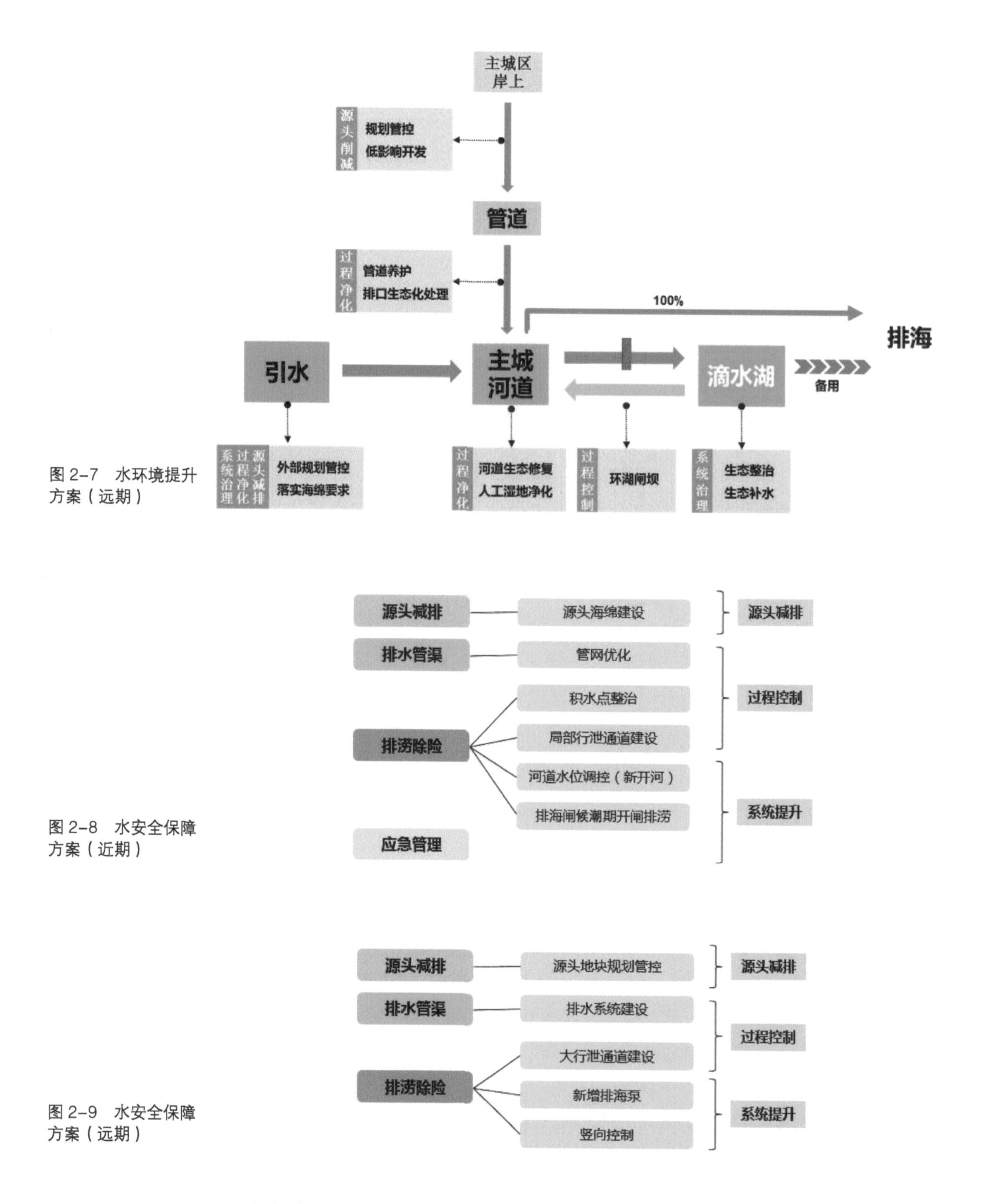

图 2-7　水环境提升方案（远期）

图 2-8　水安全保障方案（近期）

图 2-9　水安全保障方案（远期）

（4）水资源利用方案。根据上位规划确定的海绵城市建设目标，充分分析现状，确定临港试点区水资源目标为：试点范围内雨水资源利用率（雨水资源利用量与多年平均降雨量的比值）达 5%。该指标将通过收集处理雨水资源并用于绿化浇灌及水体生态补水达到。

2.2 闵行前湾公园

编制单位：上海市政工程设计研究总院（集团）有限公司
指导单位及资料提供单位：上海南虹桥投资开发（集团）有限公司

2.2.1 基本情况

上海虹桥主城片区地处长三角地区的交通网络中心，作为国际开放枢纽、国际化中央商务区和国际贸易中心新平台，承载着引领长三角一体化高质量发展和上海打造卓越全球城市核心功能的目标，新时代新总规也赋予了虹桥地区新要求和新定位。作为中国进口博览会的举办地点，虹桥已成为中国与世界对话的新名片；作为上海面向长三角的战略核心，虹桥须义不容辞地肩负起服务长三角高质量一体化的重任，全方面引领长三角地区的发展，发挥示范带头作用。

作为被上海新总规明确的主城片区，虹桥以“面向全球、面向未来，建设引领长三角地区更高质量一体化发展的新高地”为目标，应展望未来，提升宜居环境品质，彰显文化时代魅力，树立虹桥建设标准，打破行政区划束缚，全面实现一体化发展，创建高效绿色的国际枢纽区、创新共享的世界级商务区、开放引领的国际会展贸易区和生态宜居的主城片区，将虹桥商务区打造成服务国家战略、推动高质量发展的重要增长极。

虹桥商务区前湾新中心，面积约 30km^2，与虹桥商务区核心区错位发展，重点聚焦公共服务创新示范功能，是虹桥国际开放枢纽的主要核心功能承载区，面向国际国内的世界级“会客厅”，引领高品质生活的人民城市样板区，服务长三角和全国发展的强劲活跃增长极，将打造成为长三角总部经济首选地，国家产城融合示范标杆和绿色开放共享的国际主城。

本次系统方案编制范围为闵行区虹桥主城前湾核心区，北至纪高路，南至朱建璐，东至纪翟路，西至徐亭路，总面积约 1.92km^2。规划范围如图 2-10 所示。

2.2.2 现状问题分析

1）现状水生态存在问题

（1）按传统开发的年径流总量控制率低。区域地块按照规划，将进行大规模的翻建、改建，若按传统模式开发，建设用地开发强度较高，导致下垫面硬质化比例偏高，从而使雨水入渗能力弱、汇流时间短，年径流总量控制率较低，仅为 51%。

（2）河流生态系统脆弱。现已对部分河道进行生态驳岸建设，有效改善了部分河岸的生态性，但并没有对区域内所有河道护岸进行生态驳岸建设，仍然存在整体连通

图 2-10 系统方案编制范围图

性差、部分岸线缺乏生态性和不适应地块开发建设需求等问题。

（3）水系尚未实施完成，整体连通性较差。区域内河道水系尚未按照蓝线规划实施完成，整体连通性较差，需结合整体开发建设进度，推进河道水系实施。

2）现状水环境存在问题

（1）核心区内部水系尚未实施完成，仍存在部分断头河及阻水点。区域引调水方案主遵循淀北水利片水资源调度模式进行引排水，总体上水系流动性较好，但核心区内凤溪塘、和藏浦、雄伟河等河道尚未实施完成，导致水系沟通不畅，存在部分阻水点。

（2）点源污染控制。在区域建设过程中，应尽快完善排水系统，持续推进雨污混接调查改造工作，避免混接污水入河，全面提高污水设施服务水平。

（3）城市地表径流污染。城市面源污染是区域内未来最主要的入河污染问题。目前水环境容量尚有部分余量，但是由于上游来水水质无法控制。因此，需要对城市面源污染负荷进行削减，以满足更高的河道水质目标要求。需构建生态型绿色设施和传统灰色设施相结合的设施体系，制定“源头—过程—系统”治理的整体化建设用地面源污染控制策略，在雨水排入水体前，对其进行水质和水量的控制。

（4）湖泊水质保障压力较大。区域将新开霁月湖和彩虹湖，串联周边河道水系。湖泊的新开对城市的蓝绿生态格局有显著提升，但同时也增加了水质保障压力。湖泊的补水水源水质、水体流动性、自净能力等都对其水质有较大影响。同时，随着区域的不断开发建设，初期雨水污染难免会进入湖泊。区域需制定具体的河湖水质保障方案，立足陆域污染源的削减及河湖生态系统构建，建设生态型河湖，增强水体的自净功能，保障区域河湖水质。

3）现状水安全存在问题

根据上述评估，水安全问题主要包括源头减排、管网排水能力、内涝积水等。

（1）城市开发强度高，自然蓄排能力不足。根据区域规划情况，下垫面硬化面积较大，将对排水管网产生较大压力，应在区域建设过程中推进海绵城市建设，削减径流峰值，延缓径流峰值到达时间。

（2）按照最新排水防涝标准进行排水系统建设，健全区域排水防涝体系。按照目前的雨水系统规划，区域排水管网达到 5 年一遇排水能力，以及 100 年一遇内涝防治重现期标准，但仍存在部分内涝低风险地区。因此，需加快区域排水系统建设，健全区域排水防涝体系。

4）现状水资源存在问题

（1）供水压力日益严峻。区域内规划产业、人口较多，供水需求高。随着区域开发建设的推进，水资源的需求量与消耗量也在不断增加，供水压力日益严峻。

（2）非传统水资源利用尚未展开。非传统水资源利用尚未受到重视。核心区可利用的非传统水资源主要为雨水利用及中水回用。目前，区域内雨水收集留储设施未发挥其作为景观用水、绿化浇灌、路面冲洗等补充水源的作用，未能将非传统水资源的经济效益及环境效益最大化。

2.2.3 目标体系

1）总体目标

从前湾重点片区的实际问题出发，响应国家政策、区域发展的高标准要求，以目标为导向，结合片区的本底条件与环境问题，衔接相关规划，借鉴国外成功案例经验的基础上，提出前湾重点片区海绵城市建设设计新理念，即实现“服务长三角，生态会客厅”，打造以水为脉的海绵城市建设总体构想。

结合前湾重点建设区域世界级“会客厅”、人民城市样板区、服务长三角和全国发展的强劲活跃增长极的定位，坚持系统谋划、蓝绿融合、蓄排统筹、水城共融、人水和谐的原则，通过用地竖向设计和绿地系统布局，保护和恢复城市自然调蓄空间，以地块为基本单元，因地制宜采取“渗、滞、蓄、净、用、排”等措施，实现修复城市水生态、改善城市水环境、涵养城市水资源、防治内涝灾害、畅通城市水循环、弘扬城市水文化等目标。

规划期末，以水为脉的生态格局构建完成，核心区打造成为“长三角生态绿色会客厅，海绵示范区”，规划范围内水生态、水环境、水资源、水安全等多方面海绵城市建设目标得到全面落实，研究范围内海绵城市建设稳步推进，新改建项目海绵城市建设指标均得到有效落实。

2）指标体系

闵行区虹桥前湾地区重点区域海绵城市建设近远期指标见表 2–2。

表 2-2 闵行区虹桥前湾地区重点区域海绵城市建设近远期指标

指标		2025 年	2035 年
水环境	水质目标	水环境质量明显提升	地标水资源环境质量达标率 100%
	年径流污染控制率	—	56%
水安全	内涝防治设计重现期	—	100 年一遇
	雨水系统设计重现期	—	5 年一遇
水生态	年径流总量控制率	—	≥ 76%
	水生态岸线率	—	≥ 75%
	水面率	—	≥ 12.4%（前湾重点片区）
			≥ 6.8%（核心区）
水资源	雨水资源利用率	≥ 2%	≥ 2%

2.2.4 总体布局思路

中央核心区为集中新改建区，本次规划应以目标为导向，提出海绵城市建设的总体战略性目标，制定相应的战略性对策，统筹确定具体的建设目标与指标。同时针对区域建设需求，因地制宜确定区域水生态、水环境、水安全和水资源协同治理方案及海绵城市建设的实施路径。

1）水生态保护与修复

（1）基于水敏性城市设计（WSUD）理念，建设高品质的公共海绵空间。

（2）结合河道生态岸线改造，对雨水排放口进行生态化改造，削减污染，作为水系生态补水来源。

2）水环境整治 / 提升

从控源截污、内源治理、生态修复、活水提质等方面入手，确保区域河道水质达标。此外，研究、制定并严格执行保障河道水环境的制度，确保河道“长制久清”。

（1）控源截污。通过截污纳管、雨污混接改造、市政雨水泵站改造和雨水调蓄设施建设等，尽量减少城市污染对水体内部的影响。

（2）内源治理。轮疏现状河道，疏浚底泥。

（3）生态修复。建设生态护岸及部分岸边人工湿地，修复河道水质。

（4）活水提质。增加水体的流动性，一定程度上改善水质。

（5）长制久清。闵行区已发布部分河道水质保障相关机制政策，并全面推进“河长制”。

3）水安全保障

通过源头减排、雨水管渠、排涝除险、应急管理四大系统，全面实现水安全保障总体目标。

（1）源头减排。利用源头低影响开发措施，按用地类型及雨水控制利用的特点，构建源头低影响开发系统。

（2）雨水管渠。结合道路建设和改造，提出实现市政雨水管渠提标改造的需求。同时，于局部低洼地区增设排水泵站或增加涝水分流管设施，保障管网排水能力。

（3）排涝除险。通过加固改造水闸、河道疏浚等，完善水体蓄排系统。同时消除积水黑点，提升市民获得感。

（4）应急管理。完善应急管理系统，确保在发生超过内涝防治设计重现期标准超标降雨时区域能正常运转。

4）非常规水资源利用

在常规水资源集约利用的基础上，因地制宜，鼓励非常规水资源开发利用。通过水系生态补水和雨水回用两方面，共同实现新改建区域的雨水回用率≥ 2% 的目标。

2.3 松江南部新城

编制单位：上海市政工程设计研究总院（集团）有限公司
指导单位及资料提供单位：上海市政工程设计研究院总院（集团）有限公司

2.3.1 基本情况

规划范围为松江区南部新城，面积 13.62km^2，与《上海市松江区松江南站大型居住社区（凤翔城）SJC10017、SJC10018、SJC10019 单元控制性详细规划》保持一致。南部新城规划建设用地规模为 11.49km^2，规划总建筑面积（不含市政设施）10.44km^2，如图 2-11 所示。

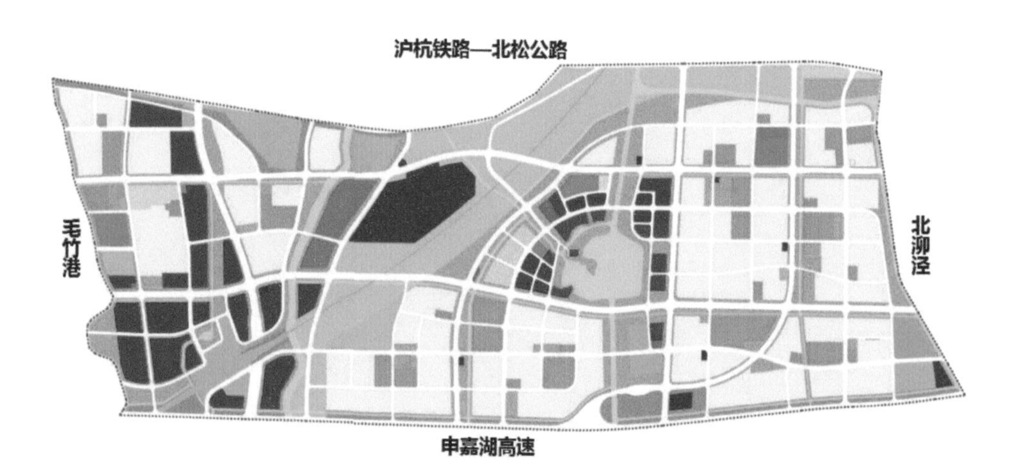

图 2-11 南部新城在松江区及上海市的区位图

2.3.2 现状问题分析

通过对建筑与小区、绿地、道路与广场、河湖水系等建设系统现状海绵城市建设情况进行调研与分析，总结各系统存在的主要问题，如图 2-12 所示。

2.3.3 "四水"系统问题分析总结

南部新城"四水"系统主要问题如图 2-13 所示。南部新城现状处于开发建设进程中，水资源供给、水安全保障方面问题将随着南部新城建设进度的推进而逐步完善。南部新城水环境改善一方面需要进一步推进截污纳管工程及偷排漏排整治行动；另一方面通过海绵城市建设削减降雨径流污染，降低年径流污染入河总量，提高河湖水质。水生态方面问题有待结合海绵城市建设开展，推动河湖岸线生态化，完善河湖生境，提升区域整体生态品质。

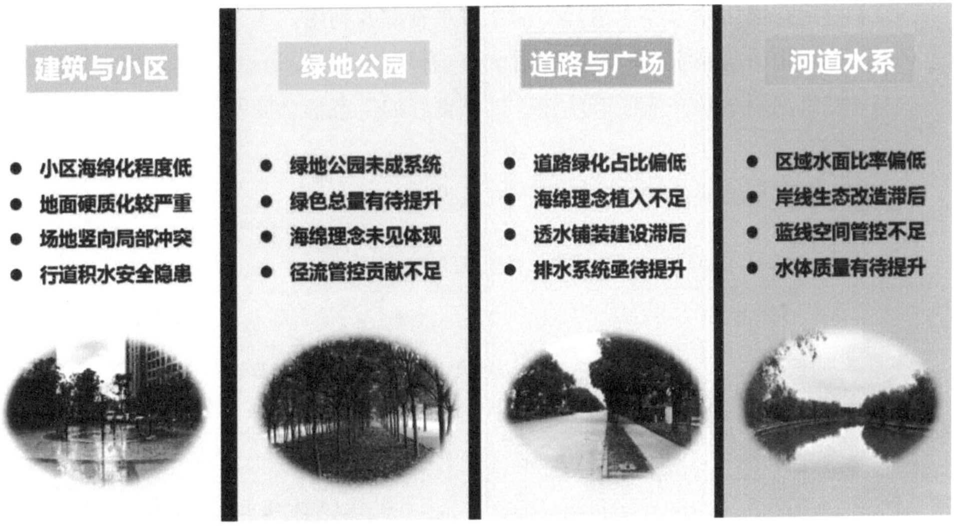

建筑与小区
- 小区海绵化程度低
- 地面硬质化较严重
- 场地竖向局部冲突
- 行道积水安全隐患

绿地公园
- 绿地公园未成系统
- 绿色总量有待提升
- 海绵理念未见体现
- 径流管控贡献不足

道路与广场
- 道路绿化占比偏低
- 海绵理念植入不足
- 透水铺装建设滞后
- 排水系统亟待提升

河道水系
- 区域水面比率偏低
- 岸线生态改造滞后
- 蓝线空间管控不足
- 水体质量有待提升

图 2-12　南部新城现状海绵城市建设问题

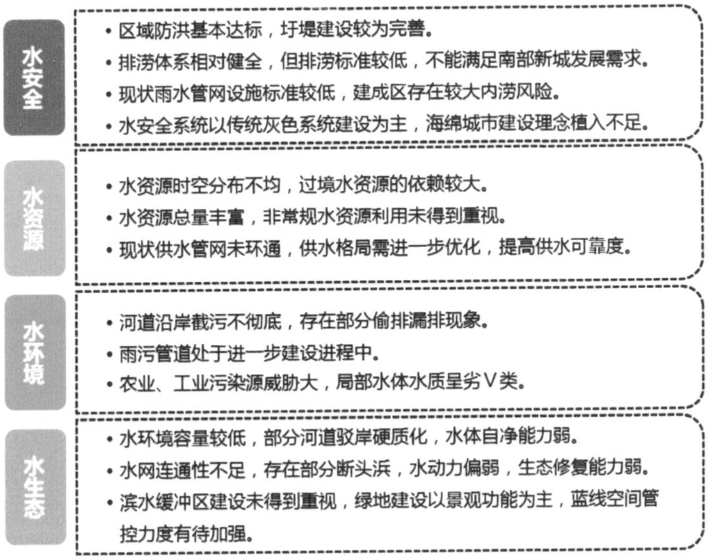

水安全
- 区域防洪基本达标，圩堤建设较为完善。
- 排涝体系相对健全，但排涝标准较低，不能满足南部新城发展需求。
- 现状雨水管网设施标准较低，建成区存在较大内涝风险。
- 水安全系统以传统灰色系统建设为主，海绵城市建设理念植入不足。

水资源
- 水资源时空分布不均，过境水资源的依赖较大。
- 水资源总量丰富，非常规水资源利用未得到重视。
- 现状供水管网未环通，供水格局需进一步优化，提高供水可靠度。

水环境
- 河道沿岸截污不彻底，存在部分偷排漏排现象。
- 雨污管道处于进一步建设进程中。
- 农业、工业污染源威胁大，局部水体水质呈劣Ⅴ类。

水生态
- 水环境容量较低，部分河道驳岸硬质化，水体自净能力弱。
- 水网连通性不足，存在部分断头浜，水动力偏弱，生态修复能力弱。
- 滨水缓冲区建设未得到重视，绿地建设以景观功能为主，蓝线空间管控力度有待加强。

图 2-13　南部新城“四水”系统主要问题

2.3.4　目标体系

1）总体目标

紧扣南部新城“生态、宜居”发展关键词，从建筑与小区、绿地、道路与广场、水务四大板块与多类系统综合确定南部新城海绵城市建设总体目标，实现“提高城市水安全、涵养城市水资源、改善城市水环境、修复城市水生态”的系统目标，成为松江区卓有成效的海绵示范区。

（1）发生城市雨水管渠设计标准以内的降雨时，地面不允许积水；发生城市内涝防治标准以内的降雨时，城市不能出现内涝灾害，雨停后积水时间不超过 1h；发生超过城市内涝防治标准的降雨时，城市运转基本正常，不造成重大财产损失和人员伤亡。

（2）稳定并优化城市供水格局，加强对水资源的利用。

（3）城市雨污水系统对水环境质量的影响得到有效控制。

（4）城市河湖水系恢复生态功能，提供良好的生态栖息场所。

2）指标体系

松江区南部新城海绵城市建设指标体系见表2–3。

表2–3　松江区南部新城海绵城市建设指标体系

类别	指标名称	2035年（松江区）	现状（南部新城）	2025年（南部新城）	2035年（南部新城）
水生态	年径流总量控制率	≥75%	65.3%（含现状非建设用地）	≥83%（≥45%面积达标）	≥83%
	河湖水面率	≥9.06%	4.29%	≥6.93%	≥6.93%
	河湖生态防护比例	≥80%	约63.5%	≥80%（镇村级）	≥90%（镇村级）
水环境	重要水功能区水质达标率	≥95%	国考、市考断面100%	≥85%（国考、市考断面100%）	≥95%（国考、市考断面100%）
	年径流污染控制率	≥55%（以SS计）	39.1%	≥50%（以SS计）	≥55%（以SS计）
	城镇污水处理率	100%	93.4%（松江区）	≥98%	≥99%
水资源	雨水资源利用率	≥2%	—	局部试点	≥2%
	公共供水管网漏损控制率	≤6%	—	≤9%（修正后）	≤6%（修正后）
水安全	城市防洪标准	区域防洪达到50年一遇	区域防洪达到50年一遇	区域防洪达到50年一遇	区域防洪达到50年一遇
	雨水系统设计重现期	全面达到3～5年一遇	5年一遇（达标率21%）	5年一遇	5年一遇
	区域除涝标准	圩区全面达到“20年一遇”除涝标准	5～15年	20年一遇	20年一遇
	内涝防治标准	100年一遇	<30年一遇	50年一遇	50年一遇
显示度	连片示范效应	建成区80%以上的面积达到建设要求	—	建成区≥45%面积达到建设要求	基本建成海绵城市

2.3.5　编制方案

1）“大海绵”格局建设

规划立足南部新城区域整体，识别重要生态斑块、生态廊道等要素，以蓝绿网络为骨架，将海绵城市建设格局与生态、景观格局有机融合，宏观尺度构建南部新城“双核、五轴、多点”协同“大海绵”建设格局（图2–14）。

“双核”：规划华阳湖、松江南站作为海绵城市建设核心区，发挥生态本底优渥、集中展示度高等区域优势，建设成为南部新城海绵城市建设集中展示区。

“五轴”：规划毛竹港、大涨泾、洞泾港、北泖泾、向阳新开河—官绍塘“一横四纵”蓝绿空间作为南部新城海绵城市建设重点轴带，通过海绵轴带建设拓展区域生态空间格局，凸显连片示范效应。

“多点”：规划南部新城大型公共绿地、区域公园作为分布式海绵城市建设重点点状空间，通过点状空间建设填充南部新城“大海绵”空间格局。

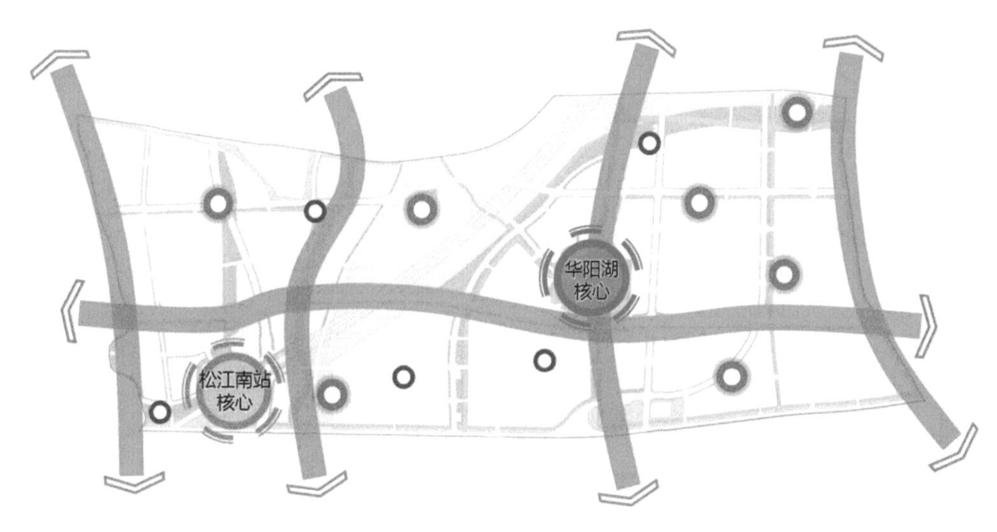

图 2-14 南部新城“双核、五轴、多点”海绵城市建设格局

2）“中海绵”系统建设

以建筑与小区、绿地、道路与广场和水务四大建设系统为抓手，通过各系统内设置多样的雨水源头减排设施组合，将南部新城年径流总量控制率、年径流污染控制率的指标要求在系统间协同分解，构建建筑与小区、绿地、道路与广场和水务系统的海绵城市建设方案（图 2-15）。上海市海绵城市建设指标体系系统指标要求见表 2-4。

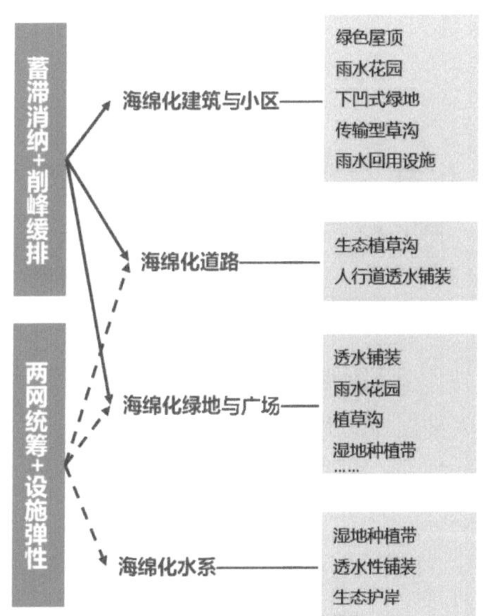

图 2-15 南部新城“中海绵”系统建设思路

表 2-4 上海市海绵城市建设指标体系系统指标要求

指标类别	序号	一级指标	二级指标	新建	改建
约束性指标	1	年径流总量控制率		≥ 80%	≥ 75%
	1-1		建筑与小区系统削减占比	35% ~ 40%	30% ~ 35%
	1-2		绿地系统削减占比	25% ~ 30%	15% ~ 25%
	1-3		道路与广场系统削减占比	12% ~ 15%	10% ~ 12%
	1-4		河道与雨水系统削减占比	15% ~ 28%	28% ~ 45%
	2	年径流污染控制率		≥ 80%	≥ 75%

3）地块建设方案二级分区

（1）建筑与小区系统。基于“中海绵”建筑与小区系统建设方案及海绵城市建设一级管控分区，南部新城建筑与小区系统二级分区细化为 179 个地块，其中居住小区地块 70 个、公共建筑地块 107 个、工业仓储地块 2 个，如图 2–16 所示。

根据地块用地属性及指标要求，区分海绵城市新建、改建地块，分别计算各地块源头雨水削减设施的建设工程量。地块源头雨水削减设施建设以约束性指标要求为主，鼓励性指标要求为辅。

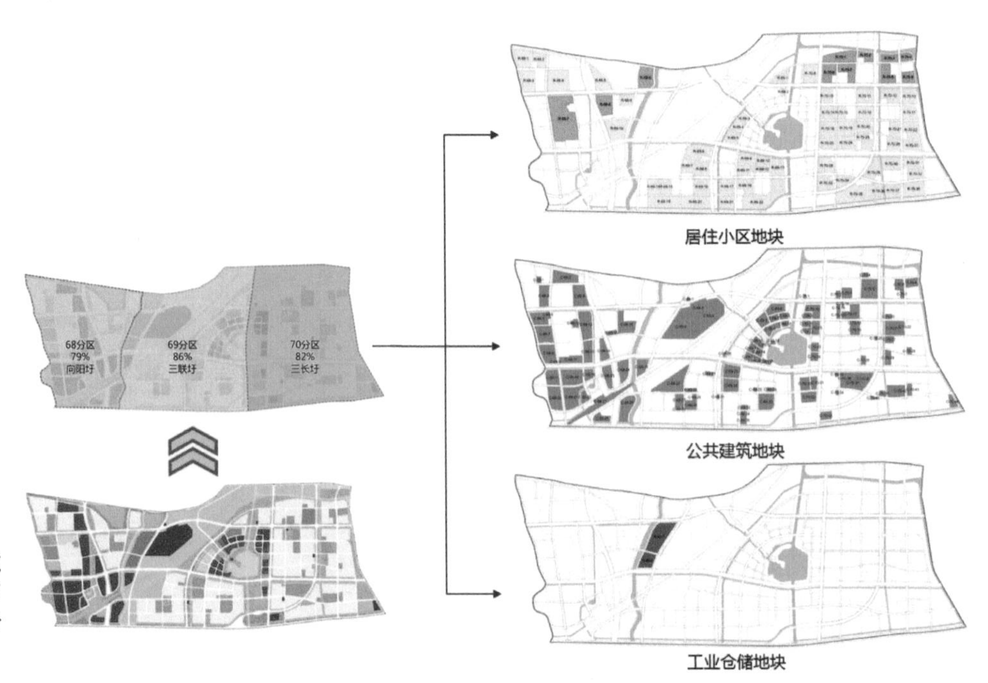

图 2–16　南部新城海绵城市建设建筑与小区系统二级管控分区图

（2）绿地系统。基于“中海绵”绿地系统建设方案及海绵城市建设一级管控分区，南部新城绿地系统二级分区细化为 220 个地块，其中公共绿地地块 180 个、防护绿地地块 40 个，如图 2–17 所示。

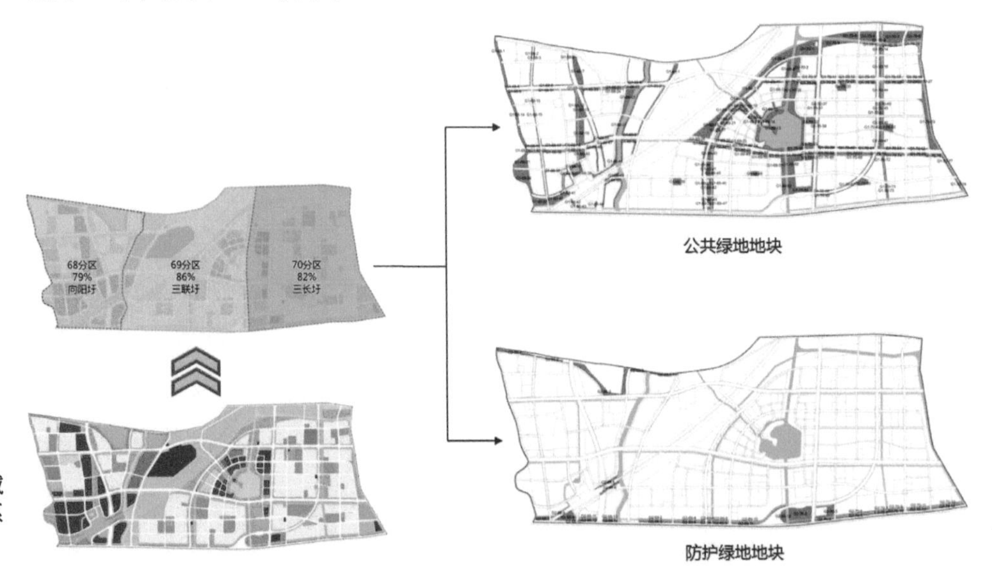

图 2–17　南部新城海绵城市建设绿地系统二级管控分区图

根据地块用地属性及指标要求，区分海绵城市新建、改建地块，分别计算各地块源头雨水削减设施的建设工程量。地块源头雨水削减设施建设以约束性指标要求为主，鼓励性指标要求为辅，以公共绿地为主实施海绵化建设，防护绿地以乔、灌木冠层雨水截流为主。

（3）道路与广场系统。基于“中海绵”道路与广场系统建设方案及海绵城市建设一级管控分区，南部新城道路与广场系统二级分区细化为 95 个地块，其中道路地块 79 个、广场地块 16 个，如图 2–18 所示。

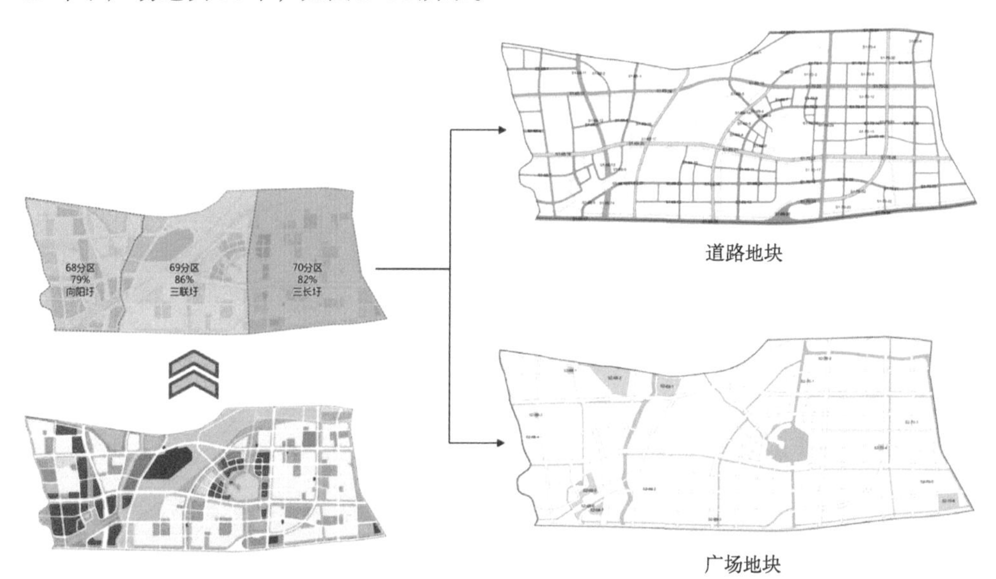

图 2–18　南部新城海绵城市建设道路与广场系统二级管控分区图

根据地块用地属性及指标要求，区分海绵城市新建、改建地块，分别计算各地块源头雨水削减设施的建设工程量。地块源头雨水削减设施建设以约束性指标要求为主，鼓励性指标要求为辅，主干道进行以人行道透水铺装为主，鼓励非机动车道透水铺装建设，次干道、支路主要建设人行道透水铺装。

（4）水务系统。基于“中海绵”水务系统建设方案及海绵城市建设一级管控分区，南部新城水务系统二级分区细化为 19 条河段，其中圩外河段 5 条（含华阳湖）、圩内河段 14 条（含南站湖泊），如图 2–19 所示。

根据水务系统指标要求，计算各河段生态防护建设工程量及河湖调蓄控制工程建设规模。

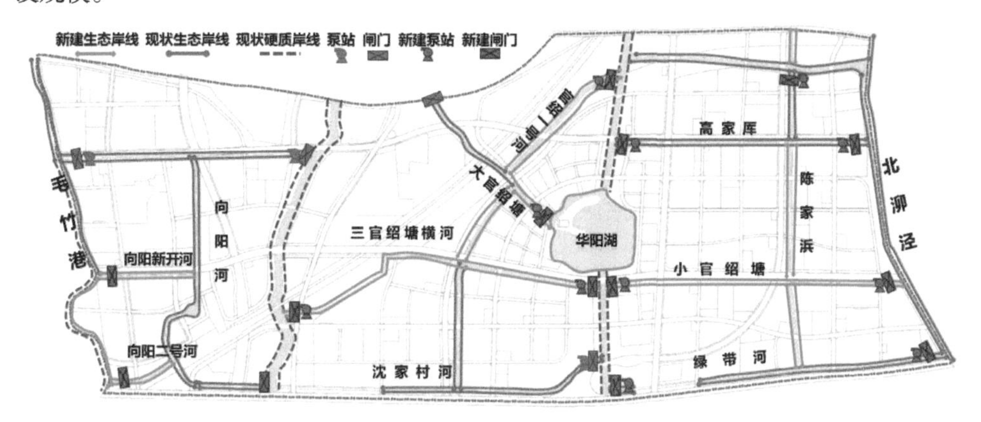

图 2–19　南部新城海绵城市建设水务系统二级管控分区图

2.4 宝山南大地区

编制单位：上海市城市建设设计研究总院（集团）有限公司
指导单位及资料提供单位：宝山区建设和管理委员会

2.4.1 基本情况

研究范围位于中心城西北门户、三区枢纽位置，紧邻外环和沪嘉高速，具有良好的对外交通和深厚的经济腹地，地理区位优越。南大地区现状主要为待开发用地，2018 年市委市政府明确将南大地区列为重点转型发展地区之一，要求将南大地区打造成世界一流、具有竞争力和影响力及规模集聚效应的产业城区。

本次规划范围包括 W12-1301 控制性详细规划编制单元，具体范围为丰翔路—环镇北路—南陈路—南秀路—环镇南路—沪嘉高速—外环高速所围合的区域，总用地面积约 6.3km^2。

2.4.2 现状问题分析

1）现状水生态存在问题

伴随着城市开发建设，很多水体被填埋，农田绿地被硬化，高楼林立，传统的农田水乡格局被打破，城市特色逐步湮没，城市原有的农田水乡特色有待保护和突出。

城市化进程不断推进的情况下，随着土地硬化面积增多，生态用地被聚落不断侵占，退化为斑块，削减了河道蓄水、滞洪、排涝以及调节小气候的生态效应，削减了绿地农田蓄水、削峰、缓峰的能力，生态用地的退化不利于生物种类多样性的稳定。

2）现状水环境存在问题

（1）污染负荷量大，河道水质差。规划区现状水质为Ⅴ类和劣Ⅴ类，部分水体总磷和氨氮处于劣Ⅴ类，其余指标满足Ⅳ类要求。氮、磷污染明显，存在当地居民利用断头浜排放生活废水的情况，导致断头浜内水质脏、黑、臭。断头浜内水体长期得不到水质交换，水质更加恶化，影响居民生活。

随着城市化速度的加快，治污工作相对滞后于经济、社会的发展，河道水质较差，与生态宜居的城区对环境品质的高要求不相适应。

目前河湖水系主要污染物来源是生活污染，主要污染物是氨氮和 TP，污染物削减率分别为 37% 和 32%。

（2）径流污染控制力度不足。南大片区目前正在开发建设中。整个南大片区预计导入人口约 7.7 万。开发强度的增加、居住人口的提升、道路交通的建设会导致面源污染增加，带来区域径流污染的问题，增大现有河道水环境负荷，给绿色宜居生态新城的建设带来挑战。

随着城市化和工业化进程的加快，不透水地面的增多，汽车尾气排放、空气湿沉降、农田土肥的大量流失等现象日益严重。区域居住属性强，开发强度大，径流系数高，易引发面源污染问题。目前，基地初期雨水径流污染控制方面的措施尚处于空白。

3）现状水安全存在问题

南大地区地处江南水乡，河道纵横密布，但地块内存在较多的断头浜，使得地块局部区域引排水不畅，降雨期间汇入断头浜内的地表径流只能蓄积在浜内，遭遇暴雨时浜内水位迅速抬高并漫溢到附近的地表，使得地块内局部区域排涝问题突出。

随着用地性质的变化，一方面，必然要面对土地硬化面积提升和径流系数提高的转变，天然海绵体天然调蓄容积也会削减，河道的调蓄和排泄能力减少；另一方面，暴雨径流的关系也发生明显变化，排水强度增加。而且雨水排水标准由“1 年一遇”提高至“5 年一遇”，因此需要进一步提升河网水系的蓄排能力。

南大地块现状葑村南、祁连新村、上海大学、南大南块及真南北 5 个排水系统，雨水排水标准为 1 年一遇，不满足 2016 年版《室外排水设计规范》（GB 50014—2006）中规定的地区 5 年一遇排水标准，南大北块部分道路雨水排水管道尚属空白，需结合地块开发建设，落实国家新标准、上海新要求，尽快建设和完善地区雨水排水系统，以保障地区排水防涝安全。

4）现状水资源存在问题

雨水资源利用方面基本上是空白的，存在水资源浪费的情况。基地规划后用水量需求大，非传统水源可作为市政道路冲洗、绿化浇灌的部分用水以及部分高星级建筑的室外杂用水。

2.4.3　建设需求分析

南大地块目前主要在水环境、水安全方面面临严峻的挑战。随着地块开发，将在生态环境、水生态、水安全、水环境和水资源等各方面面临挑战，特别是水环境方面。在这种现实需求下，采用海绵城市建设理念，以指标导向为目标，将园林绿地系统、道路系统、排水系统、防洪排涝系统、城市竖向等诸多方面进行综合考虑、统一规划，才能够符合建设宜居社区的要求。

1）生态格局构建

从城市自身及周边的生态环境本底特征（绿带、绿廊、水体）出发，在确保生态系统与功能完整性的同时，尽可能保留城市内部与周边自然相融相间的格局，通过优化生态格局保障城市生态安全。一方面，最大限度发挥生态用地的生态服务功能，改善城市内部微气候及人居环境；另一方面，引导城市空间布局，防止城镇空间无序蔓延。

2）水生态的保护与恢复

最大限度地保护原有的河流、湖泊、湿地等水生态敏感区，维持城市开发前的自然水文特征。同时，控制城市不透水面积比例，最大限度地减少城市开发建设对原有水生态环境的破坏。此外，对传统城市建设模式下已经受到破坏的水体和其他自然环境运用生态的手段进行恢复和修复，恢复河湖自然生态岸线，构建城市绿道体系。

上海市海绵城市指标体系对河道生态护岸提出一定的比例要求，需结合新开河道和现状河道护岸改造实施。

3）城市内涝防治体系建设

一方面对城市水系进行综合治理，提升河道和雨水管网的建设标准；另一方面构建超标与水径流排水体系，形成有效衔接的微观、中观和宏观系统，提高城市防范洪涝灾害的能力。通过在规划区内构建不同类型的低影响开发设施，削减区域内径流总量和径流污染，降低综合径流系数。

4）水环境污染负荷的削减

综合利用源头削减、过程控制和末端处理的方式，对面源污染和点源污染进行控制，缓解和改善城市黑臭水体的现状。

（1）点源污染控制。落实建设排水系统，加大截污纳管工作，消除接管盲区、雨污混接，加快实施雨水泵站放江截流改造，避免混接污水入河，全面提高污水设施服务水平。推进污水管网建设，满足区域内水环境容量需求。

（2）建设用地面源污染控制。需构建生态型绿色设施和传统灰色设施相结合的设施体系，制定“源头—过程—系统”治理的整体化建设用地面源污染控制策略，在雨水排入水体前，对其进行水质和水量的控制。

（3）活水畅流工程。通过水系沟通、河道疏浚、岸坡整治、拆坝建桥、生态保护等多种措施，打断断头浜，增进圩内河道水体循环、提高圩内外水系沟通、努力畅通河道水网，形成活水畅流总体环境。

5）水资源安全的分析

随着引入人口的增长，供水压力日益严峻，但现状非传统水资源利用尚未受到重视，再生管线和雨收集利用设施未能发挥其作为景观用水、绿化浇灌、路面冲洗等补充水源的作用。

应重视非传统水资源利用，提高公共服务设施用水中再生水、雨水的替代率，将雨水回用在景观用水、绿化浇灌、道路冲洗、车辆冲洗等方面。在建设区内充分利用湖、池等空间滞蓄利用雨水，城市工业、农业、生态用水及建筑内部冲厕用水尽量使用雨水和再生水。通过在规划区内构建不同类型的低影响开发设施，增加雨水收集回用措施，缓解区域用水压力。同时，开展节水减排宣传，提高水资源的利用效率，积极有效地开展节水型社会建设工作。

2.4.4 目标体系

结合南大片区“组团式、多中心”的规划空间结构，通过加强城市规划建设管理，以区域转型发展、城市更新等为契机，重点结合大型公园绿地建设、沿河绿地等滨水建设，以生态、安全、活力的海绵建设塑造南大片区新形象，实现“水生态良好、水安全保障、水环境改善、水景观优美、水文化丰富”的发展战略。

构建完善的城市低影响开发雨水系统，进一步完善城市排水防涝系统和城市生态保护系统，建立制度完善、手段智能、措施到位的管理体系，展示“安全、环境、资源、景观”协调统一的创新城市建设模式，将南大地区建设成为生态、活力、智慧的创新城区。

规划期末，全面实现海绵城市建设“3 至 5 年一遇降雨不积水、100 年一遇降雨不内涝、水体不黑臭、热岛有缓解”总体目标要求。至 2035 年，全面落实水生态、水安全、水环境、水资源等多方面试点建设目标，包括年径流总量控制率、河湖水系生态岸线比例、年径流污染控制率、地表水环境质量、排水标准、内涝防治标准等多项指标。

2.4.5 编制方案

1）海绵城市空间格局构建

总体生态格局——水绿交融，疏密有致，多样生态。

山水林田湖等生态本底是打造城市生态空间网络的基础，南大地块结合生态空间结构体系，构建“两带、两廊、六脉、多节点”的自然生态空间格局。充分凸显区域优质生态环境及丰富自然空间特征，将公共空间与水绿景观和海绵功能单元相结合，塑造充分融合蓝绿空间、构建充满活力的海绵城区，如图 2–20 所示。

“两带”指南大地块内西南侧宽度为 200 ~ 600m 的生态隔离带，即外环绿带沪嘉高速绿带和南何支线绿带，是海绵的“主动脉”。两条绿带加强了水绿空间结合，向东连接大场楔形绿地，向南连接桃浦中央绿地。规划为防护绿地、河道及湿地，根据

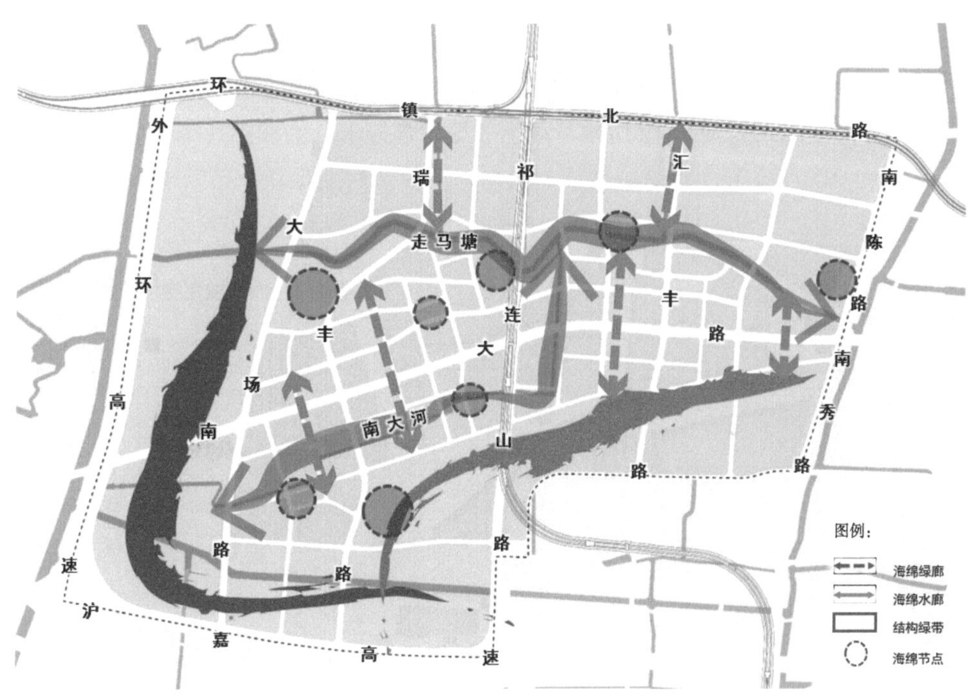

图 2–20 海绵结构规划图

绿地大小及位置，设置不同功能的公园，并选择具有碳汇功效的植物，构建有利于通风和防尘降噪的生态隔离带。其能够自然消纳降雨径流，缓解温室效应，构建宽阔、低碳、有弹性的水生态空间。

“两廊”指基地内两条海绵水廊，即走马塘及周围绿地和南大河及周边绿地，是海绵的“静脉”。通过打通河道与绿带生态廊道，保证连通的栖息地网络，为生物多样性创造基础条件；通过水面连通规划、设置雨水入河截流设施及河道两侧生态堤岸的构建和净化水体种植等措施打造优质水环境。

“六脉”是指城市道路与周围绿地、水系构成的海绵脉络，包括鹅蛋浦和瑞丰路及周围 50 ~ 100m 绿带、汇丰和汇丰路及周围 50 ~ 100m 绿带、规划六路及周围 50 ~ 100m 绿带、祁康南路及周围 50 ~ 100m 绿带、陈家江和陈家江路及周围 50 ~ 100m 绿带、鄂尔多斯路东侧 50 ~ 100m 绿带，是海绵的“毛细血管”。

“多节点”是城市建成区内重要海绵节点，主要包括湿地与大型公园绿地等，是海绵的“绿肺”。通过海绵绿地、海绵湿地的构建，在保证控制绿地、湿地主体径流总量、径流污染的同时容纳来自周边道路、建筑的客水。南大片区的海绵公园、海绵绿地建议采用河道水和雨水等非传统水源进行绿化灌溉，起到雨水循环利用和水资源节约的双重目的。这些节点作为城区海绵重要的骨架支撑点，对城区径流总量削减和污染削减起到重要作用。

规划在空间结构上保留原有“半人工—人工环境”的过渡格局，将自然环境向人工环境渗透，力求扩大自然生态面和人工环境的接触面，营造大地景观格局。在半人工单元上，以河流、防护林为重点区域；在人工单元上，以组团开发方式安排各类建设项目，在各组团之间设置自然渗透的生态走廊，使之为人工组团提供生态服务。

2）管控单元划分

根据《上海市海绵城市专项规划（2016—2035 年）》及有关定，海绵城市建设指标落到管控单元，如图 2–21 所示。考虑到海绵城市指标的系统性及管控性质，以宝山区规划排水分区和宝山区控规单元为基础划分最小管控单元，将海绵指标分解至最小管控单元，如图 2–22 所示。规划成果结合排水分区和控规单元显示，按照管控单元分区，既符合海绵城市规划理念，又便于后期地块改造及土地出让管控（表 2–5）。

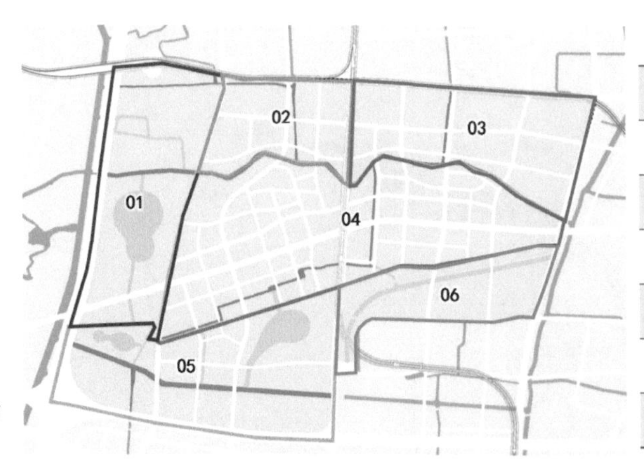

图 2–21 海绵城市管控单元图

表 2–5 海绵城市建设管控分区表

编号	名称	单元面积 /hm²
01	西侧自排区	109.70
02	祁连新村	54.33
03	上大南	95.24
04	南大北	184.40
05	南大南	129.57
06	真南（北）	55.67

图 2-22　宝山区控规单元分区

3）总体布局思路

（1）水生态保护与修复。水生态工程运用低影响开发和生态学的理念，最大限度地保护原有的河流、湖泊、湿地等水生态敏感区，维持城市开发前的自然水文特征。同时，控制城市不透水面积比例，最大限度地减少城市开发建设对原有水生态环境的破坏。此外，对传统城市建设模式下已经受到破坏的水体和其他自然环境运用生态的手段进行恢复和修复。

水生态体系分为径流控制工程、河流生态治理工程和绿色生态廊道工程三部分。径流控制工程通过构建低影响开发雨水系统，在场地开发过程中采用源头、分散式措施维持场地开发前的水文特征，达到 78% 的径流总量控制目标。河流生态治理工程通过对规划区内有条件改造的河湖水系的硬质化驳岸进行改造，达到生态岸线恢复 65% 的控制目标。绿色生态廊工程通过建设水源涵养林、城市道路绿地、公园绿地和主要河道林带，提高各镇区公园的绿地质量和景观水平，优化生态格局，保障城市生态安全。

本工程在水生态修复方面，主要采取以下策略：①保护修复天然海绵，构建海绵生态格局；②恢复河道生态岸线，打造亲水自然空间；③建设绿色生态廊道，美化区域人居环境。

（2）水环境整治 / 提升。基地水环境污染主要是由现状管网建设偏低、建设用地初期雨水径流污染问题突出造成的。

针对现阶段水环境方面的主要问题，主要有以下几项针对措施：①完善污水收集系统，优化污水处理布局；②加强控制面源污染，降低水体污染负荷；③优化引清调水机制，净化区域内河水体。

针对基地现状管网建设偏低、建设用地初期雨水径流污染突出等，以问题为导向，坚持灰绿结合的治水策略，推进海绵城市建设。

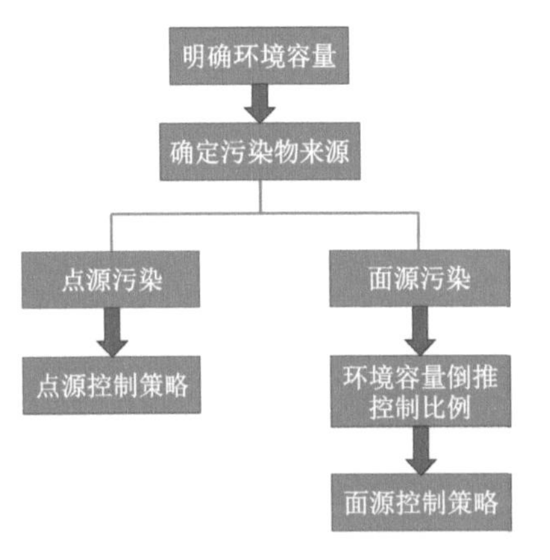

图 2-23 水环境工程体系技术路线图

海绵城市建设对水环境治理有很高的要求，95% 以上重点水功能区水质需满足Ⅳ类水体要求，面源污染控制率达到 55%。本规划对点源和面源污染分别提出针对性的控制策略：通过完善污水管网，截流初期雨水，杜绝污水直接排放；通过构建“源头、末端”相结合的控制系，统削减面源污染物，把污染物消纳在规划范围内，减轻河水环境的压力。

水环境工程体系技术路线图如图 2-23 所示。

（3）水安全保障。本地区地处江南水乡，河道纵横密布，在暴雨期间有很强的调蓄和排泄能力，又紧靠蕰藻浜，潮差较大，排水条件较好，在原来下垫面情况下，暴雨期间基本能乘潮自流排水，来解决本地区的防汛、除涝、排水的安全问题。规划区目前在水安全方面不存在明显的问题，最大的威胁是台风等极端天气，需提高道路对超标径流雨水的排水能力，防止道路积水。

但是随着地块的开发、用地性质的变化，必然要面对土地硬化面积提升和径流系数提高的变化，天然海绵体天然调蓄容积也会削减，河道的调蓄和排泄能力减少。另外，暴雨径流的关系也发生明显变化，排水强度增加。而且雨水排水标准由“1 年一遇”提高至“5 年一遇”，因此，需要进一步提升河网水系的蓄排能力。

针对现阶段水安全方面的主要问题，主要有以下几项针对措施：①加快地区河网建设，加强河道行洪能力；②完善区域排水系统，提升排水管道标准；③构建基于海绵理念的径流控制与管理体系。

（4）非常规水资源利用。基地在水资源利用方面存在利用效率不高、非传统水资源利用水平低等问题。

针对现阶段水资源方面的主要问题，主要有以下几项针对措施：①优化水资源配置方式，完善调配系统；②开发非常规水资源，提升水资源利用率。

为节约资源和能源，推动经济社会全面、协调、可持续发展，在顾村基地的建设中应以节约用水为原则，提高节水意识，提高用水效率。对于地区内的各种用水设施，应采用符合国家标准的节水型器具。规划结合地区河道布局，对于道路广场浇洒用水、绿化用水、景观用水等，因地制宜，合理利用河水资源，不仅可提高水资源的利用效率，还可缓解高峰时的供水压力。

2.5　浦东新区北蔡楔形绿地

编制单位：上海市浦东新区规划建筑设计有限公司
指导单位及资料提供单位：浦东新区建设和交通委员会

2.5.1　基本情况

北蔡楔形绿地位于浦东新区中心城陆家嘴—世博单元东南部。其中，大部分用地在北蔡镇域范围内，部分区域涉及花木街道和康桥镇。其北侧毗邻花木—龙阳路城市副中心，处于浦东新区中心城内环、外环之间区域，地理和交通区位优越。

本次系统方案编制规划范围为北蔡楔形绿地罗山路以西地区，即北至龙东大道及王家浜、高青路，西至高压走廊绿带及锦绣路，东至罗山路，南至外环高速 S20、临御路、大浦港，规划范围面积 902.22hm^2。规划重点区为华夏中路以北地区，即北至王家浜、高青路，西至高压走廊，东至罗山路，南至华夏中路，面积约 483hm^2，如图 2–24 所示。

图 2–24　北蔡楔形绿地海绵城市建设系统方案范围示意图

2.5.2 现状问题分析

1）现状水生态存在问题

（1）现状下垫面硬质化不算集中突出，但城中村、绿川片区硬质化程度高。区域现状林地、绿地、水系充分，但斑块零散，未能形成良好的生态廊道，生态服务效应不强。且北蔡城中村、绿川片区等下垫面硬质化程度高，周边绿地与湿地面积较低，在此类局部地区对降雨径流控制效果较差。

（2）河道、岸线尚未能充分体现生态发展理念，水岸生态系统功能退化。现状已实施河道岸线工程多采用直线型、硬质河道。此类建设方式虽然考虑了河道的排水除涝要求，但会降低滨水生物栖息地品质，从而不利于生物多样性、生态系统稳定性的保持，也不利于河湖水系生态自净功能的恢复，应着重改善护岸方式。

（3）滨水空间整治和生态建设需继续深化，水景观服务能力有待提升。部分河道未能统筹水岸一体化建设，缺乏生态系统的整体意识。现状城镇区域河道两岸绿色基础设施建设力度较弱，缺乏高品质的宜居宜游生态空间，而农村区域河道生态修复不足、岸边垃圾堆积，加剧了河道生态系统的破坏，造成了相应的恶性循环。

2）现状水环境存在问题

（1）水动力条件较低，水环境容量不足，污水系统建设尚待完善。北蔡楔形绿地外部河道水质情况良好，白莲泾稳定达到Ⅳ类水标准，川杨河达到Ⅳ类水标准，尚不能稳定达标。而内部河道流动性不足，调研中部分支河表观水质较差。

（2）区域存在面源污染问题，亟待有效控制。依据北蔡楔形绿地现有规划用地，利用污染物排放量计算方法对区域内污染物进行计算，开发后区域内每年产生 SS 污染物 786.83t、COD 污染物 627.65t，存在一定的面源污染。初期降雨冲刷将大量面源污染负荷带入河道，对河道水质将造成较大的冲击。

（3）河道污染治理方式单一，综合治理效率有待提高。周边地区近年来城市发展速度较快，而河道污染防治方法仍相对传统、单一，目前区域内大多数河道整治多采用清淤、疏泥等方式，尚未普遍采用系统性的内源治理、水动力优化、生物净化等方式。

3）现状水安全存在问题

（1）水系布局不完善，防汛除涝存在隐患。北蔡楔形绿地中现状河道数量多，根据已批复的《上海市浦东新区河道蓝线专项规划》，刚性河湖包括主干河道 2 条段（川杨河，河口宽 60m，两侧陆域控制宽度 15m；咸塘港，河口宽 35m，两侧陆域控制宽度 15m），其余支级河湖均为一级支河。但河网分布不均，城中村与建成城市部分相差较大，部分关键河道水系之间尚未打通。

（2）雨水管网设计标准与最新国家规范及上位规划存在差距。范围内现有雨水管网设计重现期大多数为 1 年一遇，达不到现有 2 ~ 3 年及 3 ~ 5 年的标准，管径偏小，除涝能力低，暴雨时易出现积水情况。待建区域设计标准也应与最新标准保持一致。

（3）城镇建设用地下垫面不透水性偏高。随着北蔡楔形绿地未来的建设，建设用地的增加导致下垫面不透水性的整体提高，降低降雨入渗条件，减少自然蒸发、蒸腾量，导致了降雨产、汇流时间缩短、流量上升。

2.5.3　建设需求分析

目前北蔡楔形绿地在规划中以生态功能为主，以研发、居住、商业为辅。因此，借助其大面积绿地的自身生态优势，在方案中希望以大海绵体系与布局为核心，突出林地、绿地、水系在海绵系统中的作用。同时在合适的区域布置河口湿地、河岸线建设、雨水花园、绿色道路等符合北蔡楔形绿地的海绵特色设施。

2.5.4　目标体系

（1）推进区域开发建设，采用海绵城市模式。通过海绵城市建设，系统性地统筹并综合采取“渗、滞、蓄、净、用、排”等措施，优化城市雨洪管理系统，降低内涝风险，优化区域水生态与综合生态品质，最大限度地减少城市开发建设对生态环境的影响。

（2）通过海绵城市建设，构建“三生”社区，实现模式增值。通过海绵城市建设，提升北蔡楔形绿地内水体结构，使其超越防洪保护、排水和供水的功能。提供区域河流的洁净水体，打造生态自然的公共绿地；综合绿地（绿色）、河道（蓝色）和社区（橙色）创造充满动力、能够增强社会凝聚力的可持续城市发展空间，成为社区发展的基础。

（3）切实指导后续海绵城市工程、措施的实施。结合国家及地方相关规范性文件，落实区域中的海绵城市相关控制性指标，提出特征地块的指标分配方法与实施策略，提出特殊景观节点的海绵城市设计要求，指导后续的开发建设工作。

2.5.5　编制方案

1）总体系统方案

（1）源头减排。按照地块（含绿地）、道路的年径流总量控制率、污染控制率、雨水资源化利用率等低影响开发指标，推进绿色基础设施建设，鼓励建筑小区初雨处置设施与雨水调蓄回用设施建设。

（2）过程控制。通过灰色系统高标准新建和提标改造，提高排水系统标准，已建强排系统的提标改造可通过集中调蓄设施实现，分流制强排系统需截留 5mm 初期雨水进行处理。

推荐使用排口湿地与灰色系统相结合的形式，控制面源污染。

（3）末端治理。建设与治理河湖水系，推进生态岸线工程，推进河道生态治理、水动力优化等工程措施。

北蔡楔形绿地总体系统方案如图 2–25 所示。

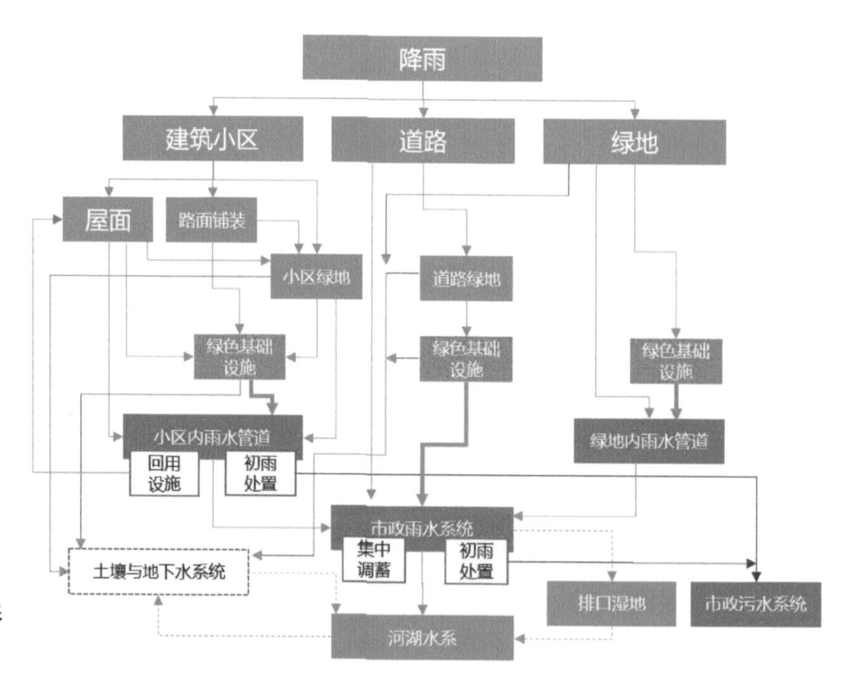

图 2-25　北蔡楔形绿地总体系统方案

2）系统工程措施

依据北蔡楔形绿地的四水问题制定相应的总体系统路径，并针对水生态保护与修复、水环境整治、水安全保障、非常规水资源利用等方面制定具体工程方案，并通过多目标统筹，论证系统方案与指标体系的达标可行性。

（1）水生态保护与修复措施。

① 以绿为廊，锚固绿网骨架，优化下垫面布局，降低不透水区域集中连片程度，如图 2-26 所示。

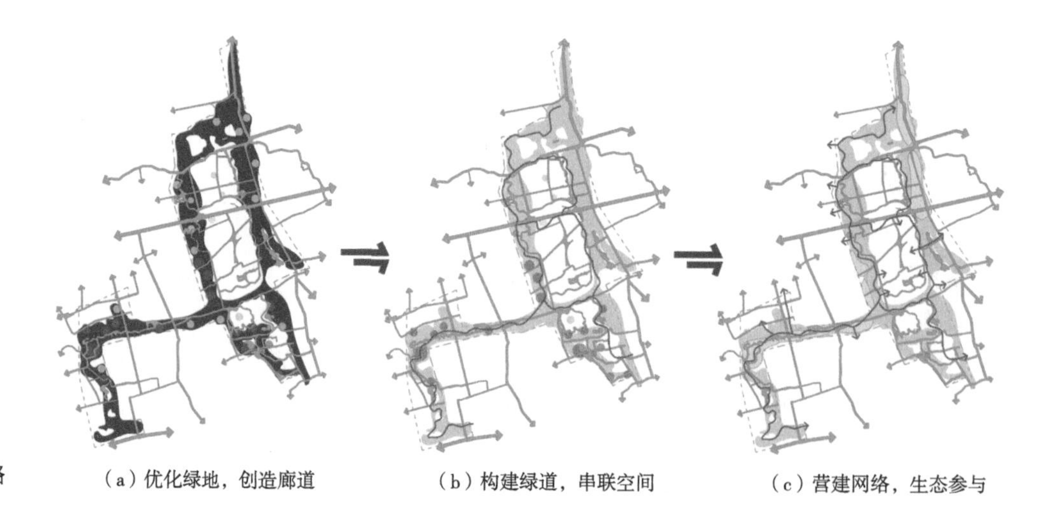

图 2-26　绿网策略

（a）优化绿地，创造廊道　（b）构建绿道，串联空间　（c）营建网络，生态参与

② 构建完整、健康的水生态空间。基于蓝线规划，结合景观设计，沟通区域骨干水网空间；联通小区、绿地内水系与外部河道；局部水动力条件较弱地区，采用人工强化水动力设施，如图 2-27 所示。

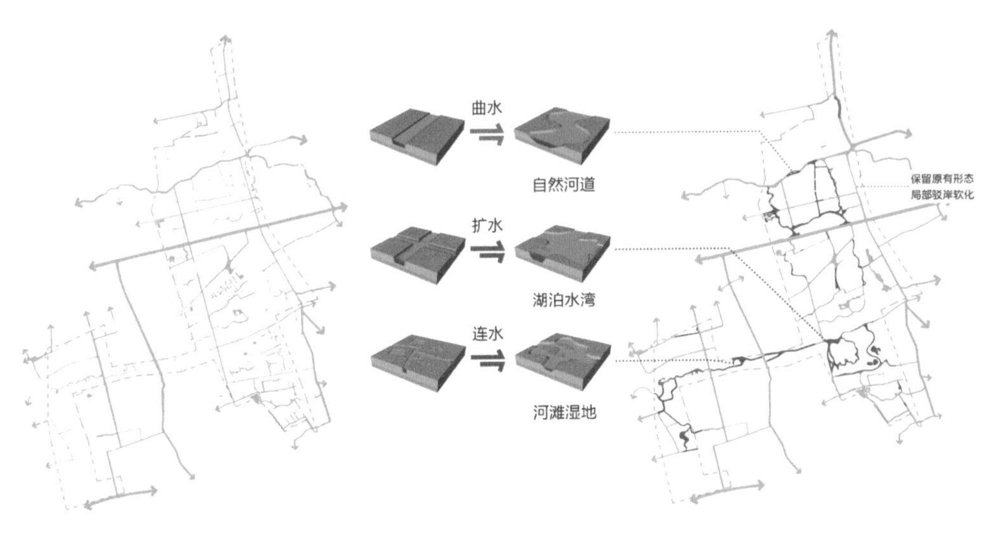

图 2–27　蓝网策略

③ 新建区域生态护岸建设与已建成区生态岸线改造相结合，推进水、林、绿一体化海绵空间建设。

④ 结合公益林，打造高品质绿地，提升降雨径流控制与污染控制效果，如图 2–28 所示。

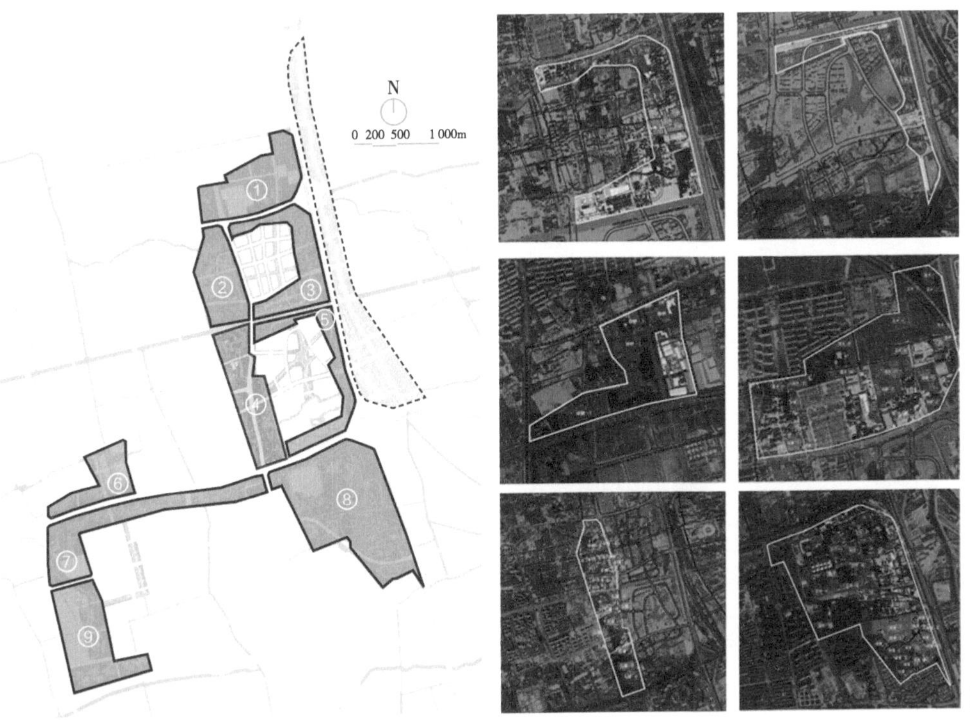

图 2–28　公益林分布

（2）水环境提升措施。

① 初期雨水治理。依据《上海市城镇雨水排水规划（2020—2035 年）》，分流制强排区初雨要求截流 5mm，送至污水处理厂或就地处理后排入河道；自排区初雨通过地块内或集中设置的海绵设施削减污染。

本次所涉及的排水分区中，北蔡、北蔡集镇、康桥、科创园、绿川、培花、鹏海均为强排分区，需满足初雨治理要求。排口在本次范围内包括北蔡东与绿川分区，拟通过排口湿地建设实现初雨治理。排口湿地与初雨调蓄设施分布如图 2-29 所示。

图 2-29 雨水调蓄设施布局图

② 控源截污。实施雨污分流的排水体制。完善污水系统建设，污水处理率达到100%，污泥无害化处置率达到 100%；逐步推进污水厂提标改造；利用湿地、河道生态化改造等方式配置尾水生态净化系统；推进雨污混接改造；合理安排水质监测断面，加强面源污染监测，如图 2-30 所示。

③ 内源治理。清洁河面及边坡垃圾，保持河道面貌干净整洁，如图 2-31 所示。

（3）水安全保障措施。以“5 年一遇不积水、100 年一遇不内涝、超 100 年不成灾”为总体目标，“绿、灰、蓝、管”相结合，保障区域水安全，建设韧性城市。

① 绿色基础设施——源头减排。排水分区内部区域打造绿色生态一体化排水，建

图 2-30　水环境治理系统工程图

设绿色排水基础设施，包括湿地、景观水体、沿河绿带等，为核心城区提供雨水调节处理功能。

② 灰色重力雨水管渠——过程转输。蓄排结合，提升管道蓄排能力。

③ 蓝色城市河道——末端收纳。提升河湖水面积与水利调度能力。

④ 应急除险体系。对于超标雨水，建立超标雨水转输、调蓄、快排通道、河网应急调蓄、排涝泵站应急运作等一系列应急保障机制，充分发挥大数据的优势，做到雨水排水、河道排涝全链条应急除险保障。

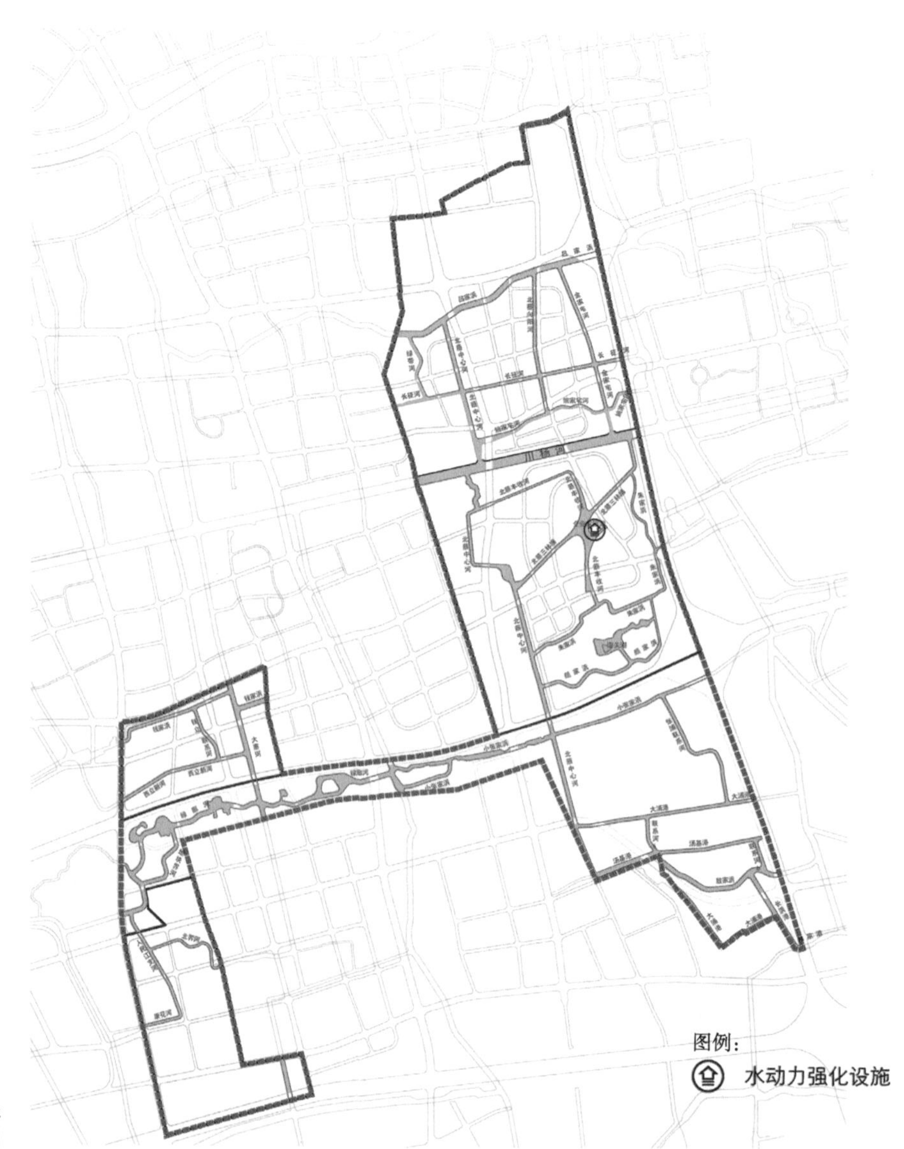

图 2-31 水生态保护与修复系统工程图

第三章
海绵城市建设案例

3.1 星空之境 DBO 项目

建设单位：上海市临港新片区城市建设交通运输事务中心
设计单位：中国城市发展规划设计咨询有限公司、中国建筑设计研究院有限公司、中国市政工程华北设计研究总院有限公司
施工单位：中国建筑第八工程局有限公司
指导单位及资料提供单位：中国城市发展规划设计咨询有限公司

3.1.1 基本情况

星空之境海绵公园占地面积 54hm²，是全国第二批海绵城市试点的重点示范项目，依托天文馆，凸显宇宙主题，承载临港新城活力，致力于塑造临港新片区“海绵景观双示范”新形象。

3.1.2 需求分析

项目所在区域为二环带城市公园。二环带公园海绵城市定位为：以公园的串联小型湖泊为核心及生态缓冲带形成城市公园，利用充足的绿地空间和已有水域构建雨水蓄、滞、拦截净化系统，展示初期雨水净化、雨水蓄存及生态补水功能。

星空之境海绵公园项目以海绵技术为内核，以星空之境为主题，以艺术地形为特色，打造成上海城市海绵示范公园。它将把自然渗透和净化融于一体，调蓄并利用雨水，连通并净化城市水系，极具功能性，也有观赏性。晴天是一道靓丽的风景线，雨天就变身为一块会吸水的“海绵”。

3.1.3 海绵方案设计

1）总体方案设计

在公园建设中运用海绵城市设计理念，采用透水铺装、雨水花园等典型海绵设施向公众展示初期雨水净化、雨水蓄存等常规海绵功能。此外，还精心打造景观生态廊道、海绵生态湿地、城市雨水滞蓄净化、智慧水务平台等一系列特色海绵系统设施。在确保公园排水防涝安全的前提下，最大限度实现雨水在城市的自然积存、自然渗透、自然净化，促进雨水利用和生态保护，并在需要时将蓄存的水释放并物尽其用。整个公园就是一块绿色的“大海绵”。

星空之境海绵公园在海绵建设中着力打造四大亮点：河湖生态净化、内水外水共治、水资源利用和智慧运维。星空之境海绵公园生态水环境模式如图 3-1 所示。

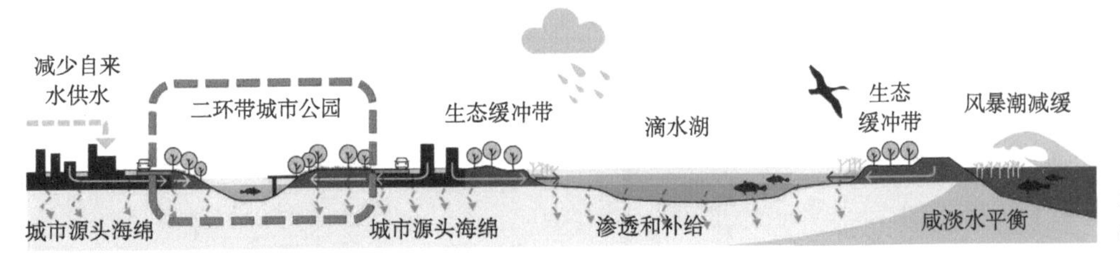

图 3-1　临港星空之境海绵公园生态水环境模式

2）海绵设施

（1）河湖生态净化。

① 生态净化区。春涟河、青祥港两条水系在星空之境地块中部交汇。河道水质表观效果差，存在富营养化风险。随着河道两岸的地块开发建设，河道水体的富营养化将在预期上增强。磷是导致水体富营养化的主要元素之一，因此在此项目中，对磷的治理极其重要，对总磷浓度的降低与控制也是此生态湿地的重点。

净化系统采用预处理、生物滤池及高负荷垂直流人工湿地为主的工艺，辅以生态塘和帘式复合浮岛，达到净化水质的目的，并采用具有磷吸附性能的改性填料进一步增强磷的去除效果。生态净化区处理设施规模为 15 000m^3/d。经测算，净化系统一年可减少进入滴水湖总磷约 1.4t，对滴水湖及周边水系水质保持有极大的正面作用。生态湿地平面布置及工艺流程如图 3-2 所示。生态湿地建成实景如图 3-3 所示。

② 河道生态系统。项目原场地尺度巨大，地势平坦，缺少空间变化，贯穿场地内部的河道岸线笔直单一，硬质驳岸结构，工程化明显，将场地分割为缺乏联系的四部分。内河水质差，水功能达标率低，雨水资源化利用不足，水动力不足，污染物容易积累，不易扩散。

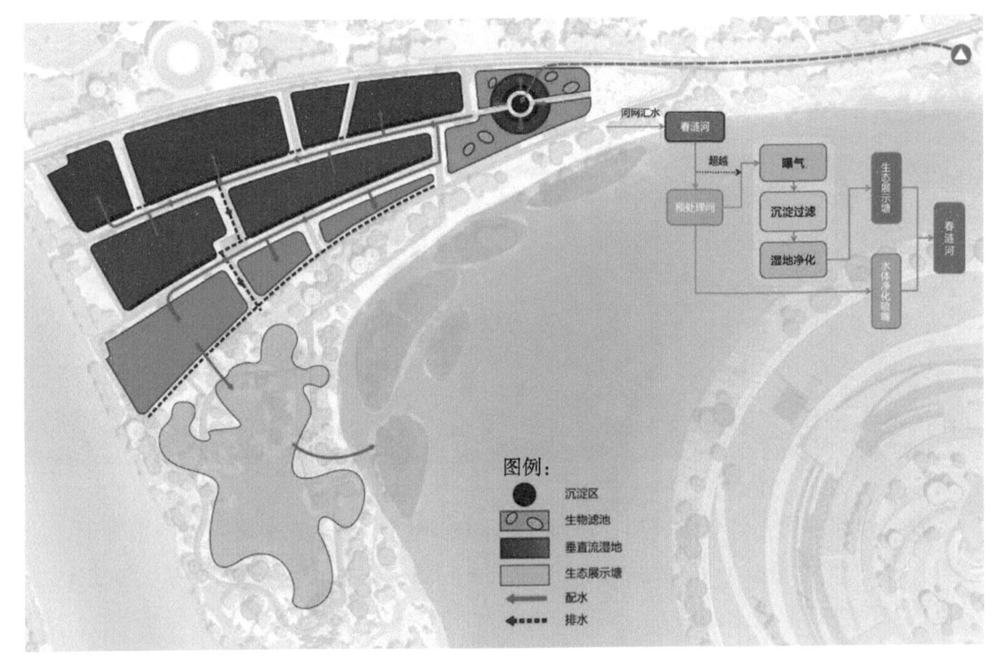

图 3-2　生态湿地平面布置及工艺流程图

图 3-3　生态湿地建成实景图

在与外部水网整体延续、局部调整、内部挖填结合、土方平衡的原则指导下，通过暴雨洪水管理模型（storm water management model，SWMM）模拟分析，对东西方向局部河道进行曲线化处理。

在满足河道水安全排涝基本功能的基础上，构建完整的水生植物系统、滨湖的湿生及陆生乔灌草系统，形成完整有序、自然过渡的河道植被系统，沟通陆域及水域的物质流、能量流。河道生态系统的构建包括滨岸带、护岸及河道主槽的生物配置及恢复。完善水生植物、湿生及陆生乔木、灌木、草丛配备，合理配置挺水植物、浮水植物及沉水植物，形成丰富多样的生境。通过局部区域的强化恢复，结合水生态系统的自我扩展能力，逐步扩展到整个河道，最终形成较为健康的河道水生态系统，形成较为丰富的水生生物多样性。项目生态岸线比例达到 90% 以上。生态河道建成实景图如图 3-4 所示。

图 3-4 生态河道建成实景图

（2）内水外水同治。项目运用海绵城市建设理念，对项目范围内各类型下垫面的地表径流进行分析和统计，结合竖向地形，因地制宜运用不同类型的源头分散海绵设施进行雨水的收集、净化、滞蓄。源头措施包括植草沟、生物滞留带、雨水花园（图 3-5）、生态旱溪（图 3-6）等公园年径流总量控制率超过 90%，年径流污染控制率超过 60%，可保证“5 年一遇暴雨不积水，100 年一遇暴雨不内涝”。

图 3-5 雨水花园建成实景图

图 3-6　生态旱溪建成实景图

除了运用源头分散海绵设施控制场地内雨水径流，还充分发挥公园海绵体功效，收集消纳周边道路及地块雨水径流。市政雨水管道在场地范围内有 4 个雨水排放口，在排放口收集污染严重的道路径流雨水，通过旋流沉砂→雨水调蓄池→生物滤池→净化浮岛等多级处理后排入河道，达到周边区域径流体积控制及面源污染削减的目的。雨水净化设施规模约 1 900m^3。生物滤池与景观场地、竖向设计紧密结合，设置木栈道、休息廊架，赋予公园主题，营造星空之境的氛围，功能性与观赏性高度融合，如图 3-7、图 3-8 所示。

图 3-7　生物滤池建成实景图

图 3–8 EHBR 浮岛应用于河道排口附近，增强排口净化能力

（3）水资源利用。通过设置雨水回用处理系统，将海绵设施净化后的雨水进行收集、存储。公园内调蓄池的蓄水在晴天作为公园绿化灌溉用水，在必要时也可作为杂用水冲洗透水铺装道路等。同时，在连续晴天时，也可从河道中抽取河水经净化处理后作为灌溉系统补充水源。公园绿化灌溉水源优先顺序选择为雨水、河水和市政补水，最大限度实现雨水的收集及循环再利用。

本项目年直接利用雨水资源 3.3 万 m^3，雨水资源化利用率达到 5% 以上，间接利用雨水（引河水灌溉）约 20 万 m^3。

（4）智慧运维。针对海绵公园绩效考核和智能调度的需求，应用地理信息系统、网络通信、工业自动化控制、移动互联及数字模拟等先进技术，构建星空之境海绵公园智能管理和控制系统，如图 3–9 所示。

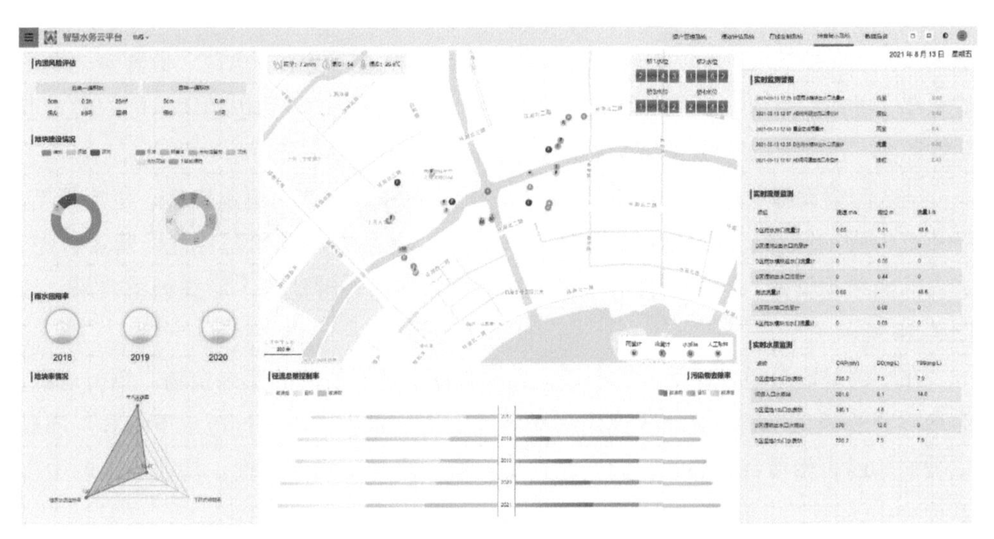

图 3–9 智能管理和控制系统平台界面

智能管理和控制系统包括实时监控网络、云共享平台、仿真模型、智能管理平台和运行服务中心5部分内容。它实现了海绵公园从局部到整体运行效果的科学评估，实现了项目公司电子化考核，以及政府对项目公司项目建设和运营的绩效考核；实现了水务设施运营维护的科学化、精细化、电子化，提高了管养效率，保障了海绵公园水系统长期的水量、水质和景观效果；实现了雨水回用设施、生态净化区、泵站等设施的联合调度，最大限度提高项目水资源利用率、水环境质量，节约运营成本。

3.1.4 建成效果

1）投资情况

项目采用设计（勘察）、建设、运维一体化的“DBO”模式。DBO模式强调公共服务本质，突出运营属性，鼓励社会资本兼顾建设成本和运营成本，实现资金与技术的最优结合。

2）整体效果

星空之境海绵公园是景观海绵双示范区，功能性与观赏性有机结合，打造海绵的公园、环境优美的公园、绿色舒适的公园。在海绵建设中运用景观化手法进行美化，让海绵无处不在。

（1）盐碱滩涂变身沃土，工程措施初见成效。临港是典型的滨海盐碱地，土体含盐量高、地下水位高、土壤pH值高、有机质含量低，对植物的生长十分不利。海绵公园承担了临港新片区的肾脏功能。通过在区域内开挖内河水系，将产生的土方用于抬高公园地形，增加绿化苗木与地下水位的高差，阻止水盐上升，并在主要绿化种植区域内布设排盐盲管，设置20cm厚碎石淋融层，用土工布隔离，以起到阻隔盐分的作用。根据“盐随水来、盐随水去”的水盐运动规律，采用地下滤水管网排盐法，合理布设排水管网。铺设暗管把土壤中的盐分随水排走，将地下水位控制在临界深度以下。

（2）生态种植营造生境，丰富生物多样性。结合公园内蜿蜒的河岸线，根据不同的功能和需求，形成亲水且自然的生态驳岸系统。驳岸植物绿带宽度采用灵活多变的形式，在2.50m常水位线以下的岸边结合护岸类型种植千屈菜、水葱、黄菖蒲、蓝花梭鱼草、香蒲、芦苇、旱伞草等水生植物；在2.50m以上的岸边以组团搭配的形式点缀式种植，达到疏密有致、步移景异的效果。

结合海绵设施选用既耐涝又有一定抗旱能力的植物；选用根系发达、茎叶繁茂、净化能力强的植物；常绿落叶、草本木本搭配，提高去污性和观赏性，营造野趣、近自然的植物群落。同时，打造生态旱溪、雨水花园、湿地等多形式种植效果，如图3-10所示。

在小微湿地南侧布置低干扰小岛，选用香花、色彩鲜艳的浆果植物，招引鸟类，为鸟类营造栖息环境。湿地区选用耐水湿乔木搭配水生植物，打造水下森林。随着植被群落的自然演替，鸟儿、鱼儿在这里安家，增加生物多样性，构建稳定的生态系统。

图 3-10　生物滞留带植物搭配设计

（3）注重科普展示，打造室外课堂。湿地体验区中土壤、水和植被多层次的精心设计为游客和当地居民提供了兼具休闲、娱乐和科普教育功能的场所。在海绵示范区，海绵设施剖面展示容器与戏水设施相结合，在取水玩水的过程中展示透水铺装、植草沟、雨水花园的渗滞蓄排原理。在生态滤池区巧妙设置沉水廊道，游人置身其中，可直观了解垂直流湿地、水平流湿地的净化原理，如图 3-11 所示。在景观节点、木平台、景观廊架等处设置科普解说牌，以图文结合的形式向游客讲授动植物、海绵 LID 设施知识。学校社团可组织青少年在生态湿塘区域进行现场观测认知、室外科普教学，如图 3-12 所示。

图 3-11　沉水廊道展示净化原理

图 3-12 结合戏水设施展示海绵吸水渗透原理

（4）增强游憩体验，人与自然和谐共处。将雨洪管理、生态栖息与公园独特的游憩空间相结合，创造出湿地空间，为鸟类和昆虫提供了良好的栖息地，在未来高密度的临港新片区中营造出独一无二的自然体验。同时，将城市休闲和河道生态环境整治相结合，建立连续的慢行滨河步道空间，改造生态驳岸形式，创造更多的亲水空间。水草繁茂，野花烂漫，漫步其间，让人仿佛又回到了从前阡陌纵横的田园河溪场景，如图 3-13 所示。

图 3-13 生态湿地营造生物栖息地

鸟宿池边，鱼翔浅底，虫儿在叶下低鸣，公园因有了自然的赐予而格外灵秀。具有生命力的生态栖息地，蕴含着当地生态文化和新兴希望。

利用完整的海绵技术体系构建新城安全生态格局，通过联系外部交通、缝合内部地块建设新城生态绿网系统，将城市和建筑融入整体的生态系统，通过恢复生物栖息地和生物廊道实现生物多样性保护，营造景观独特、环境优美、具有生命力的城市生境。

在满足防涝、海绵指标、游赏观光、交通及提高环境质量等的前提下，进行立体开发，结合场地现状塑造艺术地形，植入多样化功能，提高土体使用率，打造场地名片。

3.2 临港家园服务站及绿化休闲广场海绵化改造工程

建设单位：上海南汇汇集建设投资有限公司
设计单位：上海市政工程设计研究总院（集团）有限公司
施工单位：上海城建市政工程（集团）有限公司
指导单位及资料提供单位：临港新片区管理委员会

3.2.1 基本情况

临港口袋公园是指临港家园服务站和绿化休闲广场，位于临港古棕路555弄120号，西邻海事小区，东接绿地东岸涟城小区，附近有1万多居民。该区域占地面积约为19 600m²，其中建筑为1 887m²、绿化13 021m²、道路及铺装645m²、停车位447m²。截至2018年5月，本项目已完工。

本项目是临港国家海绵城市建设试点项目之一，位于试点区11个汇水分区的6号汇水分区，如图3-14所示。

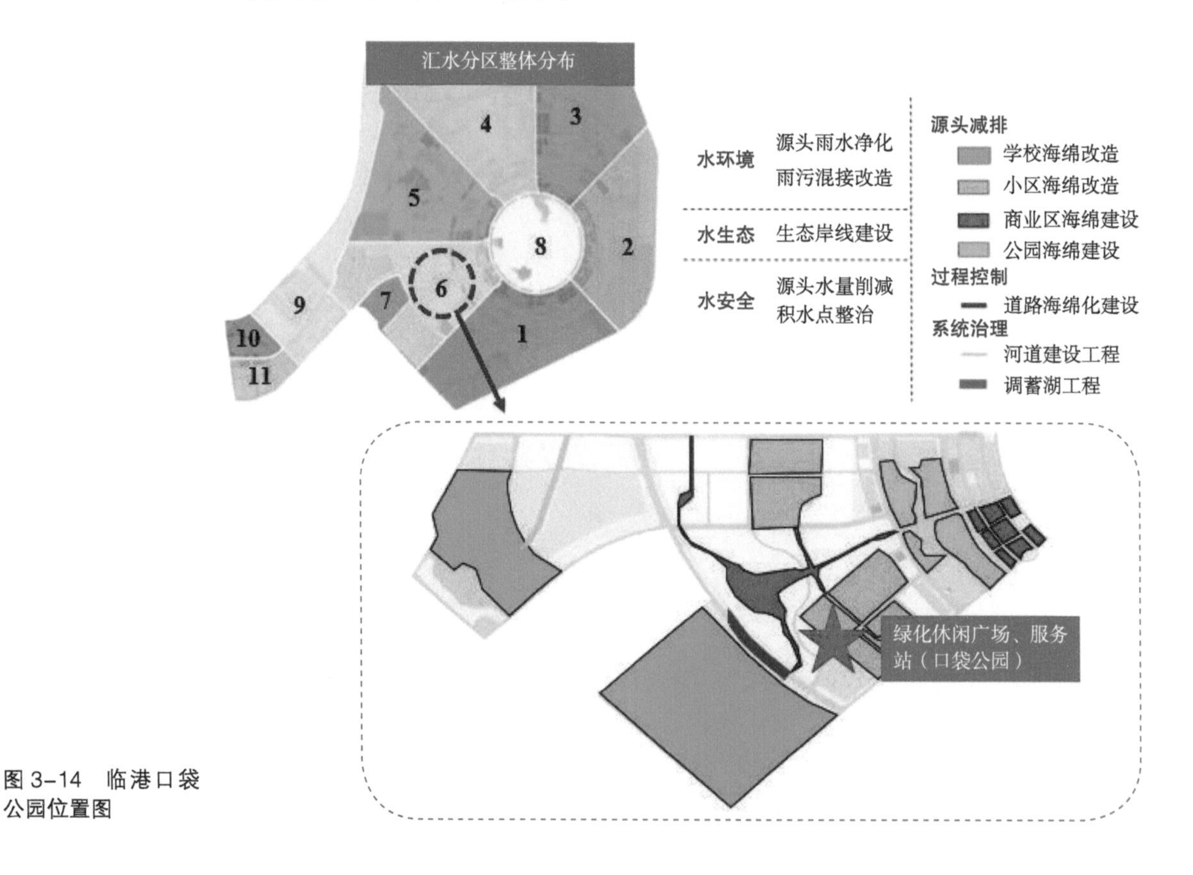

图3-14 临港口袋公园位置图

3.2.2　问题分析

改造项目坚持以问题为导向。本项目实施前后，临港海绵办和南汇新城镇有关部门多次组织相关单位研讨存在问题，并深入现场进行走访和调研。同时结合“大调研”中反映的居民需求不断提升完善。存在问题主要包括：

（1）临港家园服务站原绿化屋顶漏水严重，给居委会办公和居民活动造成极大影响。

（2）原广场为普通硬质铺装且局部破损，下雨天不仅湿滑，而且大片积水，存在安全隐患。

（3）休闲广场边停车位严重不足，给前来办事和活动的居民造成不便。

（4）休闲绿地景观单一，部分绿化枯死，人行步道破损十分严重，缺少康体活动设施，对周边居民缺乏吸引力。

（5）存在雨污混接现象。

3.2.3　海绵方案设计

1）总体方案设计

为解决积水、漏水、渗水性不佳、景观单一和康体活动设施缺乏等问题，达到年径流量控制率 80%（对应设计降雨量 26.87mm），以及年径流污染控制率 50% 的目标，进行海绵化改造。

本项目总体方案设计的汇水分区划分是按地形实际分水线详细划分的排水流域，每个汇水区内的雨水都将流入对应汇水分区内的海绵设施（雨水花园、表流人工湿地等）进行过滤、净化处理，超标雨水将通过溢流设施流入市政雨水管网。

2）海绵设施

临港口袋公园海绵化改造运用到的具体海绵设施包括绿色屋顶、透水铺装、雨水花园和人工表流湿地。结合各项海绵设施，雨水径流控制工艺流程如图 3-15 所示。

图 3-15　临港口袋公园雨水控制工艺流程图

（1）绿色屋顶。绿色屋顶由植被、种植土、过滤层、凹凸型蓄水板、防水层、保湿层等构成。下雨时，雨水经过绿化屋面吸收过滤后，部分雨水被植物和土壤吸收，剩余的雨水下渗后通过雨落管排至底层，引至周边的雨水花园等海绵设施进行控制和消纳。在修复原屋面的同时，增加屋面的渗水能力，提高排出水的水质，达到海绵城市的“渗”“净”的效果。绿色屋顶施工前后对比如图 3-16、图 3-17 所示。

图 3-16　绿色屋顶施工前实景图

图 3-17　绿色屋顶施工后实景图

（2）透水铺装。透水铺装由透水砖、透水盲管构成，雨水落到透水砖，直接渗入，进入到埋在透水砖下的透水盲管，经过盲管排放至管网或排水沟，部分引入就近的海绵设施。把原有硬质铺装改造成透水铺装，在保证原有功能的前提下，还能在下雨时较快消除道路、广场的积水现象，在集中降雨时也能减轻城市排水设施负担。透水铺装实景图如图 3-18 ~ 图 3-20 所示。

图 3-18　透水铺装实景图

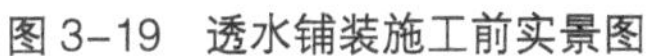
图 3-19　透水铺装施工前实景图

图 3-20　透水铺装施工后实景图

（3）雨水花园。雨水花园是海绵城市建设中最常用的技术方式。它由进水口、植物、改良种植营养土、透水盲管、防渗膜、溢流出水口等构成。占地 253m^2，主要分布在地势低洼、场地开阔的广场及道路两侧，用于消纳屋面雨水和道路雨水。利用植物、土壤和微生物，使雨水经过存储、渗透、净化实现海绵功能。年雨水消纳控制目标是 50.6m^3，污染物去除率达到 70% 以上。雨水花园施工前后实景图如图 3-21、图 3-22 所示。

图 3-21　雨水花园施工前实景图

图 3-22　雨水花园施工后实景图

（4）人工表流湿地。人工表流湿地由进水口、前置塘、沼泽区、植物、清水池等构成。下雨时，周围路面、广场、绿地等地方的雨水汇流至前置塘。雨水经过前置塘的沉淀、石笼的过滤、沼泽区的生物吸附净化处理后，流到清水池供景观使用。平时发挥正常的景观及休闲、娱乐功能；小中雨时发挥净化水质作用，达到降低径流污染的效果；暴雨时发挥调蓄、错峰、延峰功能，实现土地资源的多功能利用，如图 3-23 所示。

图 3-23　人工表流湿地剖面示意图

3.2.4 建成效果

1）投资情况

临港家园服务站和绿化休闲广场海绵化改造工程采取清单计价方式，实行设计、勘察、施工一体化运作。项目面积 1.6hm²，总造价 640 万元，其中海绵工程总造价 171.65 万元、非海绵工程总造价 323.46 万元。

经过对比分析，本项目海绵化改造共增加投资 36.95 万元，在整个项目造价中较普通改造仅增加 6.12%。据测算，不同海绵公园改造项目受客观条件影响，投资增加约在 5% ~ 15%。

2）整体效果

（1）海绵化改造使临港口袋公园具备了净、蓄、滞、排等海绵功能。调研中，现场将两大桶水快速倾倒到地面上，发现 2 ~ 3s 内水就能渗透完毕，且触摸没有明显湿手感觉。老百姓对整体效果的直观感受是“小雨不湿鞋”。

（2）在 2018 年 5 月 25 日暴雨中，临港口袋公园经受住了考验，基本没有积水现象。

（3）目前正在开展数据监测工作，人工湿地水质基本处于地表水Ⅳ类。

建设后的实景如图 3-24 ~ 图 3-29 所示。

图 3-24　临港口袋公园整体实景图

图 3-25　人工表流湿地全景实景图

图 3-26　人工表流湿地清水池实景图

图 3-27　栈道及透水铺装实景图

图 3-28　人工表流湿地实景图

图 3-29　跑道实景图

同时通过建设绿色屋顶彻底解决了屋面常年漏水问题。通过建设生态停车位，解决了居民停车难问题。通过透水环形跑道的建设，让周边居民运动健身有了保障。通过表流人工湿地进行景观打造，充分利用集中绿化，为居民休憩、娱乐增添了美丽风景。景观提升后的口袋公园成了居民们休闲、娱乐的好去处，也改善了周边的生态环境，提升了防涝能力，使居民们有了获得感，也充分体现了“海绵 +”的理念。

3.3 芦潮港社区新芦苑 A 区、F 区海绵化改造工程

建设单位：上海南汇新城开发建设有限公司
设计单位：上海市政工程设计研究总院（集团）有限公司
施工单位：中国二十冶集团有限公司
指导单位及资料提供单位：临港新片区管理委员会

3.3.1 基本情况

新芦苑 A 区位于芦潮港潮乐路 3 弄，为拆迁安置小区，西沿潮乐路，南临芦云路，北靠大芦东路，在汇水分区 10 分区芦潮港社区（江山路以北）内，以居住用地为主，配有部分社区配套商业设施。本项目所在位置如图 3-30 所示。小区总用地面积约为 58 300m^2，其中建筑占地为 13 320m^2、绿化面积 28 474m^2、道路及铺装 12 447m^2、停车位 4 059m^2。小区内雨水干管顺主路铺设，小区内室外雨水管网共划分为 4 个片区，排放口管径分别为 DN300、DN400、DN500、DN600，均排至市政雨水管网。

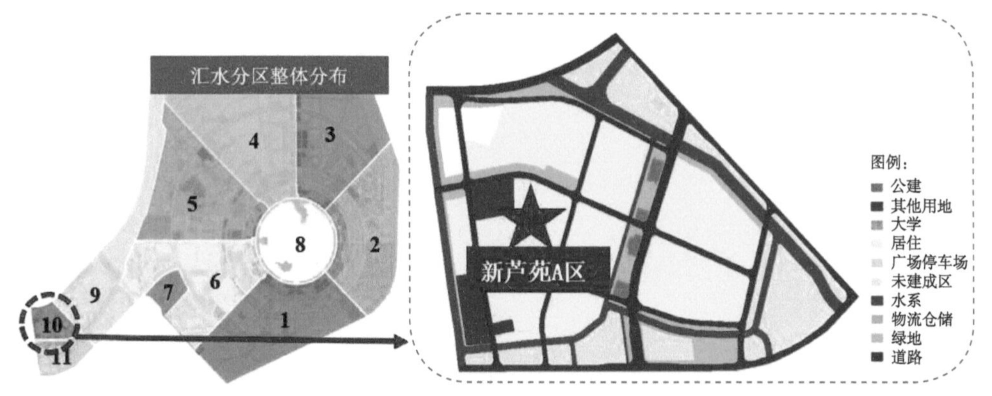

图 3-30 新芦苑 A 区所在位置

新芦苑 F 区位于芦潮港潮乐路 8 弄，为拆迁安置小区，于 2006 年建成。小区西临秋萍学校，北至大芦东路，东沿潮乐路，南至芦云路公共绿地，位于汇水分区第 10 分区芦潮港社区（江山路以北）内，以居住用地为主，配有部分社区配套商业设施。项目位置如图 3-31 所示。小区占地面积约 33 684m^2，绿地率约 40%。

新芦苑 F 区因地制宜制定了切实可行的海绵化改造方案，海绵化改造工程采用“海绵总控 + 弹性设计 + 精细施工 + 预制材料 + 成熟苗木 + 专业监理 + 效果验收 + 公众参与”的模式，对雨水花园、地下调蓄净化设施、高位雨水花坛、调蓄净化沟等核心技术优化，形成了一套可复制、易推广的模式。例如，因地制宜，采取雨污混接改

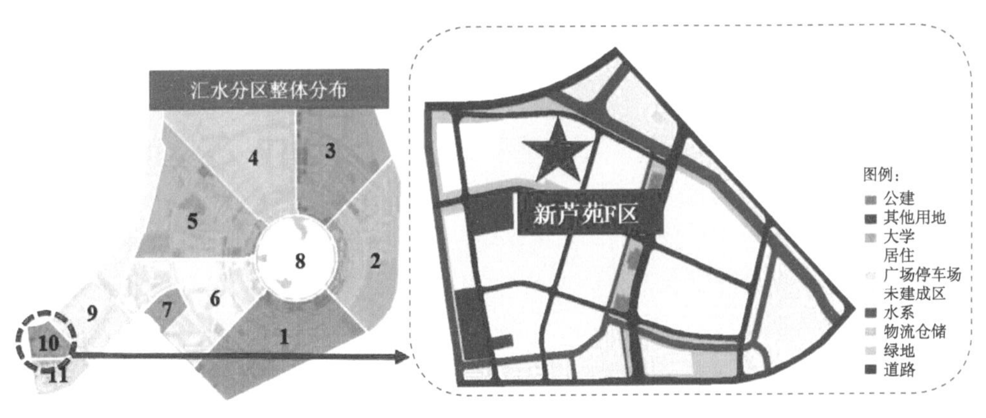

图 3-31　新芦苑 F 区所在位置

造、透水铺装、雨水调蓄净化、高位花坛、雨水花园、生态停车位等措施，改变雨水快排、直排的传统做法，实施雨污分流，控制初期雨水污染，增强道路、广场及道路绿化带对雨水的消纳和收集功能，同时提高小区雨水积存、蓄滞和净化能力。

3.3.2　问题分析

新芦苑 A 区海绵化改造前主要问题：

（1）植草砖停车位破损严重且渗水性不佳，雨天后积水严重。

（2）小区园路破损长久失修，周围景观单一。

（3）绿地绿化大多枯死，部分位置甚至无绿化。

（4）部分道路下凹，雨天积水严重。

（5）小区中对外商铺店面排水、部分住户阳台或厨房排水存在雨污混接排放情况。

新芦苑 F 区海绵化改造前主要问题：

（1）存在雨污混接现象。

（2）停车位虽采用植草砖铺设，但已基本不透水，破损严重，停车位植物生长情况差。

（3）小区积水点较多。

（4）部分绿地被侵占并固化，且部分绿化被破坏严重，景观不佳。

新芦苑 F 区海绵化改造前存在问题实景如图 3-32 所示。

图 3-32　新芦苑 F 区海绵化改造前存在问题实景图

3.3.3 海绵方案设计

1）总体方案设计

为解决道路和停车位破损积水、绿地绿化枯死、绿化景观效果差及雨污混接的问题，达到年径流总量控制率 75%（对应设计降雨量 22.2mm）和年径流污染控制率 45% 的目标，本项目主要进行的海绵化改造包括透水路面改造、停车场生态改造、雨污混接改造和小区景观改造。

（1）透水路面改造。对原有不透水的园路进行透水改造，使雨水下渗至铺装下的透水盲管，通过盲管输送至附近的海绵设施（雨水花园或调蓄净化设施），经海绵设施净化后排至雨水管道。如果遇到雨量超过设施设计标准，超标部分直接溢流至雨水井排出。

（2）停车场生态改造。把原渗水性差的植草砖车位改造为透水混凝土停车位，同时采用盖板排水沟、雨水花园、调蓄净化设施等海绵工艺组合，使雨水以径流形式进入盖板排水沟后进入海绵设施，改变了过去雨水以漫流形式汇入路面的情况。

（3）雨污混接改造。新建污水管道，阳台洗衣机废水、厨房废水、商铺的污水改接至水封井，井后新设污水管道接至原小区污水管道；原雨水立管断接至高位花坛，通过生态方法，对雨水净化后缓排至雨水管网。

（4）小区景观改造。根据居民需求并结合海绵改造理念，在小区内设置透水广场，给予小区居民活动场地，并安装康健设施，供居民娱乐。同时对场地周边绿化进行改造，提升小区环境。

2）海绵设施

（1）雨水花园。雨水花园是海绵城市建设中最常用的技术方式。它由进水口、植物、改良种植营养土、透水盲管、防渗膜、溢流出水口等构成。小区内雨水花园主要分布在地势低洼、场地开阔的广场、建筑物、道路两侧，用于消纳屋面雨水和道路径流雨水。利用植物、土壤和微生物，使雨水经过存储、渗透、净化实现海绵功能。年雨水消纳控制目标是 527.5m^3，污染物去除率达到 70% 以上。雨水花园施工前后实景图如图 3–33 ~ 图 3–37 所示。

图 3–33 雨水花园施工实景图

图 3-34　雨水花园施工前实景图

图 3-35　雨水花园施工后实景图

图 3-36　雨水花园施工前实景图

图 3-37　雨水花园施工后实景图

（2）调蓄净化设施。调蓄净化设施由抗撕裂与抗穿刺且具有一定不排空容积的箱体、无动力缓释器、沉泥井、无动力排污装置构成，是立体组合“微型湿地＋缓释”工艺的具体体现，利用微型湿地的储存、沉淀和生态净水功能，经过无动力缓释器将净化后雨水可控、可规划地缓释排放，全过程全自动运行。通过对路面雨水口改造，使雨水先进入沉泥井，经过初步沉泥的雨水进入调蓄净化设施，设施内的无动力缓释器会让雨水在 24h 内均匀排放，在下雨时能较快消除道路、广场的积水现象，在集中降雨时也能减轻城市排水设施排放压力。调蓄净化设施实景图如图 3-38、图 3-39 所示。

图 3-38　调蓄净化设施施工实景图

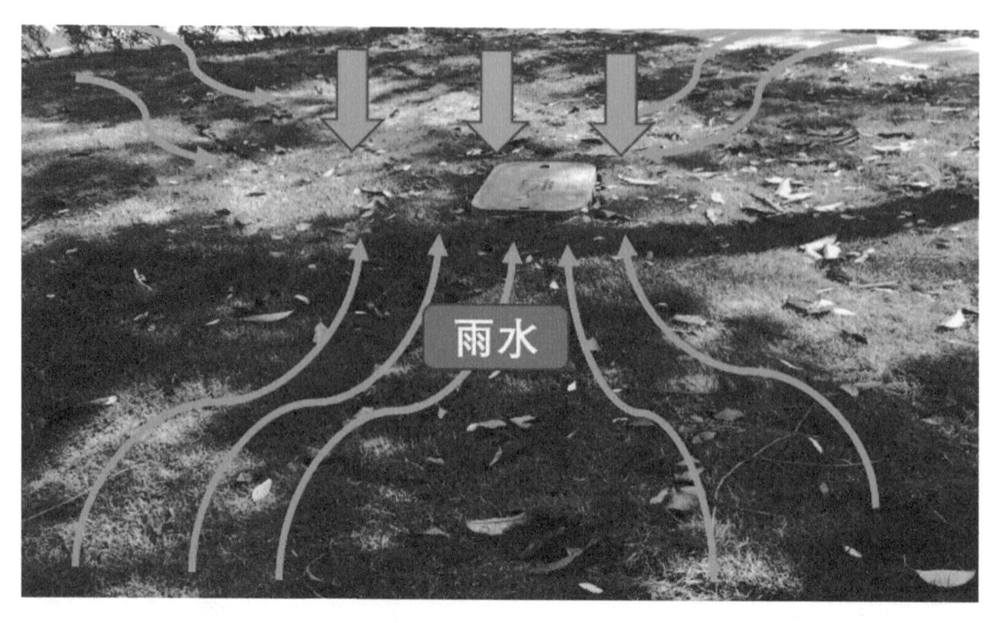

图 3-39 调蓄净化设施实景图

（3）生态停车位。生态停车位由透水混凝土、草皮、透水盲管、砾石层等构成。下雨时，一部分雨水透过透水混凝土渗入埋在下面的透水盲管，经过透水盲管排至生态停车位后的排水沟；另一部分雨水被植物和土壤吸收，超标的雨水流至排水沟，排水沟联通附近的雨水花园或引入至调蓄净化设施。将原硬质不透水场地改造为生态停车位，加强场地渗水的能力，从源头减少径流，保证小雨不积水。生态停车位施工实景图如图 3-40 ~ 图 3-45 所示。

图 3-40 A 区生态停车位施工实景图

图 3-41 A 区生态停车位施工前实景图

图 3-42 A 区生态停车位施工后实景图

图 3-43 F 区生态停车位施工实景图

图 3-44　F 区生态停车位施工前实景图

图 3-45　F 区生态停车位施工后实景图

（4）透水混凝土广场与步道。透水混凝土广场与步道由透水混凝土、透水盲管、砾石层构成，增强硬质地面的下渗能力，去除场地内积水情况，达到小雨不湿鞋、大雨不积水的目标，在集中降雨时也能减轻城市排水管网的负担。下雨时，雨水直接渗入至基层内的透水盲管中，通过透水盲管输送至附近的海绵设施（雨水花园或调蓄净化设施），经设施净化后排至雨水管道。小区园路施工实景图如图 3-46 ~ 图 3-48 所示。

图 3-46　小区园路透水混凝土施工前后实景图

图 3-47　小区园路施工前实景图

图 3-48　小区园路施工后实景图

（5）高位花坛。高位花坛由植物、种植土、空腔、无动力缓释器、无动力排污装置等构成。建筑雨水立管直接断接至高位花坛内，通过高位花坛的植物吸收和自然沉淀净化雨水。同时花坛内空腔安装的无动力缓释器，可以在 24h 均匀排掉雨水，从而达到调蓄净化雨水、延峰错峰效果。高位花坛施工实景图如图 3-49 ~ 图 3-53 所示。

图 3-49 高位花坛基层施工实景图

图 3-50 高位花坛砌筑施工实景图

图 3-51 高位花坛贴面和设备安装施工实景图

图 3-52 高位花坛施工前实景图

图 3-53 高位花坛施工后实景图

3.3.4 建成效果

1）投资情况

新芦苑 A 区海绵化改造工程采取清单计价方式，实行设计、勘察、施工一体化运作。项目面积 5.8hm^2，海绵工程总造价 588.39 万元，非海绵工程总造价 435.03 万元。

新芦苑 F 区海绵化改造工程总造价 487.92 万元。

2）整体效果

通过海绵化改造使新芦苑 A 区具备了渗、滞、蓄、净等海绵功能，主要体现在以下几个方面：

（1）雨水消纳速度快。雨天时，雨水顺着地面坡度较快速漫流至海绵设施，透水性场地雨水直接渗入，不存在积水情况。

（2）积水点情况。在雨天巡查中，发现原小区内停车位、园路等地积水情况基本消除，雨水基本均渗入或流至海绵设施。

（3）雨污混接点改造。通过对阳台洗衣机废水、厨房废水、商铺的污水改接至污水系统，提高雨水管网水质，也降低了市政污水管网的压力。

（4）污染物的去除率达标。根据设计施工单位介绍，根据小区的海绵监测设备数据显示，年径流污染去除率基本可以达到 54%，超过 45% 的达标要求。雨天调研中，选取雨水井打开井盖，雨水水质较好。

通过建设雨水花园，增加小区的色彩，提升小区的生态环境，消除小区部分位置的积水情况；通过建设生态停车位，去除原停车位的积水问题，改善停车位的破损情况；通过小区园路、广场透水改造，并在广场设置康健设施，增加居民生活的趣味性；通过建设高位花坛，创造门口的小花园。结合居民需求，在海绵城市理念内，因地制宜，对小区景观进行改造，充分利用小区绿化，创造居民活动小场地，给居民制造一个满意的小区环境。在下雨天时，小区的园路不再是泥泞不堪，路边走路的人也不会被车辆行驶过的雨水溅到，让居民切实感受到这次海绵改造的成果。建设实景如图 3-54 ~ 图 3-56 所示。

图 3-54　雨水花园实景图

图 3-55　小区生态停车位实景图

图 3-56　小区海绵化改造后实景图

通过海绵化改造使新芦苑 F 区具备了渗、滞、蓄、净等海绵功能，主要体现在以下几个方面：

（1）雨污混接点改造。通过新建雨水检查井、重新连接雨水管道、厨房和阳台的生活废水引入污水井并另接相应数量的雨落管等措施，成功地将雨污水分流，提高雨水管网水质，同时降低了市政污水管网的压力。

（2）实现“小雨不积水”的目标。通过建造透水铺装、雨水花园、生态停车场等海绵设施，以及做好正确的排水坡向后，小区内积水现象基本消除，雨水直接下渗或流入海绵设施净化，有效地削减了雨水量。通过海绵设施对雨水进行净化处理，在源头上削减了雨水中的污染物。

通过建设雨水花园，植物截流，土壤渗滤净化雨水，减少污染，提升小区的生态环境，为鸟类、蝴蝶等动物提供食物和栖息地，达到良好的景观效果。新芦苑F区的海绵设施改造，因地制宜，提升水环境、水生态的情况下，还提高了小区的居住环境，给居民创造了一个满意的居住环境，也充分体现了“海绵+”的理念。建设实景如图3-57～图3-62所示。

图3-57　生态停车位实景图

图3-58　雨水花园现场实景图

图3-59　透水儿童广场改造前

图3-60　透水儿童广场改造后

图3-61　雨水花园施工前

图3-62　雨水花园施工后

3.4　芦茂路与汇水分区末端海绵化改造

建设单位：上海临港南汇新城经济发展有限公司、中国（上海）自由贸易试验区临港新片区管委会

设计单位：上海市政工程设计研究总院（集团）有限公司

施工单位：上海城建市政工程（集团）有限公司

指导单位及资料提供单位：临港新片区管理委员会

3.4.1　基本情况

芦茂路位于浦东新区南汇新城镇芦潮港社区，处于临港试点区第 10 汇水分区的末端。第 10 汇水分区以居住用地为主，配有部分社区配套商业设施。本项目位置如图 3-63 所示。

芦茂路改造段全长 440m（港辉路—潮和路），红线宽度 20m，总体高程 3.94 ~ 4.81m，北侧为居民小区，南侧为绿地，改造范围为红线内 + 南侧红线外 3m。芦茂路现状雨水管 DN600 ~ DN800，收集周边居民小区的雨水（含部分混接污水）及自身雨水后分别向东、向西排入里塘河中，如图 3-64 所示。芦茂路及周边绿化带的海绵化改造，可截流混接污水、净化初期雨水、削减径流峰值。截至 2018 年 5 月底，本项目已完工。

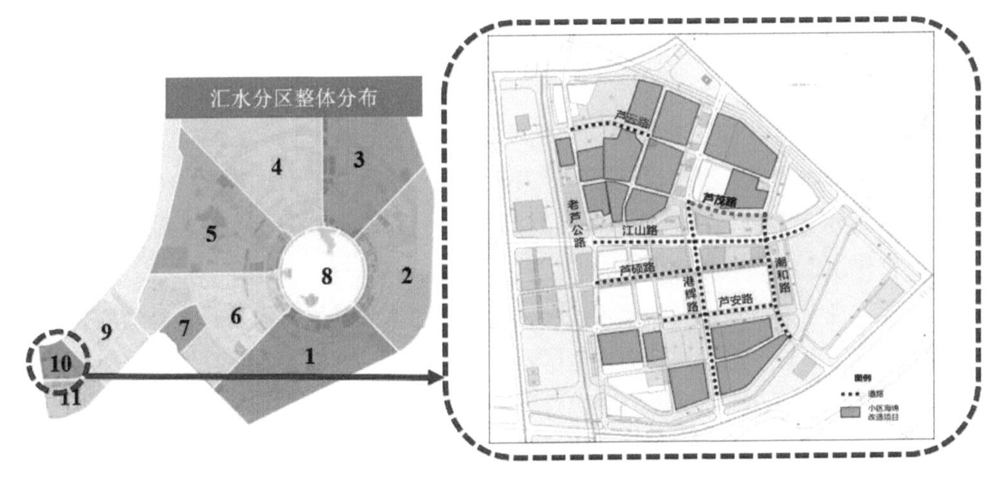

图 3-63　本项目所在位置

图 3-64 改造前芦茂路全景图

3.4.2 问题与需求分析

1）区域主要问题

（1）部分人行道铺装破损。

（2）部分路面沉降破损。

（3）整体景观效果差。

（4）周边小区缺少公共亲水休闲空间。

2）需求

（1）百姓需求。旁边是一条河，周边是居民小区，首先考虑老百姓的清水、休闲需求。

（2）系统治理。该条路位于汇水区的末端，为满足对整个排水系统的部分净化作用的需求，同时与河道蓝绿线的充分融合衔接。

（3）道路本身。道路雨水净化及景观提升的需求。

3.4.3 海绵方案设计

1）总体方案设计

为解决上述问题与需求，达到年径流总量控制率 85%、道路年径流污染控制率 55% 的目标，本项目采取建设低影响开发设施，包括旱溪、雨水花园、人工湿地、蓄水模块和透水铺装等。在达到两个控制率的同时，海绵设施还可以起到对雨水的削峰、延锋作用，提高道路排水能力。

芦茂路现状人行道改造为透水铺装，雨水就地下渗消纳，提高行走舒适度；道路北侧人行道下敷设蓄水模块，车行道雨水通过雨水口导流进入模块，模块内雨水可自然释放进入土壤；道路南侧绿地改造为旱溪 + 雨水花园的形式，车行道雨水通过暗沟导流进入雨水花园，雨水经过下渗净化后多余部分进入市政雨水管；片区及道路雨水排放口前端设置人工湿地，对片区及路面雨水径流进行净化，是入河净化的最后一道防线。片区内老旧小区较多，雨污混接、阳台废水错接等问题难免。芦茂路人工湿地前端设置虹吸式污水收集系统，整套系统由太阳能供电，旱季时将雨水管内的混接污水和管底沉积物抽吸排入人工湿地，净化后排入河道，减少污染物排放。

芦茂路海绵设计总体方案布局图如图 3-65 所示。

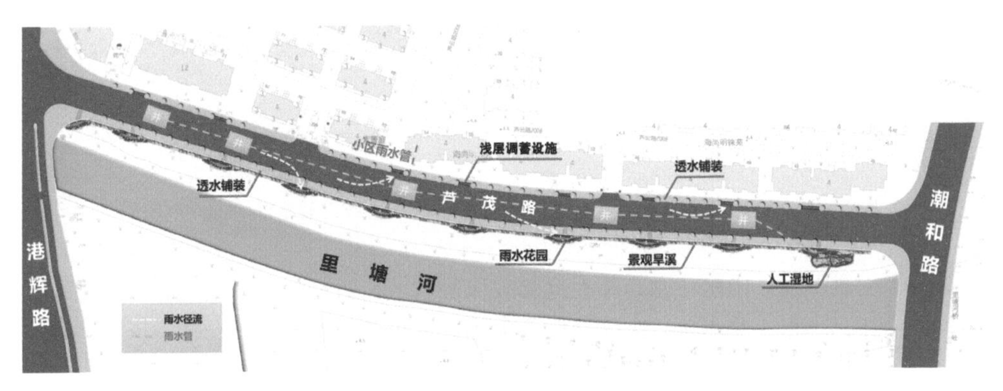

图 3-65 芦茂路海绵设计总体方案布局图

2）海绵设施

（1）透水铺装。透水铺装通过采用大孔隙结构层使雨水能够就地下渗，从而达到减少地表径流、雨水还原地下等目标。人行道采用透水铺装，能够使雨水迅速渗入地表，使小雨不积水，具有一定补充地下水和缓解城市热岛效应的作用。下雨时，人行道和车行道的雨水径流经过透水铺装通过新增雨水口进入浅层调蓄设施，储存雨水渗入土壤，无法下渗部分进入市政雨水管渠；新增雨水口内多余径流由现状雨水口收集后排到市政雨水管渠。透水铺装实景图如图 3-66 所示，雨水流程图如图 3-67 所示。

图 3-66 透水铺装实景图

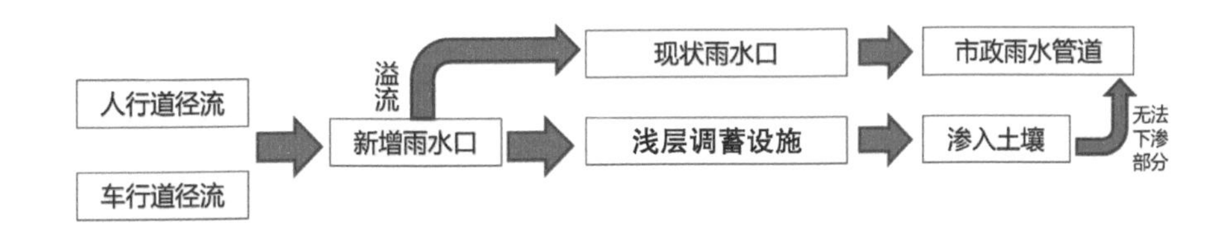

图 3-67 道路北侧雨水（透水铺装）流程图

（2）蓄水模块。在试点过程中，尝试采用了浅层调蓄设施模块进行雨水控制。降雨时，车行道雨水沿开孔路缘石汇入雨水口。雨水口内雨水首先汇入人行道中的蓄水模块；当蓄水模块饱和后，雨水口水位上升，经雨水口上部出水管溢流至市政管网。同时，蓄水模块能够收集透水人行道下渗的雨水。天晴时，土壤水分含量下降，蓄水模块中收集的雨水可自然释放到周围的土壤中，补给周边土壤及植物生长，有利于雨水资源化利用。蓄水模块工作示意图如图 3-68、图 3-69 所示。

图 3-68　降雨时蓄水模块设计效果图

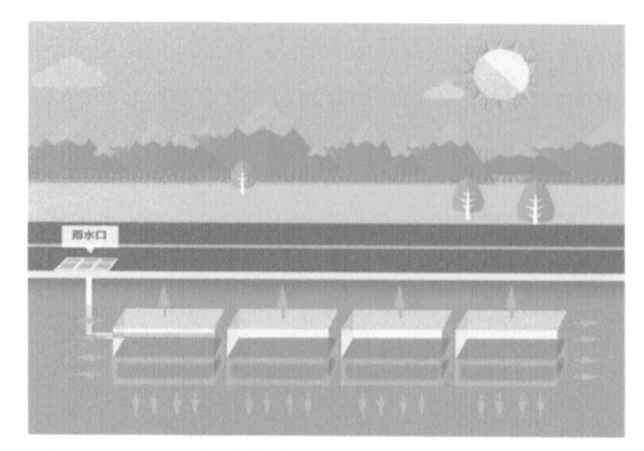

图 3-69　天晴时蓄水模块设计效果图

（3）雨水花园。雨水花园是指在地势较低的区域，通过植物、土壤和微生物系统滞蓄、净化径流雨水的设施。雨水花园是海绵城市建设中最为常用的技术之一，自上而下可分为植被覆盖层、改良种植土层、透水土工布层、砾石排水层等，各个结构层对雨水径流进行调蓄、净化。超过雨水花园控制能力的雨水通过溢流装置进入雨水口，下渗雨水渗入土壤，无法下渗部分通过盲管收集进入市政雨水管。此做法不仅可以改善周边河道水质，而且可以调蓄雨量，达到削弱峰值、减轻管网排水压力的目的。道路雨水流程图如图 3-70 所示。雨水花园实景图如图 3-71 所示。

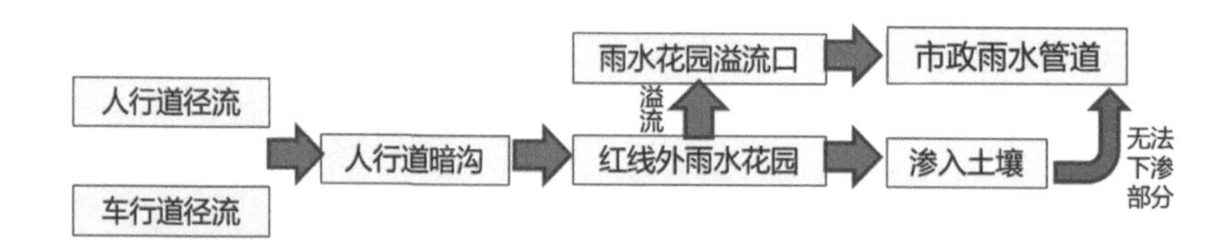

图 3-70　道路南侧（雨水花园）雨水流程控制图

图 3-71　雨水花园实景图

（4）旱溪。旱溪是指不防水的溪床，人工仿造自然界中干涸的河床，配合植物的营造在意境上表达出溪水的景观。旱溪自上而下依次为鹅卵石散铺层、碎石垫层、透水土工布层和素土夯实层。在输水时具有溪流的景观意境，干旱时也表露出天然原石景观。旱溪适用于小区、公园内道路的周边，晴天作为景观，雨天控制雨水径流。旱溪可与雨水管渠联合应用，场地竖向允许且不影响安全的情况下也可代替部分雨水管渠。旱溪实景图如图 3–72 所示。

图 3–72 旱溪实景图

（5）潜流湿地。潜流湿地是以亲水植物为表面绿化物，以砂石土壤为填料，让水自然渗透过滤的人造景观，是一个主要由土壤、湿地植物和微生物组成的生态处理系统。

雨季时，本排水分区以芦茂路雨水径流进入湿地，径流在湿地床的内部流动，一方面可以充分利用填料表面生长的生物膜、丰富的根系及表层土和填料截流等的作用，提高对污染物的处理效果和处理能力；另一方面由于水在地表下流动，具有保温性能好、处理效果受气候影响小、卫生条件较好等优点。潜流湿地实景图如图 3–73 所示。

图 3–73 潜流湿地实景图

3.4.4 建成效果

1）投资情况

项目海绵总造价 348 万元，其中雨水花园约 24 万元、旱溪约 124 万元、透水铺装约 74 万元，以及人工湿地约 30 万元。

2）整体成效

本项目完工后，芦茂路具备了渗、滞、蓄、净、用、排等海绵功能，显著体现在：

（1）对整个片区的贡献。芦潮港社区内老旧小区较多，雨污混接、阳台废水错接等问题严重。芦茂路人工湿地前端设置虹吸式污水收集系统，整套系统由太阳能供电，旱季时将雨水管内的混接污水和管底沉积物抽吸排入人工湿地，净化后排入河道，改善临港片区水环境质量。

（2）对道路区域雨水的控制。本项目改造的透水铺装、蓄水模块、雨水花园等的海绵城市雨水设施总调蓄容积达 194.6m^3，超过年径流总量控制率 80%、目标调蓄容积 189.98m^3 的要求。成功地消纳路面积水，有效控制雨水径流，实现“小雨不积水、大雨不内涝”。同时，雨水花园、湿地和旱溪等海绵措施的改造充分发挥植物、土壤、湿地等对雨水的吸纳、蓄滞、缓释和自然净化等作用，在有效控制雨水径流的同时提高了水质。本项目改造后年径流污染去除率 58.4%，超过目标 55% 的要求。LID 设施雨水调蓄量汇总表见表 3–1，年径流污染控制率汇总表见表 3–2。

表 3–1　LID 设施雨水调蓄量汇总表

序号	LID 设施名称	设施规模	设施控制量 /m^3
1	浅层调蓄设施	168 块	30.2
2	红线外雨水花园	134m^2	80.4
3	人工湿地	120m^2	84.0
4	人行道透水铺装	2 640m^2	0
设施调蓄量合计			194.6

表 3–2　年径流污染控制率汇总表

序号	LID 设施名称	设施控制量 /m^3	污染物去除率 /%
1	浅层调蓄设施	30.2	50
2	红线外雨水花园	80.4	60
3	人工湿地	84.0	60
4	人行道透水铺装	0	50
年径流污染去除率			58.4

通过对芦茂路的海绵化改造，如旱溪、雨水花园、人工湿地、蓄水模块和透水铺装的海绵措施的实施，组成多个“海绵”体系，构建完整的雨水管理和生态净化系统。下雨时地面没有雨水残存，有效减少了积水和内涝，也减少了道路污水直排污染环境。

同时，芦茂路上的凉亭、景观桥和观水平台的建设，不仅提升了区域整体景观，更提高了周边区域市民的生活品质，成为附近居民休憩、娱乐的好去处。芦茂路海绵城市的改造改善了周边的生态环境，在实现城市的自然循环、自然平衡和有序发展的同时，真正让人们感受到城市的呼吸，触摸到城市跳动的脉搏，享受人与自然和谐相处、共生共荣的舒适和惬意。景观实景图如图 3-74 ~ 图 3-78 所示。

图 3-74　整体建设实景图

图 3-75　景观桥实景图

图 3-76　凉亭实景图

图 3-77　观水平台实景图

图 3-78　芦茂路全景实景图

3.5 滴水湖环湖 80m 景观带工程（E1 区）

建设单位：上海港城开发（集团）有限公司
设计单位：同济大学建筑设计研究院（集团）有限公司
施工单位：上海园林（集团）有限公司
指导单位及资料提供单位：临港新片区管理委员会

3.5.1 基本情况

环湖 80m 景观带位于环湖一路和滴水湖岸线间约 80m 宽绿带及北岛（除在建一号码头及公共绿地和北岛规划文化用地），总面积约 82.3hm^2，如图 3-79 所示。环湖 80m 景观带位于临港第 8 汇水分区，8 片区包括环湖 80m 景观带以及西岛和北岛，是保障滴水湖水质的最后生态屏障。本次环湖 80m 景观带设计项目北起海港大道，南至 B 港，东临滴水湖，西接环湖一路，地块面积约 4.8hm^2。

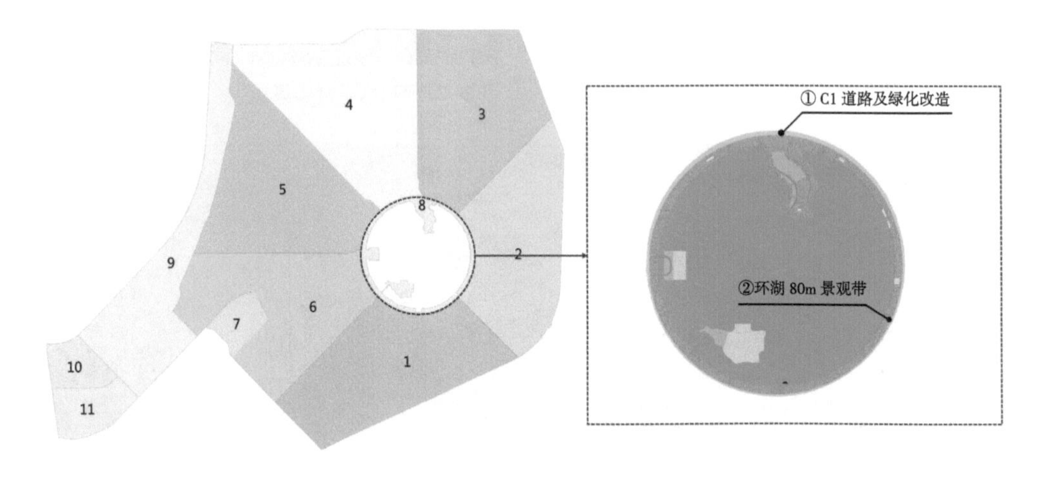

水环境 源头雨水净化
水生态 生态岸线建设
水安全 源头水量削减

源头减排
① C1 道路及绿化改造工程
系统治理
②环湖 80m 景观带新建及改造工程

图 3-79 环湖 80m 景观带所在位置

3.5.2 问题分析

区域主要存在问题：环湖岸线硬质化、径流污染直接入湖和雨水蓄滞、地下水位较高且含盐量偏高等。

3.5.3 海绵方案设计

1）总体方案设计

为解决环湖岸线硬质化、径流污染直接入湖和雨水蓄滞、地下水位高且含盐量偏高等问题，同时满足年径流总量控制率≥ 85%（对应径流量控制规模> 355m^3）和年径流污染控制率≥ 60% 的目标，本项目建设项目主要包括：

（1）透水铺装。透水铺装按照面层材料选用生态陶瓷透水砖（A 类）、透水沥青混凝土（蓝色）及碎石铺装。透水铺装可补充地下水，并具有一定的峰值流量削减和雨水净化作用。

（2）湿地。项目区域内主要有两类湿地：景观桥处的内陆湿地和挡土墙外侧的生态滨水湿地。内陆湿地具有绿地排水收集和展示桥头景观的功能，通过水生鸢尾和落羽杉的配置，打造成一处生态的杉树林湿地景观。挡土墙外侧的生态滨水湿地通过在双层生态挡墙（原有挡土墙加抛石及新建格宾网箱挡墙）种植亲水植物，为滴水湖生物提供生境的同时，满足防洪安全需求。

（3）土壤改良。土壤改良措施主要为将种植土与地下水隔开，定期浇灌使土壤进一步得到改良，确保植物生长良好。

海绵设施总体布局如图 3-80 所示。

图 3-80　海绵设施总体布局图

2）海绵设施

（1）透水铺装。透水铺装自身具有良好的透水性能，能够有效地缓解城市排水系统的泄洪压力、解决城市安全问题。与普通铺装相比，透水铺装兼具良好的渗水保湿及透气功能，一定程度上减轻降雨季节大量径流沿地表漫流的现象，为游客提供舒适安全的公园活动空间。同时改善城市水与空气间的微循环，缓解城市“热岛效应”，提高城市步行及生活舒适感。透水铺装施工后整体实景图如图 3-81 所示。

图 3-81 透水铺装施工后实景图

图 3-82 内陆湿地施工前实景图

（2）湿地。由于湿地系统具有强大的供水与补充地下水功能，在海绵城市供水系统中能起到良好的基础作用。湿地良好的储水蓄水功能，可有效地缓解城市内涝。同时，湿地植物具有污染降解、吸收多余营养物质、提高滩地高度、防风护堤，以及给野生动物提供良好的生态环境等作用，在海绵城市建设中有着重要价值。内陆湿地施工前后实景图如图 3-82、图 3-83 所示。

3.5.4 建成效果

1）投资情况

本项目海绵设施总造价 11 462.8 万元。

2）整体成效

通过海绵化改造，滴水湖环湖 80m 景观带具备了渗、滞、蓄、净等海绵功能，主要体现在以下几个方面：

图 3-83　内陆湿地施工后实景图

（1）径流雨水有效消纳。透水铺装和湿地有效地结合，综合采用入渗、滞留、调蓄多种低影响开发技术措施，对整个场地进行统一的规划设计，合理控制地表雨水径流，场地年径流总量控制率达到 85% 以上。

（2）污染物去除达标。通过对 2 个雨水湿地（内陆湿地和护堤外湿地）的建设，场地具备绿地排水收集、净化雨水、有效削减污染物等功能。可调蓄容积约为 125 200m^3，满足 85% 的年径流总控制率时对应的径流量控制规模 355m^3，且年径流污染控制率达到 60% 以上。

同时，通过梳理周边空间结构，建立道路与滴水湖之间的联系，结合场地内收放有致的节点，充分利用临湖的有利条件，打造成一处生态亲水的公园景观，使居民们可以直观地感受到海绵城市建设带来的便利，并丰富居民们的休闲娱乐生活。环湖 80m 项目海绵改造后整体实景图如图 3-84 所示。

图 3-84　环湖 80m 项目海绵改造后整体实景图

3.6 临港主城区道路非机动车道海绵改造

建设单位：上海港城开发（集团）有限公司
设计单位：上海浦东建筑设计研究院有限公司
施工单位：上海城建市政工程（集团）有限公司
指导单位及资料提供单位：临港新片区管理委员会

3.6.1 基本情况

本项目对非机动车通行需求较高的道路进行非机动车道改造，合理布置人非共板断面，明确非机动车道路权。该改造也是对原有道路的“海绵化”改造升级，将非透水路面改为透水混凝土、透水砖等透水路面，既能对雨水进行利用，又能减少路面积水，提高出行的舒适性、安全性。

3.6.2 问题分析

现状临港区域内的非机动车道与人行道共板设置，且铺装与人行道一致，均为非透水性同质砖铺装，平整性差，骑行体验差，故非机动车大多骑行在机动车道上，存在极大的安全隐患，也不符合海绵城市建设要求。

3.6.3 海绵方案设计

1）总体方案设计

本项目选取了临港主城区 5 条道路进行非机动车道“海绵化”改造，实施范围总长约 40km（双向），具体为：临港大道（塘下公路—环湖西二路）、申港大道（沪城环路—环湖西二路）、沪城环路（临港大道—海港大道）、环湖西三路（临港大道—海港大道）、环湖西二路（临港大道—海港大道）。

2）海绵设施

（1）非机动车道道路改造设计图如图 3-85 所示。

保持原结构厚度 28cm 不变，具体做法为：对人非共板空间非机动车道范围路面结构进行上层翻挖。翻挖路面结构为 6cm 透水砖 +4cm 干拌黄砂（含无纺土工织物），保留原有 18cm 级配碎石，具体内容如表 3-3 所示。

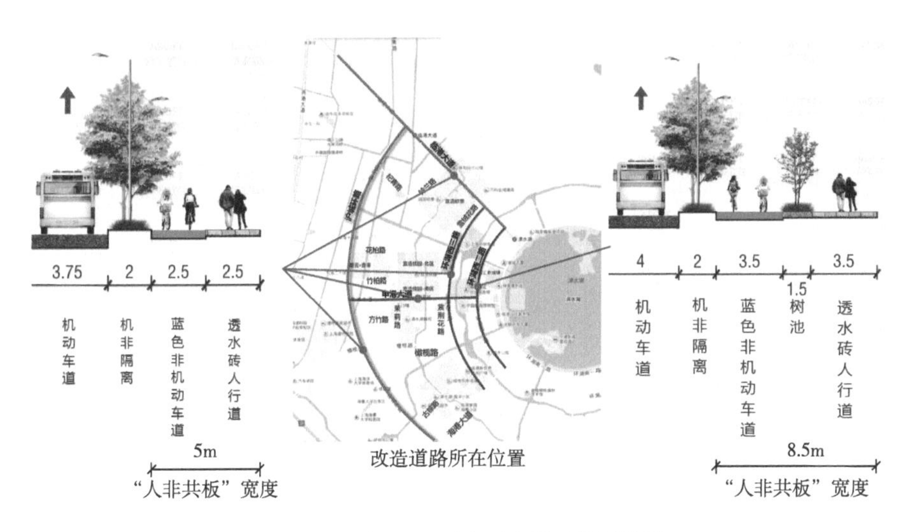

图 3-85 非机动车道路改造设计图

表 3-3 非机动车道结构层说明

透水系数	≥ 1.0mm/s（15℃）
强度	C30
耐候性	不受紫外线照射影响
排水方式	全透水结构，雨水直接渗透入土壤；雨量过大时，通过路面横坡排水
施工方法	摊铺机摊铺
施工工期	利用原路面 18cm 级配碎石层，仅需翻挖上层 6cm 透水砖 +4cm 干拌黄砂，故施工工期较短，对市民生活出行影响较小
对环境影响	采用纯无机环保材料，施工过程中无挥发性气体，对原有路面破坏小，产生的建筑垃圾少

（2）健身步道。

① 临港大道、环湖西三路、申港大道健身步道宽 2.5m（含两侧各 10cm 路缘石）。

② 环湖西二路健身步道宽 1.7m（含两侧各 10cm 路缘石）。

③ 环湖西二路的人行道空间与其他三条路不同，故健身步道宽度不同，相差 80cm。

④ 除环湖西二路铺设透水砖盲道外，其余 3 条健身步道设置“盲道贴”。

改造健身步道所在位置范围如图 3-86 所示。

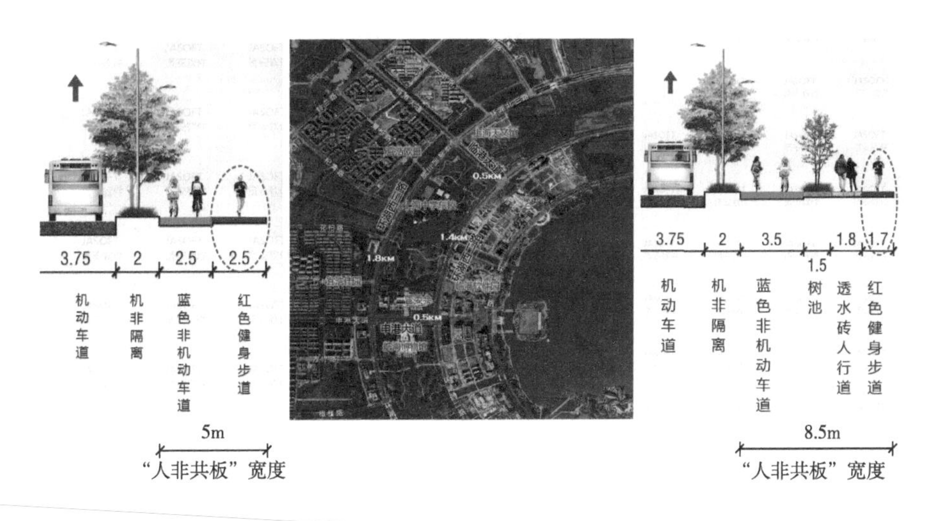

图 3-86 改造健身步道所在位置范围图

（3）人行道改造方案。将同质砖改为彩色透水砖，将普通盲道砖改为彩色透水盲道砖。人行道改造结构图如图 3-87 所示。

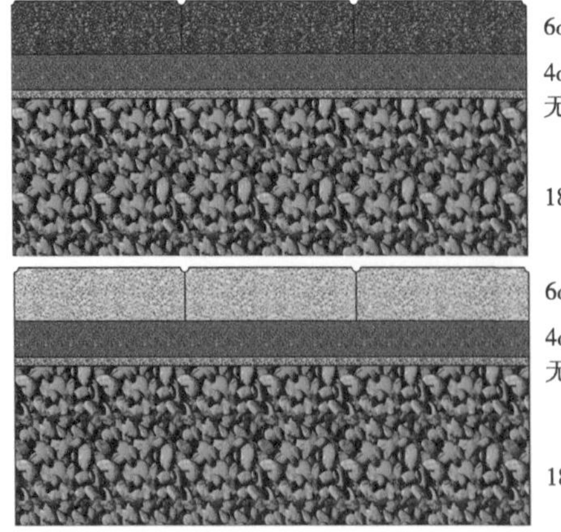

图 3-87　人行道改造结构图

3.6.4　建成效果

人行道改造后实景图如图 3-88 所示。

图 3-88　人行道改造后实景图

3.7 上海电机学院海绵化改造工程

建设单位：上海电机学院
设计单位：上海市政工程设计研究总院（集团）有限公司
施工单位：上海建工五建集团有限公司
指导单位及资料提供单位：临港新片区管理委员会

3.7.1 基本情况

上海电机学院成立于 1953 年，是一所以工学为主的普通高等院校。其临港校区位于浦东南汇新城镇橄榄路 1350 号，南至橄榄路，北至方竹路，东至水华路，西至芦潮引河，占地面积 58.8hm^2。上海机电学院海绵改造工程区位如图 3-89 所示。本项目基于校园现有环境条件，针对学校功能及建设目标，打造了具有参与性、文化性、观赏性及示范性的生态净水海绵校园。

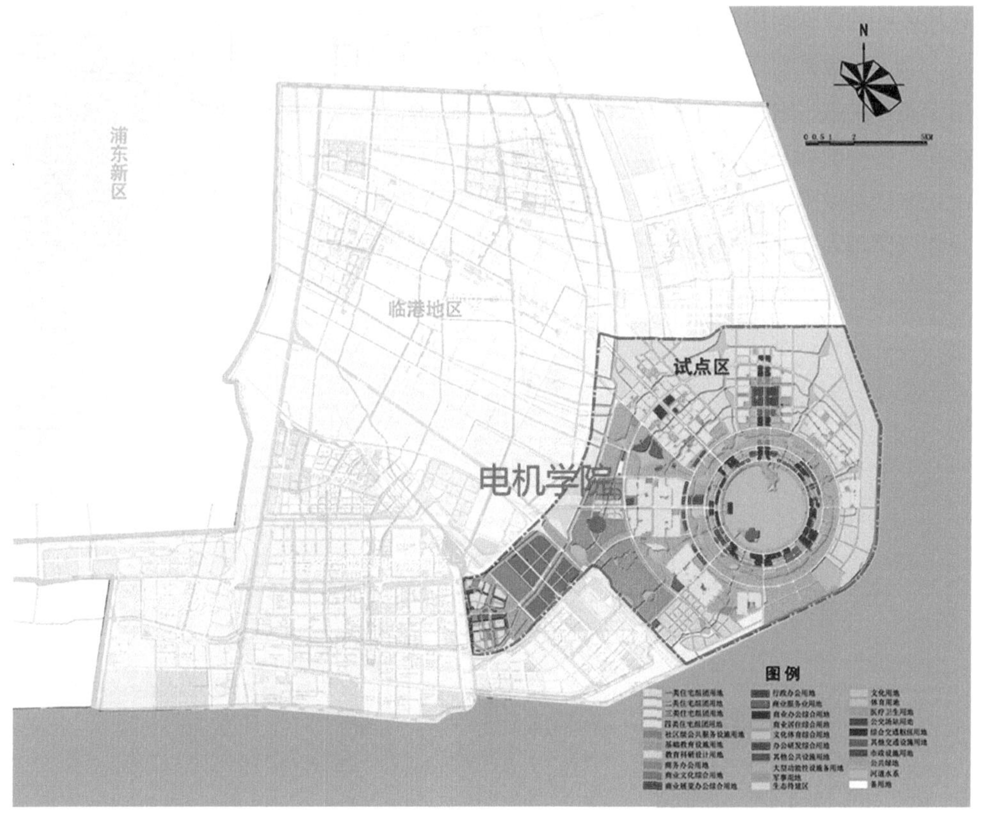

图 3-89 上海机电学院海绵改造工程区位图

3.7.2 问题分析

区域存在主要问题包括：校园内河道流动性差，水质易腐败；绿化单一，景观植被风貌一般等。

3.7.3 海绵方案设计

1）总体方案设计

为解决区域内存在的主要问题，同时实现年径流总量控制率 85%（对应设计降雨量为 32.96mm）和年径流污染控制率 55% 的目标，本项目主要通过改造原有绿地为景观水体，并辅以低影响开发措施，提升校园水体（月河）绿色水循环。本项目主要进行的海绵化改造包括：

（1）一体化泵站。一体化泵站用于景观水体补水和排水，有效调节河水位、雨水管网标高和景观水体水位，形成校园内水体循环。结合学校特色学科建设，一体化泵站还可作为户外学习基地。

（2）雨水花园。利用原有绿地构建雨水花园，用于汇聚并吸收来自屋顶或地面的雨水，通过植物、沙土的综合作用使雨水得到净化，并使之逐渐渗入土壤，涵养地下水，或使之补给景观用水、厕所用水等城市用水。

（3）环保雨水口。与浅层调蓄设施联合使用的环保雨水口，成为微小的蓄水单元，在片区中的合理运用，可削减峰值流量，实现“蓄”字目标，为市政管网减负。

（4）浅层调蓄设施。浅层调蓄设施布置于地下，不占空间，其几乎所有的体积可用于调蓄雨水，用以打造更大范围的“海绵”基石，使雨水滞留，降低雨水汇集速度，提高下垫面的调蓄能力，降低了内涝风险。

本项目以景观水系为主，辅以人工湿地、下凹式绿地、生物滞留带、人行栈道等，建立校园雨水循环系统，打造活用“渗、滞、蓄、净、用、排”的校园海绵体。电机学院海绵化改造整体布局如图 3-90 所示。

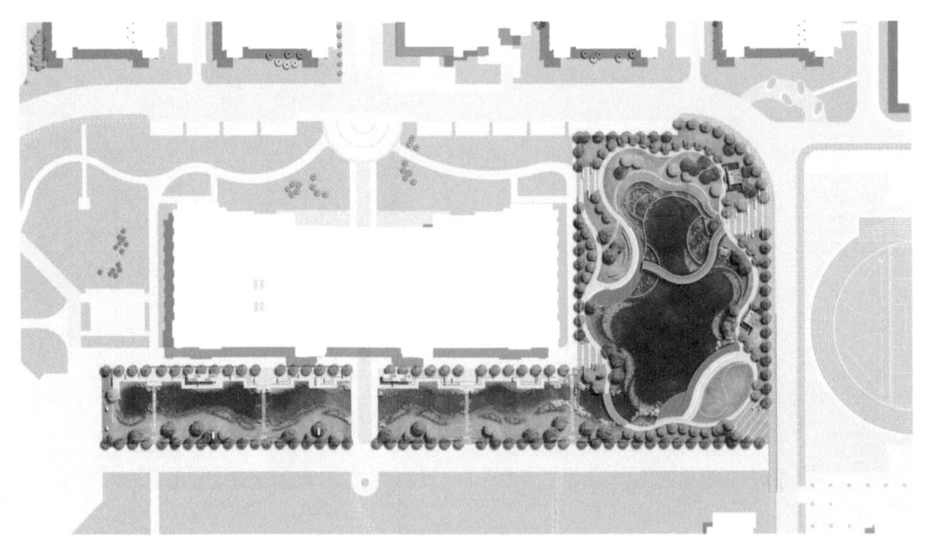

图 3-90 电机学院海绵化改造整体布局

2）海绵设施

（1）一体化泵站。降雨发生时，一体化泵站连续运行，两台潜水泵共同运行；晴天情况下，一体化泵站内潜水泵一用一备。一体化泵站与上海电机学院的特色学科相融合，可作为户外教学和拓展学习的基地。一体化泵站剖面结构如图 3-91 所示。

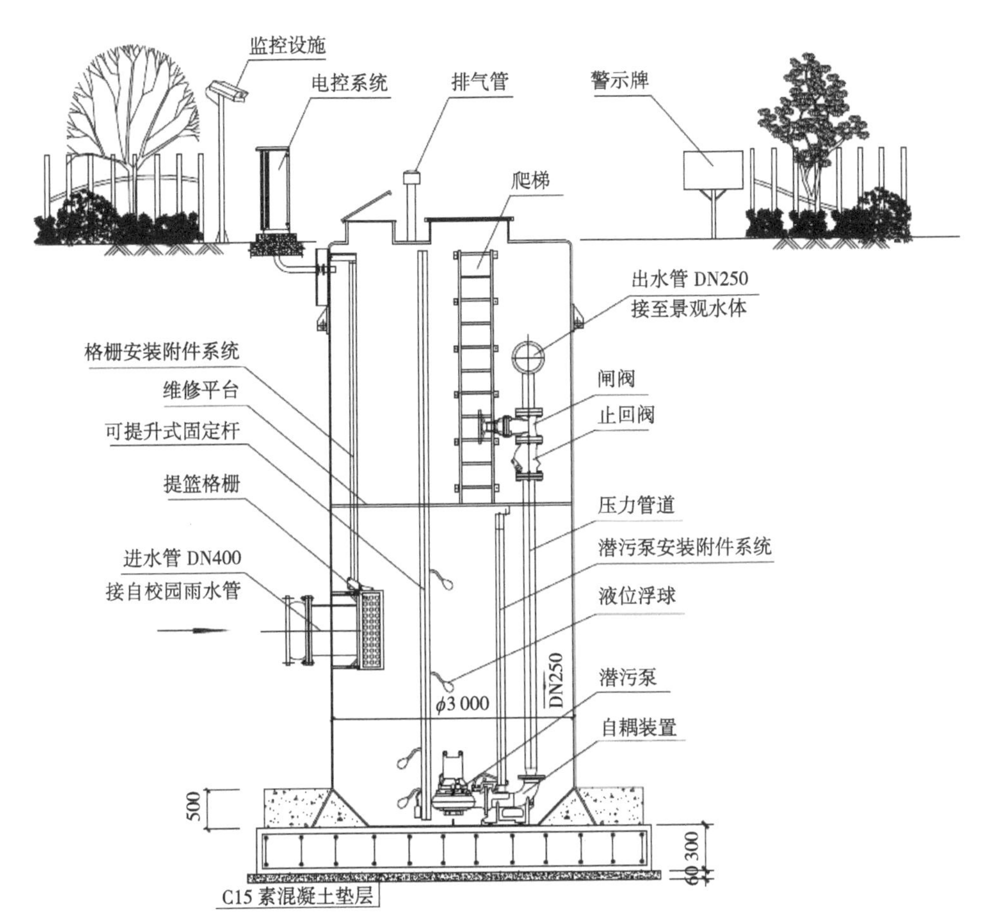

图 3-91　一体化泵站剖面结构图

（2）雨水花园。结合装配式成品雨水花园技术，综合考虑对原水的净化滞留要求和植物生长需求，本项目设计为带状雨水花园。雨水花园将径流雨水调蓄净化，净化雨水被收集利用，超标雨水排入校园现有雨水管网内。采用多年生的植物组合保证物种多样性，体现植物的自然美及四季变化，并采用一体化自动微喷灌系统，根据季节养护要求进行调控。雨水花园实景意向图如图 3-92 所示。

（3）环保雨水口。使用了两种形式的环保雨水口。环保雨水口Ⅰ型与浅层调蓄设施联合使用，布置于无条件改造的现状雨水口侧边，浅层调蓄设施限制小雨时的流量来延长雨水排放时间，超过浅层调蓄设施调蓄能力的雨水溢流进入现状雨水口，实现峰值流量的削减。环保雨水口Ⅱ型用于替换有条件改造的现状雨水口。环保雨水口剖面图如图 3-93 所示。

图 3-92 雨水花园实景意向图

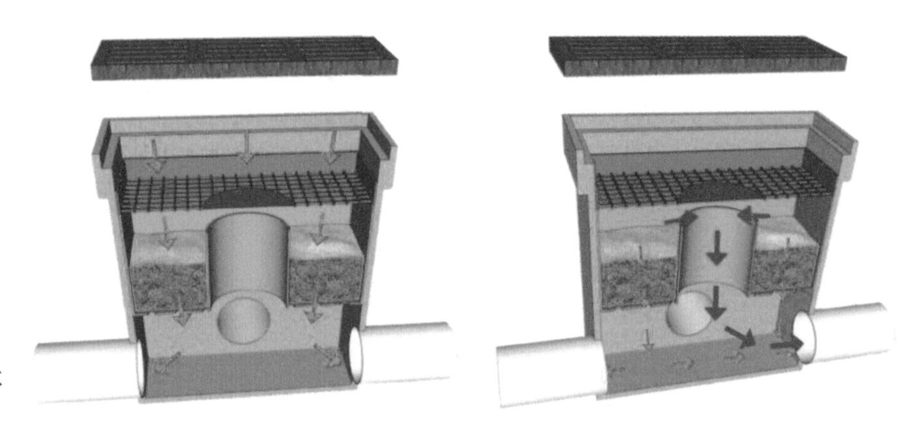

图 3-93 环保雨水口剖面图

3.7.4 建成效果

1）投资情况

本项目工程总投资约 2 000.49 万元。

2）整体效果

本项目在充分掌握学校本地条件和改造需求的基础上，结合临港海绵城市建设的重点，以水环境提升为核心，综合考虑水生态、水安全、水资源，通过源头减排和系统治理的形式实现水体调蓄和水质净化，汇水区域内年径流总量控制率达到 85%，年径流污染控制率达到 60%，5 年一遇降雨不积水，100 年一遇降雨不内涝。将海绵理念完全融入景观中，提升整体景观品质，营造上海电机学院海绵户外研习社，形成水科技、水生态、水文化示范区，成为师生学习、生活、娱乐、交流的最佳地点。建设实景图如图 3-94 所示。

图 3-94　上海电机学院海绵建设实景图

3.8 上海海事大学海绵化改造工程

建设单位：上海海事大学
设计单位：上海市政工程设计研究总院（集团）有限公司
施工单位：上海润玛建设工程有限公司
指导单位及资料提供单位：临港新片区管理委员会

3.8.1 基本情况

上海海事大学临港校区位于浦东新区海港大道 1550 号，南至海港大道，北邻上海海洋大学，东至沪城环路，西至芦潮引河。学校由黄日港分为北片和南片，最大占地面积 133hm^2，如图 3-95 所示。

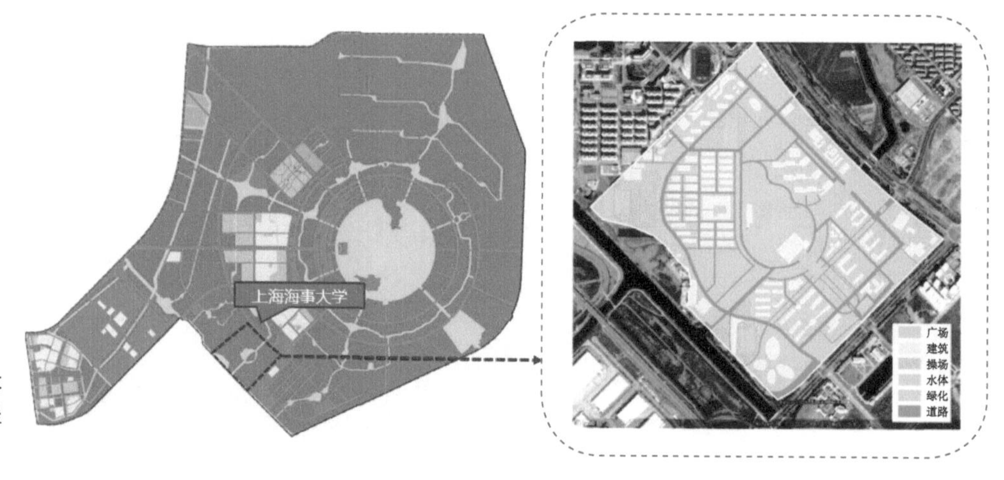

图 3-95 上海海事大学海绵改造工程区位图

3.8.2 问题与需求分析

校园内绿地面积约占建设用地的 60%，整体景观效果较好，但校区内初期雨水未经处理直排，存在因路面破损、沉降而造成积水点等问题。

3.8.3 海绵方案设计

1）总体方案设计

由于现状校园景观绿化效果较好，不宜大规模应用源头低影响开发设施，因此通过末端措施达到海绵城市指标。为解决初期雨水未经处理直排，因路面破损、沉降而造成积水点等问题，同时实现年径流总量控制率达 85% 和年径流污染控制率达 60% 的目标，本项目通过利用各类末端措施，协同打造海绵型校园，并结合学校改扩建，完成实用与美观兼备的低影响开发建设，构建美丽校园生态水环境。

本项目的海绵化改造以智慧港为核心，围绕三条主线进行：

（1）听涛大道改造：利用生态树池、生物滞留带、蓄水模块、环湖树阵等小型低影响开发措施，美化大道绿化景观的同时消除部分积水点。

（2）海燕山改造：环形步道、景观水系、阶梯式岸边湿地。

（3）水环境提升改造：排放口拦截净化设施、水体原位净化设施。

2）海绵设施

（1）生态树池、生物滞留带、地下调蓄设施。上海海事大学植被丰富，具有良好的自然条件。因此灵活运用生态树池（图 3–96）、生物滞留带（图 3–97）、地下调蓄设施（图 3–98）等小型低影响开发设施完善其绿化及排水体系。

图 3–96　生态树池

图 3–97　生物滞留带

图 3–98　地下调蓄设施

基于原有绿化建造生态树池，连贯的树池作为潜在的收水装置，最大限度地发挥收集、过滤雨水径流的作用。利用现状砾石边渗滤收集来自山坡一侧的水；路面铺设透水铺装，竖向设计呈现中间低、两端高。原有排水沟改造为生物滞留带，对汇入的雨水进行消纳及净化处理。生物滞留设施布置坐凳，提供停留休息空间，或配置植物，丰富层次，提升景观效果。同时将原有车位改造为生态车位，铺设透水砖，并在车挡前端设置带状雨水花园。

（2）景观型引水渠、雨水花园、阶梯式岸边湿地。对校园内现状山体进行海绵改造。其中，有山顶水池和南北向景观水系中增加景观水系，作为岸边湿地的引水渠。结合山顶景观水池，配置雨水花园植物，铺设透水铺装，设置景观廊架。建造阶梯式岸边湿地，合理配比各类植物，使其既具备美学功能又具备生态和海绵功能，如图 3–99 所示。

图 3-99　景观型引水渠

（3）排放口拦截净化设施。校河两岸的道路雨水排放口附近新建排放口拦截净化设施，如生物滤池，对雨水的污染物进行过滤处理，以减少初期雨水入河污染。

（4）水体原位净化设施。利用生态浮床（图 3-100）、喷泉式曝气机和生态浮岛（图 3-101）等对水体进行原位净化。

图 3-100　生态浮床

图 3-101　喷泉式曝气机和生态浮岛

3.8.4　建成效果

1）投资情况

本项目总投资估算为 7 125 万元，其中工程建设费为 5 869 万元。

2）整体成效

上海海事大学海绵提升工程的落地，不仅改善了智慧港水质，缓解了河道变宽带来的负面影响，还提升了校园现状山体景观品质，为师生提供了一个良好的生活学习环境。各类小型低影响开发措施的合理运用，稳定了校园水质，降低了内涝积水风险，同时大大美化了校园环境。大学园区植草沟、雨水花园等如图 3-102 ~ 图 3-104 所示。

图 3-102　大学园区植草沟实景图

图 3-103 雨水花园实景图

图 3-104 海绵设施鸟瞰图

3.9　上海海洋大学海绵化改造工程

建设单位：上海海洋大学
设计单位：上海市政工程设计研究总院（集团）有限公司
施工单位：上海水生环境工程有限公司、上海柏申建筑有限公司
指导单位及资料提供单位：临港新片区管理委员会

3.9.1　基本情况

上海海洋大学是国家“世界一流学科建设高校”，位于临港新城，东邻滴水湖，西邻泥城镇，北侧是环境优美的临港森林，学校总面积 106hm^2，如图 3-105 所示。规划区域（上海海洋大学）与上海市中心直线距离 60km，车程近 1h，周边环境、产业、城市生活等功能发展相对成熟。上海海洋大学内建设海绵城市试点，并作为海绵城市展示园，向公众展示宣传海绵城市的概念及运用方式，为海绵城市的大力建设树立良好的社会形象。

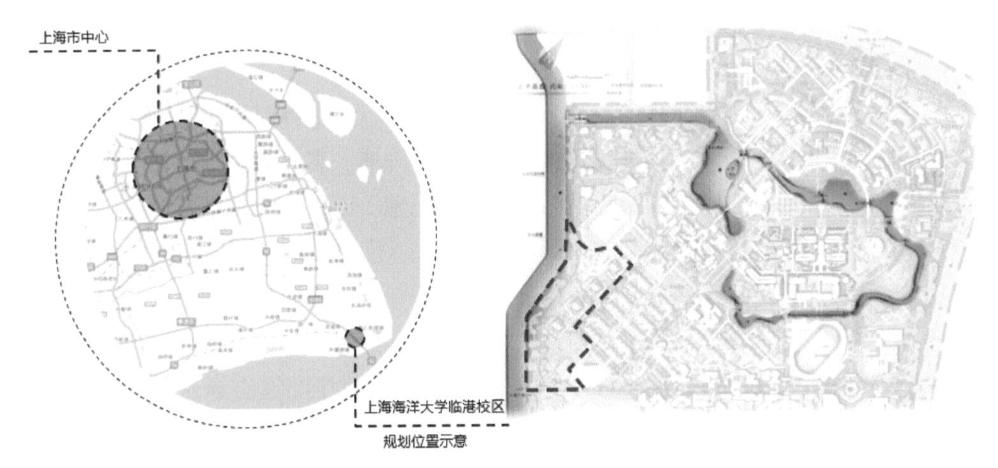

图 3-105　上海海洋大学海绵工程区位图

3.9.2　海绵方案设计

1）总体方案设计

上海海洋大学内建设海绵城市试点，集中收集学生公寓屋面及周围绿地雨水，通过一系列生态措施净化雨水，并加以利用，实现收集—净化—利用—收集的循环水路系统，如图 3-106 所示。本项目主要运用的海绵设施如下：

（1）生态湿地。生态湿地指通过人工筑成水池，底部铺设防渗漏隔水层，填充一定深度的基质，种植水生植物，利用基质、植物、微生物的物理、化学、生物三重协

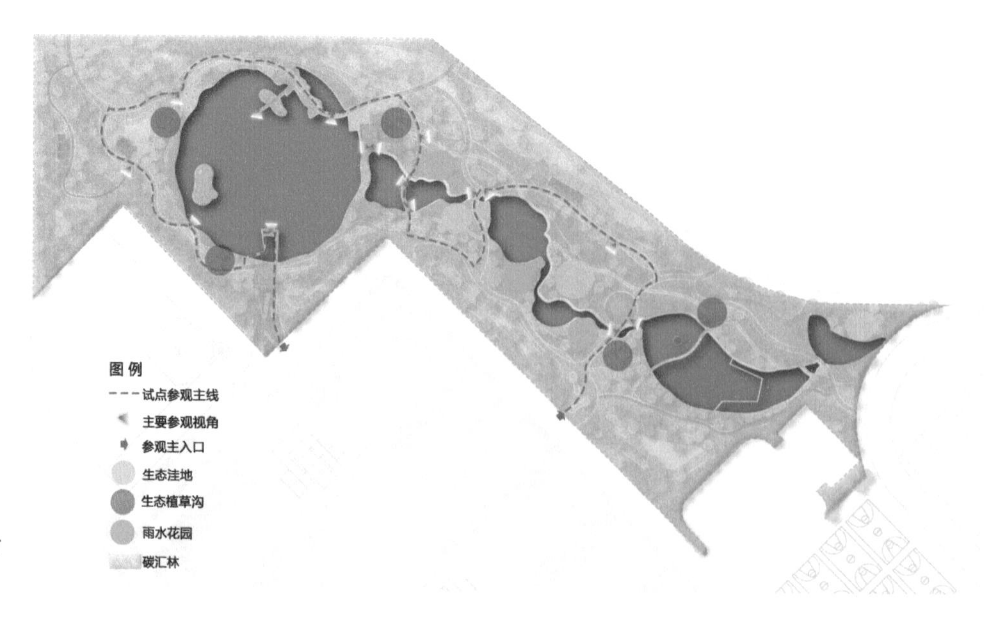

图 3-106 海绵城市展示园布局

同作用净化水质。

（2）生态植草沟。生态植草沟作为种植植被的景观性地表沟渠排水系统，既传输雨水，也是泥沙和污染物的“过滤器”。

（3）生态洼地。生态洼地是自然形成的或人工挖掘的浅凹绿地，高程低于周围硬化路面，用于汇聚并吸收来自屋顶或地面的雨水，通过植物、沙土的综合作用使雨水得到净化，并使之逐渐渗入土壤，涵养地下水，或补给景观用水、厕所用水等城市用水，是一种生态可持续的雨洪控制与雨水利用设施。

（4）雨水花园。雨水花园也被称为生物滞留区域，通过将雨水滞留下渗来补充地下水并降低暴雨地表径流的洪峰，还可通过吸附、降解、离子交换和挥发等过程减少污染，是一种生态可持续的雨洪控制与雨水利用设施。雨水花园是构建海绵城市的主力军，一个与自然地理条件相适应的雨水调蓄装置，借此可实现雨水的资源化管理。

（5）生态路面。生态路面是指采用透水性材料，如透水砖、透水性混凝土等铺设的路面。透水性道路能够使雨水迅速地渗入地表，还原成地下水，使地下水资源得到及时补充，保持土壤湿度，改善城市地表植物和土壤微生物的生存条件，调整生态平衡。园内道路广场均采用透水性材料，增强地面渗透能力，从源头削减径流系数。

2）海绵设施

（1）生态湿地。降雨首先通过园区内的雨水收集池收集。在雨水收集池后设计三级生态湿地，用以净化雨水。一级、二级为表流湿地，三级为水平潜流湿地，每级湿地间水位差为 10cm。

表流湿地为水系前端，水系内污染物质含量较高，水生植物种植选择净化能力强、景观观赏性高的品种，如水生美人蕉、梭鱼草、鸢尾等。水平潜流湿地与表流湿地之后，能有效缓解湿地堵塞情况，如图 3-107 所示。

（2）生态植草沟。本项目中运用了植栽型、植栽十多孔集水管型两种类型的植草沟，因地制宜地设置于园区内。

图 3–107　生态湿地实景图

① 植栽型。植草沟，即在地表沟渠中种植草本，是多功能的暴雨控制、雨水收集设施。当雨水径流流经植草浅沟时，经过沉淀、过滤、渗透、植物吸收及生物降解等作用，径流中的污染物被削减，达到雨水收集利用和径流污染控制的目的。沟内种植耐湿草本植物，丰富景观效果。

② 植栽 + 多孔集水管型。植草沟，即主要依靠碎石过滤的雨水收集系统，以达到降低地表径流冲刷作用和去除径流中颗粒物的目的，再经过表流湿地植物过滤处理后流入浅滩湿地。该系统对雨水的净化效果明显好于植草浅沟。

（3）生态洼地。生态洼地主要位于溪流两侧，地表径流通过生态植草沟收集、净化后通过排口引到生态洼地内，深度净化后流入溪流，最终汇入景观湖。本案中共设计三处生态洼地，设计面积共 247m^2，植物设计面积共 136m^2，植物选择有水生美人蕉、旱伞草、矮蒲苇等净化能力强的品种。生态洼地参考如图 3–108 所示。

图 3–108　生态洼地参考图

（4）雨水花园。雨水花园主要位于溪流两侧，与生态洼地在整体结构上的区别主要在于雨水花园的过滤层。植物选择有水生美人蕉、旱伞草、矮蒲苇等净化能力强的品种。过滤层厚 10cm，滤料由粒径大小不一碎石组成。

（5）生态路面。本案中共有三级园路，分别为主园路、次园路和小路。主园路采用透水性混凝土材料铺设，次园路采用透水砖材料铺设，小路采用透水性红色混凝土材料铺设，如图 3-109 所示。

透水性材料具有以下特点：具有较大的空隙率，与土壤相通，能蓄积较多的热量，有利于调节城市空间的温度和湿度，减轻热岛现象；集中降雨时，能够减轻排水设施的负担，防止城市河流水系泛滥；大量的孔隙还能吸收周围的噪声，创造安静舒适的生活环境。

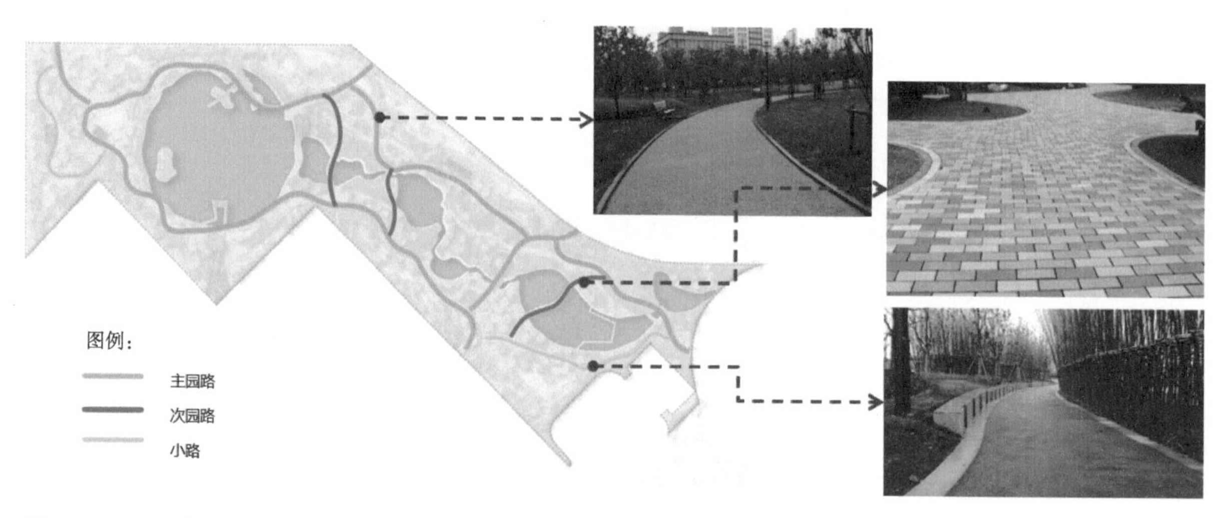

图 3-109　园区内生态路面布局图

3.9.3　建成效果

1）投资情况

本项目工程总造价 1 700 万元。

2）整体成效

上海海洋大学校内水系为环状，由东湖、西湖和环湖河道组成，经过生态治理后，素有上海高校水系水质最优、水景最美之誉，如图 3-110 所示。

图 3-110　上海海洋大学实景

3.10 南汇新城二环城市公园

建设单位：上海港城开发（集团）有限公司

设计单位：上海新建设建筑设计有限公司、上海魏玛景观规划设计有限公司

施工单位：上海浦发综合养护（集团）有限公司、上海敬润园林建设工程有限公司

指导单位及资料提供单位：临港新片区管理委员会

3.10.1 基本情况

本项目位于临港新城二环带城市公园，约占整个二环带城市公园的1/4，为改造绿地公园并作为临港海绵城市建设的重要项目之一。园区宽约400m，长2km，园内绿化成荫、河流相连，有上海中学、上海六院、航博馆等公共事业项目点缀，面积约为753 761m^2，总绿地率为75.57%，如图3-111所示。其中，公园周边已经存在一些初具规模的功能板块，西边是大片的居住用地和楔形开放绿地，东边是集中的商办用地和滴水湖的“一环绿带”。公园与中心城区之间交通顺畅、便利。

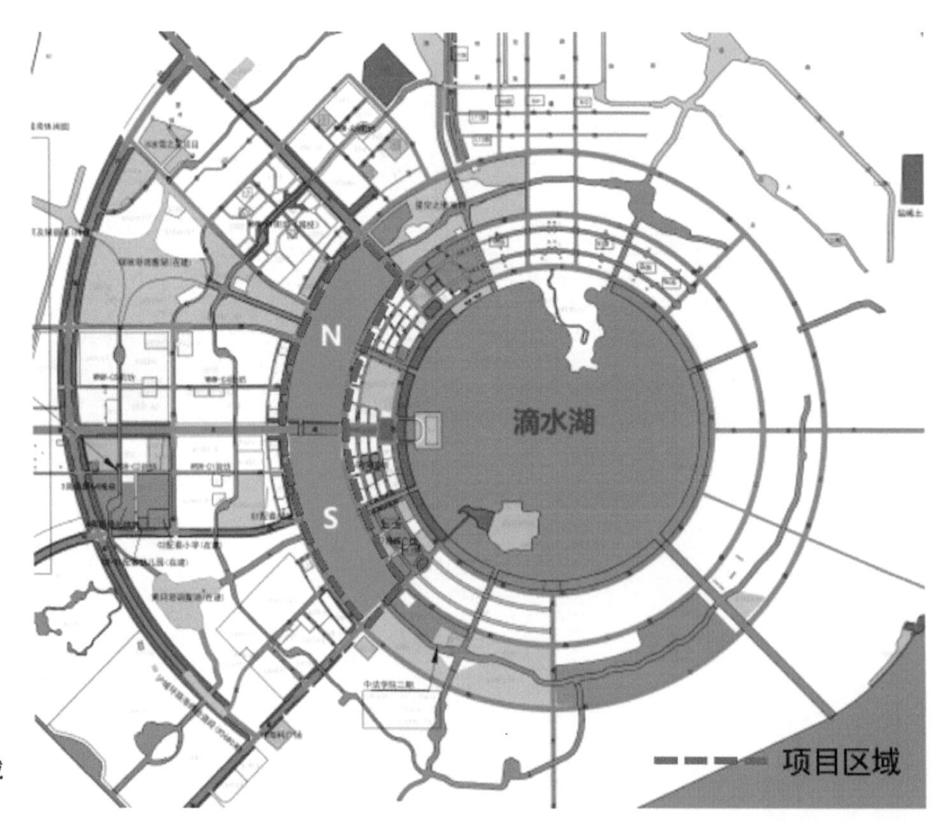

图3-111 二环带城市公园项目区位图

本项目作为城市公园的海绵化改造，在注重美学功能的基础上，综合原始地形、绿化、自然条件和排水工程等多方面因素，通过透水铺装、雨水花园、植草沟、湿塘等低影响开发设施实现雨水的减排、缓排、净化、蓄存等作用。

3.10.2 问题分析

二环带城市公园海绵化改造前存在的主要问题如下：

（1）雨水径流缺少路径控制，现场周边雨水集中点没有进行雨水处理，水污染严重，地块垃圾较多。

（2）局部绿地板结，丧失景观及生态功能。

（3）混凝土园路部分损坏。

（4）硬质驳岸阻断河道物质与能量交换，不利于河道生态功能建设。

3.10.3 海绵方案设计

1）总体方案设计

为解决雨水径流无路径控制、雨水集中点未进行雨水处理、局部绿地板结、混凝土园路部分损坏、存在硬质驳岸等问题，达到年径流总量控制率 90% 和年径流污染控制率 60% 的目标，本项目主要进行的海绵化改造包括：①结合道路、绿化和排水工程，采用透水铺装、植草沟、雨水花园、湿塘等海绵城市技术措施，实现减排、缓排、净化、蓄存等作用。比如，入口广场、一级园路采用透水混凝土，二级园路采用透水沥青，三级园路采用透水砖，以减少地表径流产生。②绿化带：通过植草沟及雨水花园进行雨水径流的蓄存、下渗、净化、缓排，如图 3-112 所示。具体方案如下：

（1）入口广场、一级园路采用透水混凝土。

（2）环湖西二路及环湖西三路道路边侧的排水沟改为干式植草沟。

（3）原硬质驳岸改造为生态驳岸。

（4）根据功能需求增加湿塘。

（5）增加湿地岛。

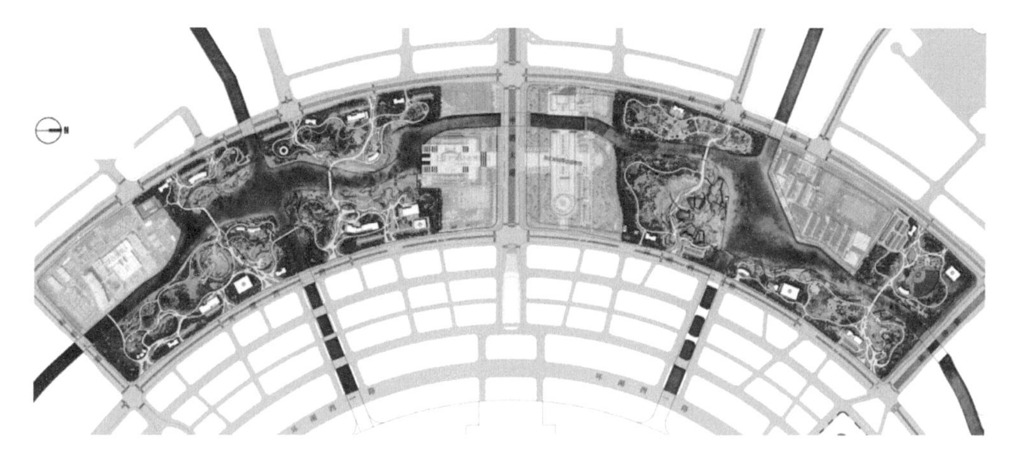

图 3-112 二环带城市公园海绵建设总体布局图

2）海绵设施

（1）干式植草沟。干式植草沟可以因地制宜地布置于需要路段，作为小型海绵设施实现部分雨水净化功能。根据本工程的布置，在沿环湖西二路、环湖西三路道路边侧布置了干式植草沟。干式植草沟总长 3 010m，宽度为 2m。其断面形式均采用倒梯形，两侧边坡为 1 ∶ 1，深约 0.3m。根据生态草沟所在区域地形的不同，生态草沟的纵坡在 0.3% ~ 4% 范围选用。干式植草沟基层采用复合结构形式，表层布置一层 200mm 的种植土，种植土底部铺设一层 200g/m^2 的土工布，土工布底层铺设一层 300mm 的砾石排水层，粒径为 10 ~ 30mm。

图 3–113　雨水花园实景图

（2）雨水花园。雨水花园通常布置在地势较低的区域，通过植物、土壤和微生物系统蓄渗、净化径流雨水，如图 3–113 所示。雨水花园的结构包括树皮覆盖层、种植土层、砾石层等。

（3）湿塘。湿塘结合绿地、开放空间等场地条件，在本项目中作为多功能调蓄水体。平时发挥正常的景观及休闲、娱乐功能，小雨时储存一定的径流雨水以控制外排水量、补充景观用水需求，暴雨时发挥调节功能、削减峰值流量。本工程于末端雨水井附近区域布置了湿塘，对水质进行净化。另外在 N4 地块中心广场区域也布置了 3 处湿塘，总面积为 3 883m^2。湿塘结构由滞水层、种植土壤层、砂垫层组成。滞水层为降雨时提供暂时的储存空间，使得部分沉淀物在此沉淀。本项目中蓄水层高度取 500mm，种植土壤层厚度为 300mm，砂垫层厚度为 300mm，如图 3–114 所示。

（4）透水铺装。透水铺装的运用改善了硬化地面的缺陷。透水铺装使雨水迅速下渗，补充地下水，保持土壤湿润，维护地下水及土壤生态平衡。透水铺装采用透水混凝土铺装（一级园路）和透水沥青（二级园路），如图 3–115 所示。

图 3–114　湿塘结构示意图

图 3–115　透水铺装结构示意图

3.10.4 建成效果

1）投资情况

本项目总投资估算为 6 895 万元。

2）整体成效

本项目以海绵技术为内核，以艺术地形为特色，打造为承载临港活力、试点海绵城市建设的景观海绵双示范区。本项目中，海绵设施充分辅助公园景观建设，打造丰富多变的绿地空间，形成海绵城市完整的水循环，不仅美化项目部临建的环境，提升企业形象，而且起到节约用水、环境保护、调节雨洪及管道排放压力等作用。这使城市公园不仅成为展示城市文明形象的窗口，还承担了雨水调蓄的重要作用。二环带城市公园鸟瞰图如图 3-116 所示，二环带城市公园实景图如图 3-117 所示。

图 3-116 二环带城市公园鸟瞰图

图 3-117 二环带城市公园实景图

3.11 中涟（夏涟河）（E 港—S10）河道及绿化带工程

建设单位：上海港城开发（集团）有限公司
设计单位：上海勘测设计研究院有限公司
施工单位：上海方天建设（集团）有限公司
指导单位及资料提供单位：临港新片区管理委员会

3.11.1 基本情况

本工程是临港主城区骨干水系布局“四涟”河道之一的中涟河的一部分，位于滴水湖北部，工程起点为 E 港，工程终点为规划道路 S10，如图 3-118 所示。

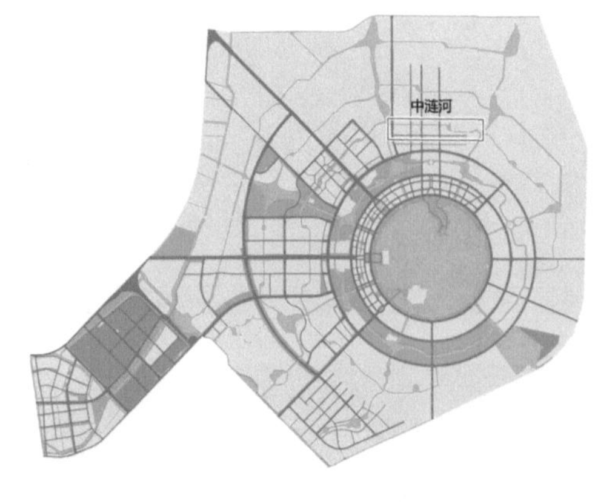

图 3-118 中涟河道工程位置示意图

3.11.2 问题分析

本工程项目为新开河道，水系排涝、水生态构建、水质保障是本工程建设的主要目标。建设前存在的问题包括：中涟河周边水面率小；新建河道尚未构建水生态系统；受上游来水水质影响大；周边农业面源污染及道路雨水排放口初期雨水污染。

3.11.3 海绵方案设计

1）总体方案设计

为解决水面率小、生态系统不健全、水质易受影响、存在面源污染等问题，达到年径流量控制率 90%（对应降雨量 41.83mm）和年径流污染控制率 60% 的目标，本项目按照海绵城市建设的理念，结合水体海绵化建设和生态河道建设的技术要求，在保障排涝安全的基础上，从生态系统两大组分“生境”和“生物”着手，营造多样的平面和断面生境，恢复不同种群的水生植物，构建健康完整的生态系统，因地制宜选取合适且必要的工程措施，构建满足径流控制、除涝、水环境及生态护岸要求的海绵型河道。

2）海绵设施

（1）下凹式绿地。本项目 3.5m 高程线至工程实施边线之间范围较小，约 1 ~ 2m，因此选择狭长且具有一定污染削减作用的下凹式绿地布置于陆域。河道周边漫流雨水入河前经过下凹式绿地和岸坡绿化，使挟带的污染物被削减。本项目下凹式绿地总面积 363m^2。

（2）雨水排水口净化湿地。在所有的道路、农田入河排水口处设置相应的道路雨水排水口净化湿地或农田雨水排水口净化湿地，削减入河面源污染。共设置 7 处道路排口净化湿地，共计 1 404m^2。净化湿地由砾石填料区和挺水植物区组成，排水管出水在常水位情况下不直接进入河道，在湿地范围内得到一定的净化后再排放。排水先进入砾石填料区，一部分颗粒物沉淀或被填料吸附，接着向左右两侧进入挺水植物区，通过植物根系、土壤和微生物的作用净化水质。

3.11.4 建成效果

1）投资情况

本工程总投资 7 104.17 万元，其中建筑工程投资 3 552.50 万元、独立费用 507.91 万元，预备费用 203.02 万元、建设用地费用 2 840.74 万元。海绵投资 152.26 万元。

2）整体成效

本工程以打造“大海绵”为原则，以河道形态设计、生态护岸设计、多样化生境构造为抓手，构建一条城市商务区的近自然、海绵型河道。在海绵建设上，以规划为依据，结合现状地形、水流特征及两岸规划用地情况，在满足排涝防汛、水利规划的基础上，根据生境多样性构建和景观需求设置下凹式绿地及雨水排口净化湿地，为水系的预存与净化提供良好的条件。本工程属社会公益性质的水利建设项目，具有防洪、除涝、环境等多项难以定量计算的社会效益，对主城区水体海绵化建设具有示范意义，工程的实施更是助力临港主城区建成高标准海绵城市不可或缺的组成部分。实景图如图 3-119 所示。

图 3-119 中涟河道实景图

3.12 临港宜浩欧景人才公寓

建设单位：上海临港新城投资建设有限公司
设计单位：上海靓固生态环境科技股份有限公司
施工单位：绵阳市靓固建设工程有限公司
指导单位及资料提供单位：上海靓固生态环境科技股份有限公司

3.12.1 基本情况

项目位于上海临港新片区夏栎路宜浩欧景人才公寓中心广场，该公寓为临港人才提供“一站式”管家服务，可以满足入住人才的 360° 全方位生活需求。宜浩欧景设有多栋公寓楼，并配套人才服务中心、青年活动中心、健身娱乐活动区、餐厅、自助洗衣房、理发室、户外休闲区等场所。人才公寓中心广场是通往人才配套服务场所的必经之路。

3.12.2 问题与需求分析

项目所在区域原为彩色透水混凝土铺装，并非优质透水铺装材料，因污物堵塞孔隙，路面透水功能急速衰减，在投入使用仅一年后就因雨水积存、排水不畅出现路面褪色、返碱现象，且绿地覆土经雨水冲刷后的泥水流到铺装地面，造成孔隙堵塞及路面污染。为了着力解决人才公寓中心广场升级改造诉求，打造临港新片区海绵住宅小区示范效应，改造升级项目采用 2.0 海绵透水铺装材料，由新型高分子聚合物和纳米材料组成，增强材料分子结构的黏性、稳定性、强度和耐化学性，并通过预埋导水管实现区域内的系统性排水，做到透水路面雨水自洁和低成本养护。

3.12.3 海绵方案设计

为解决区域积水、面流污染及景观绿化营造等问题，根据海绵城市建设理念，采用彩色透水整体路面、全地形土稳层固坡、装配式绿化等优质产品与技术，促进雨水在小区内自由迁移，实现雨水就地下渗，排入市政管网，进而避免产生地表雨水积存和面流污染，利于生态宜居。

路面设计方案采用倒漏斗式孔隙结构设计，整个透水路面由上至下，孔隙由小变大，形成雨水快排模式，重新构建“降雨→径流→下渗→回用 / 循环”良性循环机制。

（1）采用 200mm 级配碎石、素土压实，压实度＞ 90%，20mm 粗砂找平，铺设 90mm 彩色透水整体路面底层和 30mm 面层，抗压强度 30MPa，并在面层喷涂保护剂。

（2）铺设彩色透水路面的同时，在广场两边埋置 LG 新型导管，对雨水进行有效引流，使地面无积水。道路与绿地连接处挖设排水沟，拦截多余雨水，避免雨水将污染物冲刷到透水铺装区域，造成污染堵塞。

（3）从入口道路边缘到现有灌木种植区域（约 500m^2），采用全地形土稳层固坡技术及 3D 固土网垫，还原绿地效果，防止种植区泥水冲刷至透水路面。

（4）对小区进行装配式绿化景观设计，根据当地气候条件选择绿植，并在现场拼装标准种植盒种植绿植。

3.12.4　建成效果

海绵化改造升级后，彩色透水整体路面透水率 1mm/s，每小时可渗透 200mm 雨水，足以应对上海台风季和雨季带来的暴雨袭击，真正实现“小雨不湿鞋，大雨不内涝”。

外观靓丽、高效透水的海绵广场与错落有致、生意盎然的绿植景观相互映衬，既提升了小区道路、绿化的吸水储水能力，也为当地居民拓展了更加多元化的休闲空间，为临港新片区乃至全上海的老旧小区改造和新建小区建设起到了示范引领效果，如图 3-120 和图 3-121 所示。

图 3-120　上海临港宜浩欧景人才公寓停车位

图 3-121　项目交付和投入使用后对比

3.13 浦东六灶社区

建设单位：国开川沙（上海）城镇投资发展有限公司
设计单位：上海唯美景观设计工程有限公司
施工单位：上海海龙工程技术发展有限公司
指导单位及资料提供单位：浦东新区建设和交通委员会

3.13.1 基本情况

浦东新区六灶社区街头广场建设项目位于浦东新区川沙新镇六灶社区南六公路和崇溪路交叉口的东南角，呈三角形区域，面积为 5 441m²，是六灶社区的主入口景观，地块性质为 G12 街头绿地，如图 3-122 所示。

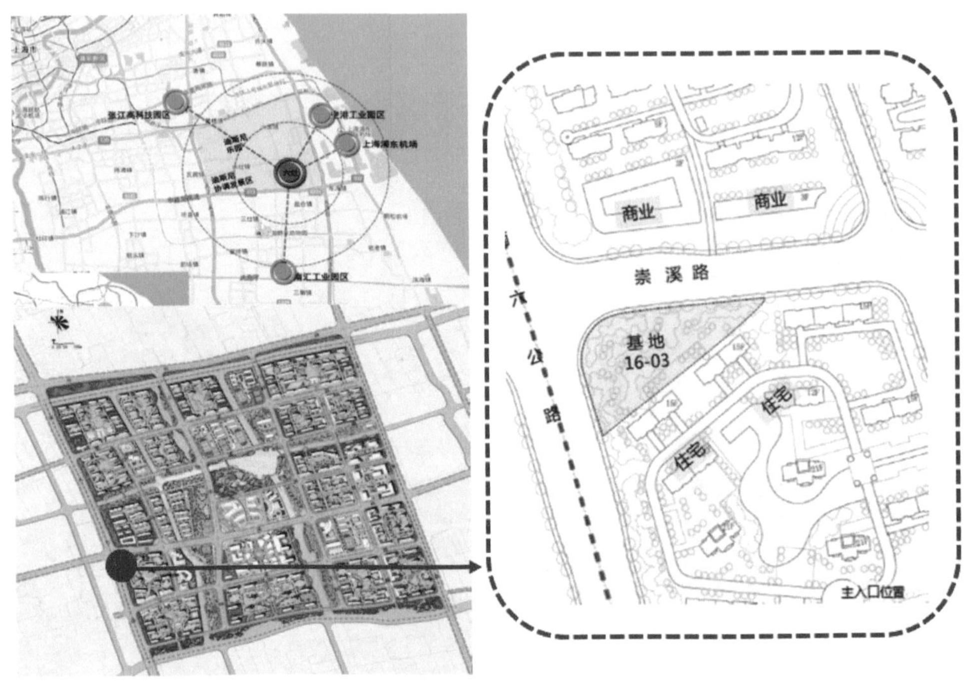

图 3-122 浦东新区六灶社区街头广场所在位置图

3.13.2 建设目标

该项目建设目标为年径流总量控制率达到 85%。

3.13.3　海绵方案设计

1）总体方案设计

（1）利用原有堆土形成一个整体堆坡的绿化景观设计，借势建设一处中型的跌水景观。

（2）保留了地块内近 $700m^2$ 的鱼塘作为湿塘，收集净化地块内南侧径流雨水。

（3）设置一处 $35m^3$ 的蜂窝净化蓄水池。

（4）收集北侧地块内及人行道区域内雨水，进行自然净化后供叠瀑补水使用。

（5）坡顶南侧设置太阳能光伏板，可满足地块内电力能源的自给自足。

整体设计方案如图 3-123 所示。

图 3-123　整体方案设计图

2）海绵设施

（1）蓄水池。采用了蜂巢结构蓄水池。它是由透水井砌块与滤水井砌块组合建造的“蜂窝状”蓄水池，分为调蓄池与净化池。蜂窝状结构稳定，储水率高，对水质有一定的净化作用。本项目蓄水池约 $35m^3$，如图 3-124、图 3-125 所示。

图 3-124　蓄水池施工实景图

图 3-125　蓄水池施工后实景图

（2）湿塘。湿塘是具有雨水调蓄和净化功能的景观水体，雨水同时作为其主要的补水水源。湿塘由进水口、前置塘、主塘、溢流出水口、护坡及驳岸、维护通道等构成。湿塘约 700m²，在平时发挥正常的景观休闲及娱乐功能，暴雨时发挥调蓄功能，如图 3–126、图 3–127 所示。

（3）雨水花园。其主要作用是汇聚并吸收雨水，通过植物、土壤和微生物的综合作用系统滞留、渗滤、净化雨水径流，如图 3–128 所示。

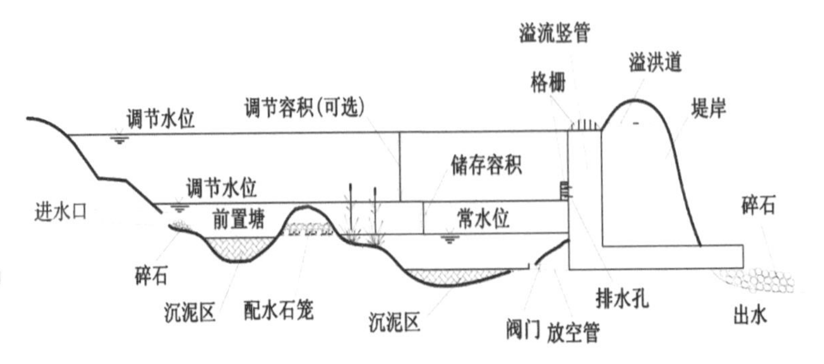

图 3–126　湿塘结构设计意向图

图 3–127　湿塘实景图

图 3–128　雨水花园实景图

（4）植草沟和收集沟。植草沟是指种植植被的景观性地表沟渠排水系统。下雨时，地表径流以较低流速经植草沟持留、植物过滤和渗透，雨水径流中的多数悬浮颗粒污染物和部分溶解态污染物能有效地被去除。植草沟和雨水盖板的巧妙结合有效地消纳并收集通过植草沟净化后的雨水，起到源头减排、水质净化的作用。植草沟和雨水盖板收集沟施工中、施工后实景图如图 3–129、图 3–130 所示。

图 3–129　植草沟和雨水盖板收集沟施工中实景图

图 3–130　植草沟和雨水盖板收集沟施工后实景图

（5）透水铺装。透水铺装采用以钢渣为主要原材料（含量50%）制备的透水砖。该砖主要原料为废弃钢渣，成本比普通砖块低约三成，如图3-131所示。

图3-131　透水铺装道路实景图

3.13.4　建成效果

1）投资情况

海绵工程造价汇总见表3-4。

表3-4　海绵工程造价汇总表

序号	项目名称	造价/万元	备　注
1	草沟250m	5	属于新增费用
2	雨水收集沟150m	5	属于新增费用
3	鱼塘	10	费用上基本相当于同面积绿化费用
4	透水道路500m^2	15	钢渣透水砖价格处于石材和道板砖之间，基本不增加费用
5	35m^{3}蜂窝结构蓄水池	40	属于新增费用

2）整体成效

地块内雨水基本实现自身消纳，年径流总量控制率达到85%以上。通过蓄水池与湿塘的存水，能够基本解决地块内绿化养护用水。太阳能光伏发电，实现了能源上自给自足。

浦东六灶社区街头广场海绵化建设使得绿化更加丰富多样，景观更加优美，道路没有积水。下雨天，路面上也是清清爽爽的，使市民在城市中享受到青山绿水，从而实现生态、生活、生产相融合，如图3-132所示。

图3-132　六灶社区街头广场效果图

3.14 唐镇新市镇 C-03D-01 地块配套小学新建工程

建设单位：上海浦东唐城投资发展有限公司
设计单位：上海建筑设计研究院有限公司
施工单位：浙江国泰建设集团有限公司
指导单位及资料提供单位：浦东新区建设和交通委员会

3.14.1 基本情况

本项目位于唐镇新市镇 C-03D-01 地块，该地块东至玉盘北路，南至沈沙港绿化带，西至诚礼路，北至培德路。南北长约 240m，东西长约 1 210m，总用地面积约 28 348m^2。

建设项目为 40 班小学项目，由教学办公综合楼、食堂与体育馆、多功能厅和室外操场组成，总建筑面积约 22 800m^2，建筑密度 19.76%，绿地率 35%。教学办公综合楼为 4 层，建筑高度为 16.7m，地下车库 1 层。体育馆与食堂建筑为 2 层，建筑高度为 17m。建筑设计利用架空的二层平台结合圆形的庭院将室内外功能区联系在一起，二层屋顶平台可提供更多维度的室外活动空间。

3.14.2 问题与需求分析

2017 年，上海市海绵城市建设工作初步开展，海绵城市的设计理念尚未融入多数项目的设计中。作为建筑与小区类型的项目，本项目现状条件较绿地类和市政道路类项目更为复杂，同时建筑和操场的建设会增加场地的硬化面积，进而增加雨水径流量和污染物浓度。因此，如何根据现状条件选取适用性强的海绵设施，如何进行场地径流组织并合理设置海绵设施的位置和规模，以完成年径流总量控制和年径流污染控制的设计目标是本项目所要解决的问题。

3.14.3 海绵方案设计

1）总体设计方案

竖向设计以教学区为最高，其次为教学区周边绿地，体育场及其周边为最低。在海绵城市设计时，应根据场地原始地形及建筑总平面布置调整微场地竖向，使地面雨水径流自然流向下凹式绿地，如图 3-133 所示。

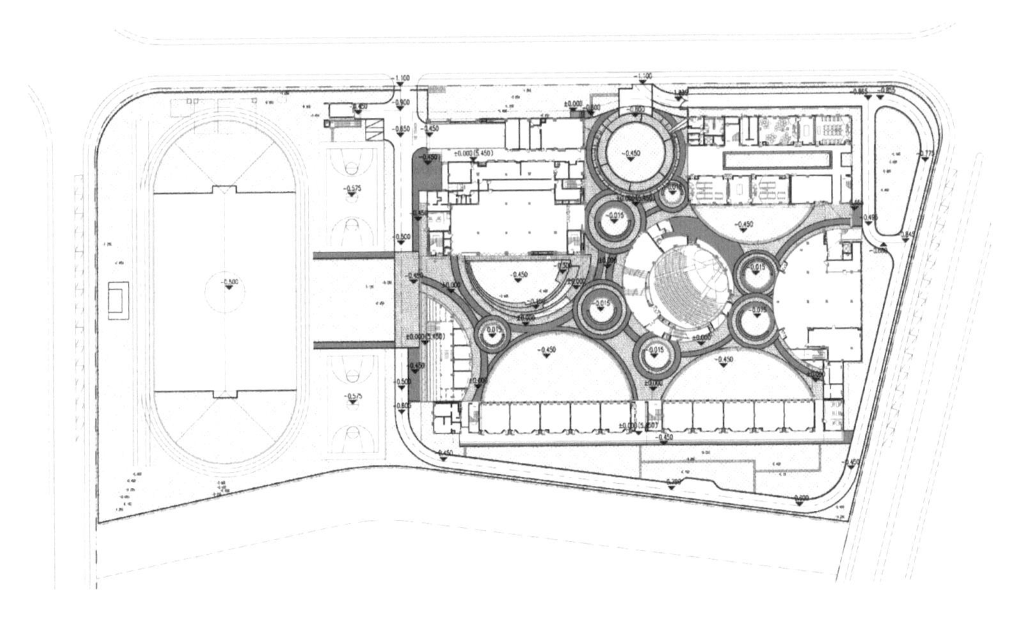

图 3-133 场地竖向图

本项目场地雨水最终通过一根 DN800 的雨水管排至培德路的市政雨水管网，如图 3-134 所示。市政雨水管网接口标高为 2.00m（吴淞高程）。

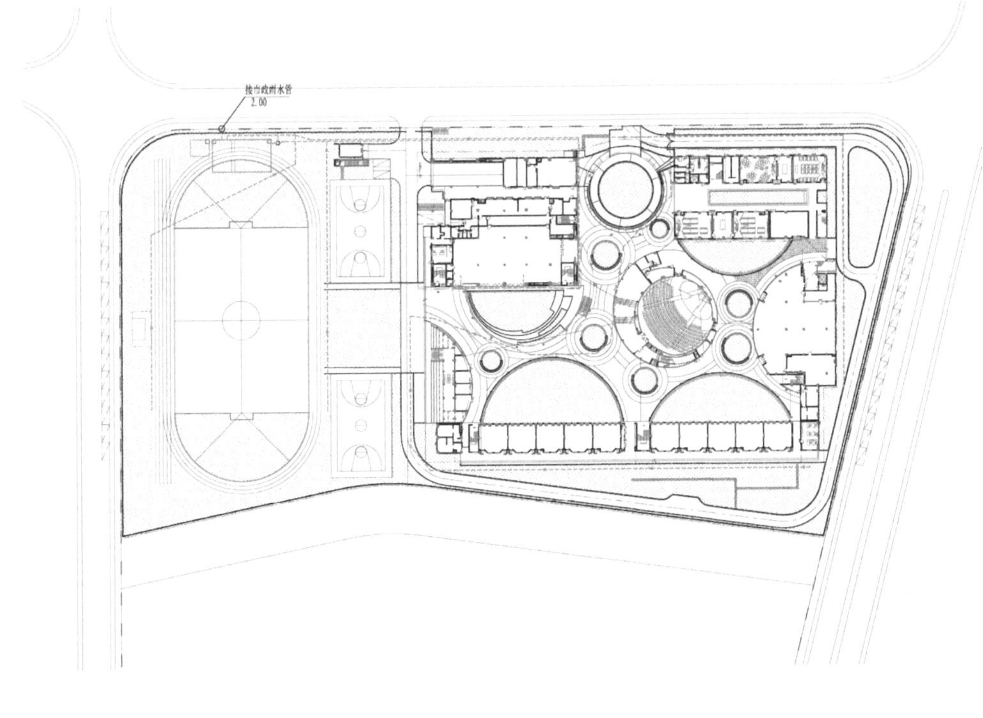

图 3-134 场地雨水管网走向示意图

根据场地竖向设计及室外雨水管网布置情况，将场地划分为 2 个汇水分区，如图 3-135 所示。汇水分区 01 为操场、篮球场及周边绿地。为保证师生运动安全性，周边绿地不设置下凹式绿地，地面雨水径流主要通过雨水调蓄池调蓄。如降雨量较大，操场地势低洼，也可作为“巨型”下凹式绿地发挥滞蓄雨水的作用。汇水分区 02 为教学楼及周边道路，通过屋面雨水立管断接和合理的竖向设计使屋面及路面的雨水主要通过下凹式绿地调蓄。

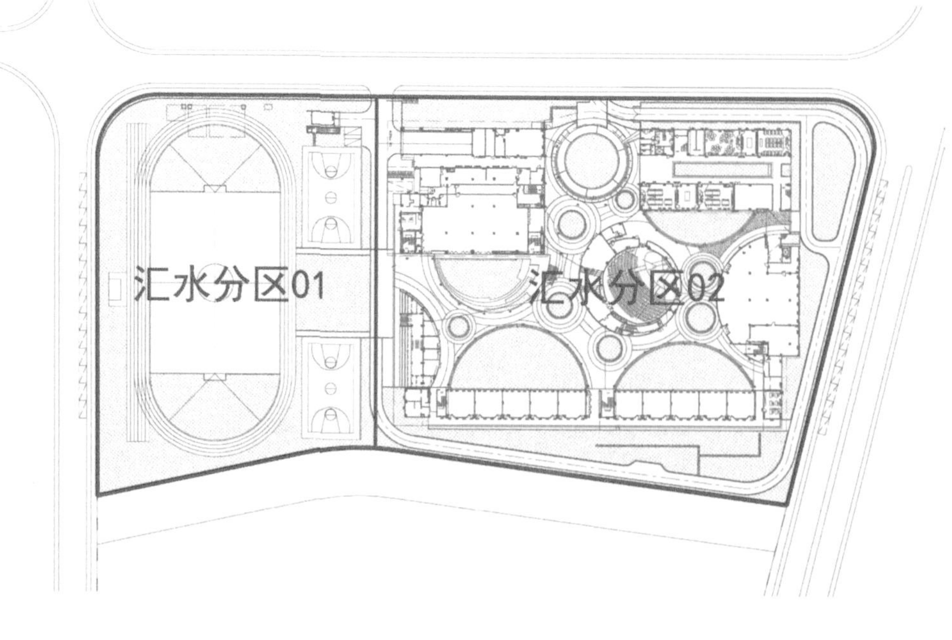

图 3-135 汇水分区图

下凹式绿地的设置面积为 1 522m²，调蓄雨水量为 152.2m³，雨水调蓄池有效容积为 230m³。海绵设施调蓄雨水量为 152.2+230=382.2m³，大于所需调蓄雨水量（为 308.37m³），因此项目设置的用于调蓄雨水的海绵设施规模达到年径流总量控制率 75% 的目标要求。

2）海绵设施

本项目设置的海绵设施包括绿色屋顶、雨水立管断接、下凹式绿地、干式植草沟、透水铺装和雨水调蓄及回用处理设施。其中，绿色屋顶设置于连接两栋教学楼的二层平台上，靠近中庭一侧的屋面雨水立管断接，将屋面雨水引入下凹式绿地。下凹式绿地设置于中庭，教学楼外侧绿地沿路设置干式植草沟，场地中庭和部分车行路面设置透水铺装，雨水调蓄及回用处理设施设置于操场北侧。海绵设施布置情况如图 3-136 所示。

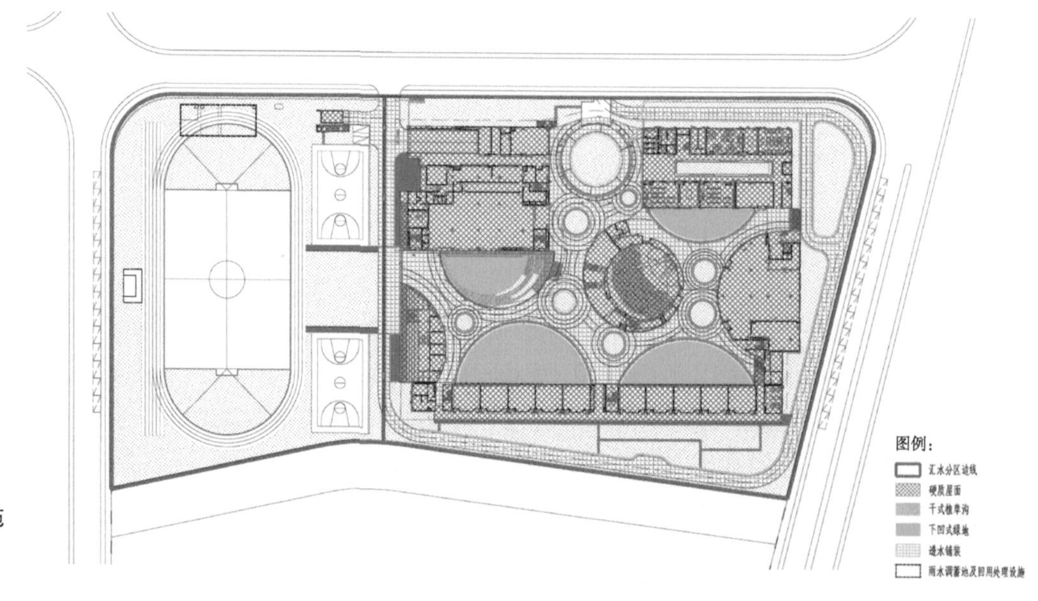

图 3-136 海绵设施布置图

（1）绿色屋顶。本项目在二层平台上设置绿色屋顶，如图 3-137、图 3-138 所示。绿色屋顶的设计满足《种植屋面工程技术规程》（JGJ 155—2013）和《屋面工程技术规范》（GB 50345—2012）的要求。

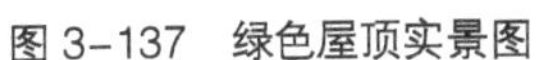
图 3-137　绿色屋顶实景图

图 3-138　绿色屋顶实景图

（2）屋面雨水立管断接。部分场地屋面雨水通过断接的立管，经散水后流入中庭处的下凹式绿地，如图 3-139 所示。

（3）下凹式绿地。本项目在中庭半圆形和圆形绿地中设置下凹式绿地，周边路面通过台阶过渡至下凹式绿地，如图 3-140 所示。台阶过渡的做法既能使绿地与路面形成间隔，调蓄雨水不会影响行人正常通行，又能保证下凹深度，保证设施具有足够的雨水调蓄能力。

① 绿地标高低于周围道路地面标高 150mm，下凹式绿地底部低于周边路面 100mm。在下凹式绿地中设置溢流口，溢流口顶标高高于下凹底面标高 100mm。

② 下部结构层依次为 300mm 厚种植土、200mm 厚砂石和 100mm 厚砂土，换填土后土壤渗透系数达到 80 ~ 100mm/h。

图 3-139　屋面雨水立管断接实景图

图 3-140　下凹式绿地实景图

（4）干式植草沟。

① 干式植草沟断面为抛物线形，边坡坡度为 1∶3，纵坡坡度至少为 0.3%，沟底最小深度为 0.1m，宽度为 0.5m。

② 干式植草沟种植土下设置砂质土过滤层和砾石排水层，以增强下渗能力，避免雨水淤积。

（5）透水铺装。

① 车行路面面层采用透水沥青，下部结构层不透水，在面层中设置 De50 穿孔盲管排水，雨水排至植草沟中，设计满足《透水沥青路面技术规程》（CJJ/T 190—2012）和《透水水泥混凝土路面技术规程》（CJJ/T 135—2009）的要求。

② 透水铺装人行路设计满足《透水砖路面技术规程》（CJJ/T 188—2012）的要求。

3.14.4 建成效果

1）投资情况

根据概算相关文件，对本项目建设的海绵设施造价进行估算，结果见表 3–5。

表 3–5 海绵设施造价估算表

分类	设施名称	数量 /m^2	指标 /（元 /m^2）	造价估算 / 万元
屋面	绿色屋顶	3 330.7	300	99.9
地面	透水砖	253.3	300	7.6
	透水沥青	2 899.8	400	116.0
	下凹式绿地	1 522	400	60.9
	干式植草沟	278	300	8.3
雨水调蓄及回用处理设施		—	300 000（元）	30.0
合计				322.7

2）整体成效

目前，项目建筑主体结构初步竣工，室外地面铺装完成，植物种植初步开始，用于监测海绵城市设计目标完成情况的设施还在施工，后期会通过监测设施采集的数据校核本项目海绵城市目标的完成情况。

本项目所需调蓄雨水量为 308.37m^3，通过海绵城市设计，设施调蓄雨水量为 382.2m^3，满足年径流总量控制率 75% 的目标要求。同时，本项目设置下凹式绿地及雨水回用系统等海绵设施对雨水径流进行净化，年径流污染控制率达到 58.0%，满足年径流污染控制率 50% 的目标要求。

为响应国家和政府建设海绵城市的号召，本项目致力于打造“海绵型”校园。通过分析场地现状条件，选择设置绿色屋顶、雨水立管断接、下凹式绿地、干式植草沟、透水铺装和雨水调蓄及回用处理设施 6 项海绵设施，并且优化了场地竖向设计和径流组织，使海绵设施能充分发挥下渗雨水、滞留雨水、净化雨水和回用雨水的作用，最终完成了年径流总量控制率 75% 和年径流污染控制率 50% 的设计目标。同时，在室外雨水管网末端设置降雨量、外排流量和外排雨水水质的监测仪器，以监测海绵城市的设计效果。此外，在校园中设置了用于介绍海绵城市设计理念和海绵设施的展板，让学生了解海绵城市设计，并启发他们为日后推进海绵城市的建设做出贡献。场地中庭、项目教学楼和操场实景图如图 3-141、图 3-142 所示。

图 3-141　场地中庭实景图

图 3-142　项目教学楼和操场实景图

3.15 上海世博文化公园

建设单位：上海申迪园林投资建设有限公司
设计单位：上海市园林设计研究总院有限公司、华东建筑设计研究院有限公司、杭州园林设计院股份有限公司
指导单位及资料提供单位：上海盛工园林集团有限公司

3.15.1 基本情况

上海世博文化公园项目位于浦东新区，后世博板块，世博 C 片区。西北部毗邻黄浦江，东接长清北路—卢浦大桥，南抵通耀路，目标和功能定位为生态自然永续的大公园、文化融合创新的大公园、市民欢聚共享的大公园。

项目规划总用地面积 187.7hm^2，建设用地 187.48hm^2，其中公共绿地 154.21hm^2（含已建成的后滩公园 23hm^2）、公共设施用地 8.13hm^2、道路广场用地 22.27hm^2、市政公用设施用地 2.87hm^2，水域 0.22hm^2。

总建设规模为 12.2 万 m^2，包含商业建筑面积 1.7 万 m^2，文化建筑面积 10.5 万 m^2。

项目平面图如图 3-143 所示。

图 3-143 上海世博文化公园总体平面图

3.15.2 现状与需求分析

1）下垫面重新塑造需求

工业时代和2010年上海世博会留下了大片硬质道路以及克虏伯工厂。现状场地内综合径流系数在0.6左右，年径流总量控制率约为40%，需要对现状下垫面进行重新塑造，通过大面积的绿地、水体的布置，将基地内的硬质地表软化，将公园打造成为区域的生态中心。

2）水质维护需求

后滩黄浦江引水口的大部分水质指标属于地表水Ⅲ～Ⅴ类，其中总氮为劣Ⅴ类，需提升湖区水体，达到Ⅲ类标准（总氮除外）。

3）水资源利用需求

雨水资源利用是海绵城市建设的重要控制指标之一，也是创建节水型社会的重要举措。世博文化公园通过雨水的收集、处理、利用，将有效节约水资源，充分展示雨水资源回收利用的理念。

3.15.3 海绵方案设计

1）设计目标

为充分发挥公园生态、景观和服务功能，统筹自然生态功能和人工干预功能，以源头减量为重点，结合过程控制和末端治理，通过“渗、滞、蓄、净、用、排”等多种技术措施，构建海绵型绿地系统、道路与广场系统、公共建筑系统、水务系统，形成完善的雨水综合利用管理系统，以强化公园对雨水净化、调蓄与涵养的作用，达到削减径流污染负荷、保护和改善区域的生态环境、缓解内涝、充分利用雨水资源并有效节约水资源的目的，最终建设成具有自然积存、自然渗透、自然净化功能的海绵型公园。

2）指标要求

世博文化公园要达到“小雨不积水、大雨不内涝、水体有改善、热岛有缓解，雨水资源充分利用”的总体目标。建设控制指标包括水安全、水环境、水生态、水资源等方面（表3-6）。

表3-6 海绵城市总体建设指标

项目		浦东片控制指标	世博文化公园标准	备注
水安全	雨水排水系统设重现期	3～5年一遇	5年一遇	
	内涝防治设计重现期	100年一遇	100年一遇	居民住宅和工商业建筑物底层不进水，道路中一条车道积水深度不超过15cm
水环境	公园内水体水质	无	地表Ⅲ类（总氮除外）	
	年径流污染控制率	≥55%（以SS计）	55%（以SS计）	

（续表）

项　目		浦东片控制指标	世博文化公园标准	备　注
水生态	年径流总量控制率	≥ 70%	75%	
	生态岸线比例	≥ 75%	≥ 60%	除江南园林外，生态岸线比例达到 90%
水资源	雨水资源利用率	≥ 5%	10%	

3）海绵措施

为建设世界一流综合性公园，着力打造海派特色文化传承和发扬的示范区、城市老工业基地创新驱动和转型发展的践行区、全新生态性和智慧型公园建设理念的实践区，世博文化公园提出建设具有海绵城市功能的生态型公园要求，实现海绵城市建设和城市绿色公共空间发展相结合。

世博文化公园的海绵城市建设从公园水体、绿地系统、道路与广场系统、建筑系统、雨水资源利用 5 个方面来具体实施，如图 3-144 所示。

图 3-144　上海世博文化公园北区部分鸟瞰图

（1）公园水体。公园水体是园区的海绵体骨架，是园区景观的自然延伸，发挥着改善生态环境、调节气候的作用，同时减轻园林周围其他建筑物的凝滞感，使园林景观更加具有立体感。在公园水体中，按照公共绿地内可适度开挖引水的原则，适度构造园区内部水系，并确保内部水系连通，同时考虑与黄浦江（后滩）相连，以便满足补水需求。公园水体水质标准执行地表水环境质量Ⅲ类标准。公园水体设置保障水体自净能力的措施以及相应的调蓄与水处理设施，水体边界以自然软质水岸为主，保护生态圈连续。公园水体水质保障措施包括生态拦截、净化及增加水体流动性等，采用物理、生态类技术。陆域缓冲带内构建湿塘、雨水湿地等生态转输系统，削减径流流速与污染负荷，在陆域范围内调蓄、净化径流雨水。同时通过构建具有净化功能的水生生态系统，强化水质净化功能。通过水陆协同，增加公园水体的囤蓄、调节、净化和循环利用功能，如图 3-145 所示。

图 3–145　上海世博文化公园申园

（2）绿地系统。公园内绿地是游客活动、游憩的重要场所。作为园区的天然海绵体，绿地是雨水下渗、滞缓、转输的重要载体。在绿地系统中，通过植草沟、卵石沟、下沉式微地形、雨水花园及下凹绿地等海绵设施建设，将绿地及周边区域径流雨水通过有组织的汇流与转输，通过植物、沙土的综合作用使雨水得到净化，并使之逐渐渗入土壤，涵养地下水。同时，在雨水花园设置溢流口，超标雨水汇入雨水管网，如图 3–146 所示。

图 3–146　上海世博文化公园精致花园

（3）道路与广场系统。在主要园路道路侧边设置植草沟，与雨水灌渠联合应用，场地竖向允许且不影响安全的情况下可替代雨水管渠。植草沟配套设置了穿孔收集管、溢水管。

市政人行道透水铺装率不低于100%，市政专用非机动车道透水铺装率不低于100%，停车场透水铺装率不低于70%，广场透水铺装率不低于30%。

透水路面按照面层材料可分为透水沥青路面、透水水泥混凝土路面和透水砖路面。透水路面结构层应由透水面层、基层、垫层组成，包括封层、找平层和反滤隔离层等功能层。

（4）建筑系统。园区建筑包括大歌剧院、温室和保留世博场馆群（图3-147）。歌剧院在满足专用设施设计标准的同时，宜尽可能达到绿色建筑三星级水平，结合使用绿色屋顶、透水铺装等海绵设施。

温室屋面雨水通过雨水管收集进入雨水调蓄池，雨水调蓄池采用室外地埋式塑料模块蓄水池、硅砂砌块水池、混凝土水池等。调蓄池中的雨水通过雨水处理机房中的多介质过滤系统等净化消毒后，直接用于绿化和景观用水，超标准雨水排入雨水管道。

图3-147 上海世博文化公园原世博保留场馆

（5）雨水资源利用。为达到节约用水的目的，公园建设中供水与排水系统需综合考虑水资源循环利用，在常规系统配置的前提下，分系统供水，对于不同需求的使用对象分别采用不同的水源。公园内通过海绵设施将年径流总量控制范围内的雨水（对应设计雨量33mm）进行截留，经过渗透、蓄存等方式进行滞蓄汇至雨水调蓄设施，超标雨水则汇入雨水管网。雨水调蓄设施的位置尽量靠近绿化喷灌净化设施，利用喷灌净化设施对收集的雨水进行净化，并最终根据需求用于绿化喷灌、景观补水及消防用水等，如图3-148所示。

图 3-148 上海世博文化公园静谧森林

通过以上措施，将世博文化公园构建成海绵型公园，形成完善的雨水综合利用管理系统，达到削减径流污染负荷、保护和改善区域的生态环境、缓解内涝、充分利用雨水资源并有效节约水资源的目的。建设防汛安全、循环再生、自我净化、时代感鲜明、开放共享、体现高端的世博文化公园水系，实现水文情势顺畅安全、水质健康保障、水生态系统完备、水景观效果突出的目标。

3.16 黄浦区小东门 616、735 街坊商住办新建项目

建设单位：中民外滩房地产开发有限公司
设计单位：上海市政工程设计研究总院（集团）有限公司
施工单位：上海建工集团股份有限公司、中国建筑第八工程局有限公司
指导单位及资料提供单位：上海市政工程设计研究总院（集团）有限公司

3.16.1 基本情况

小东门 616、735 街坊商住办新建项目属于黄浦区改建区域，北到王家码头路，南到东江阴路，西到外仓桥街，东至中山南路。

本工程占地面积约 20hm²，主要用地类型为商办综合用地和部分住宅用地，建筑面积比例约为 42.9%，道路面积比例约为 31.4%，绿地面积比例约为 25.7%。截至 2021 年底，本项目大部分已完工。

项目区位如图 3-149 所示。

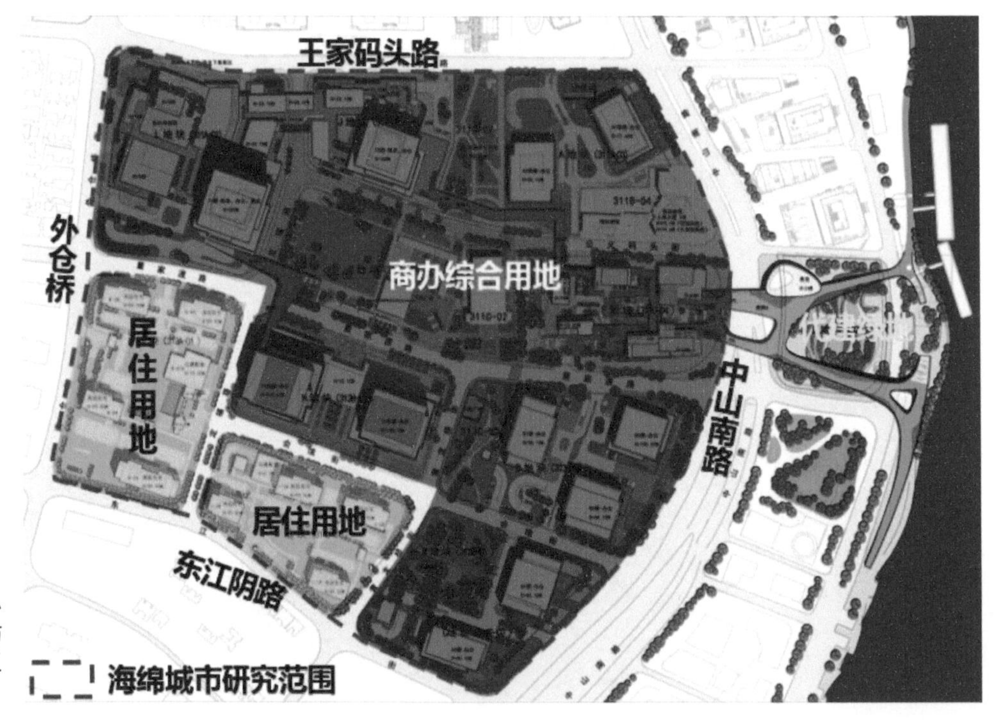

图 3-149 黄浦区小东门 616、735 街坊商住办新建项目区位图

3.16.2　问题分析

工程建设坚持以问题为导向，根据现场踏勘和测量成果，通过对现场进行梳理，主要存在以下问题：

（1）下垫面硬化率较高，绿化率较低，可调整下垫面较少，径流系数降低幅度较小，最终计算得出的调蓄量较大。

（2）建筑方案布局空间有限，可布置空间较小，管道标高限制等。

（3）场地内存在保留建筑地块，不宜布置海绵设施。

（4）景观品质要求较高，大部分绿化高于道路，不宜布置下凹型生物滞留设施，可选用的海绵措施有限。

3.16.3　海绵方案设计

项目场地进行海绵城市专项设计，综合采用“渗”“滞”“蓄”“净”“用”“排”等手段，通过生物滞留设施滞纳调蓄雨水径流；通过雨水回收利用等有效实施雨水的资源化利用；溢流雨水排至市政雨水管道，实施超标雨水的排放；通过场地竖向设计，合理引导道路、铺装雨水至雨水花园等生物滞留设施中，经滞纳调蓄净化处理后排至室外雨水管，有效控制雨水径流面源污染。

1）设计原则

（1）以功能性为前提，灰绿结合。

（2）因地制宜、经济有效、方便易行。

（3）便于管理和维护。

（4）合理布局，做好与周边设施的衔接。

2）设计目标

根据《上海市黄浦区海绵城市建设规划（2018—2035 年）》，本项目地块设计目标如下：

（1）年径流总量控制率为 70%，对应设计降雨量为 18.7mm。

（2）年径流污染控制率为 50%。

3）总体方案设计

为使整个项目达到年径流总量控制率 70%（对应设计降雨量 18.7mm）和年径流污染控制率 50% 的目标，进行海绵化设计。

本工程结合现状条件，针对每个地块不同特征，通过透水铺装、绿色屋顶、雨水花园、浅层调蓄设施、拱形调蓄模块、缝隙排水沟、渗渠、蓄水模块、环保雨水口等海绵设施建设，满足海绵城市建设要求。

4）海绵设施

（1）透水铺装。由透水面层、基层等构成的地面铺装结构，具有一定的储存和渗透雨水功能，可降低雨水径流外排量，同时有净化雨水效果，如图 3-150 所示。

图 3-150　透水铺装实景照片

（2）雨水花园。雨水花园是海绵城市建设中最常用的技术方式。它主要应用于入口景观区等开阔、地势低洼处，用于消纳雨水。通过对现有场地进行微地形改造，布置下凹式绿地，利用植物、土壤和微生物，使雨水经过存储、渗透、净化实现海绵功能。

（3）绿色屋顶。绿色屋顶由多层材料组成，包括植被层、基质层、过滤层、排水层、保护层及防水层。降雨时，绿色屋顶的植被层首先对雨水有截流作用，而后通过土壤入渗、根系吸收并逐渐深入过滤层，最后通过下方排水层中的排水管收集、输送到建筑雨水立管中。雨水逐级效能，吸收减排。绿色屋顶可以大幅度降低屋顶雨水径流量，延缓地表径流产生的时间，以及降低洪峰流量。绿色屋顶从上到下分为植被层、种植土、过滤层、凹凸型排水板、保护层、防水层、结构层等。

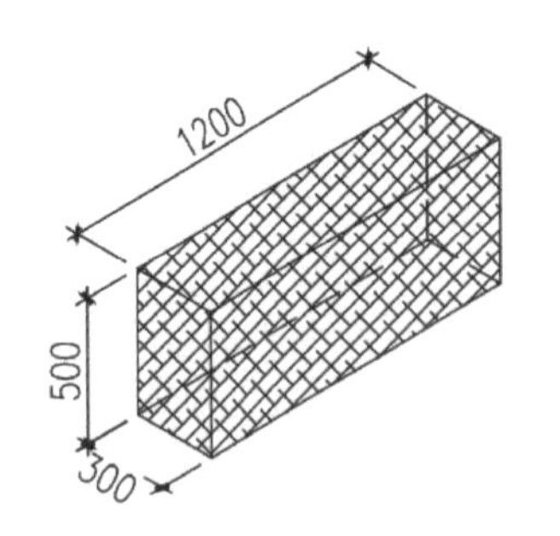

图 3-151　单块浅层调蓄设施示意图

（4）浅层调蓄设施。浅层调蓄设施需与环保雨水口联合布置，通过环保雨水口初步净化的雨水进入浅层调蓄设施，超过调蓄能力的雨水进入雨水管网。单块浅层调蓄设施尺寸为 1.2m × 0.3m × 0.5m，如图 3-151 所示。

（5）地下蓄水池。本工程中低影响开发设施的超标溢流雨水、初期弃流雨水及市政雨水（屋面雨水、道路雨水）通过智能化雨水初期弃流装置接入到地下雨水调蓄池中。进入雨水调蓄池后通过水泵将其抽至雨水回用处理装置，并进行净化，而后接入净水箱中。最后，通过雨水回用变频水泵进行绿化灌溉、道路冲洗、车库清洗等。图 3-152 为地下蓄水池功能设计流程图。

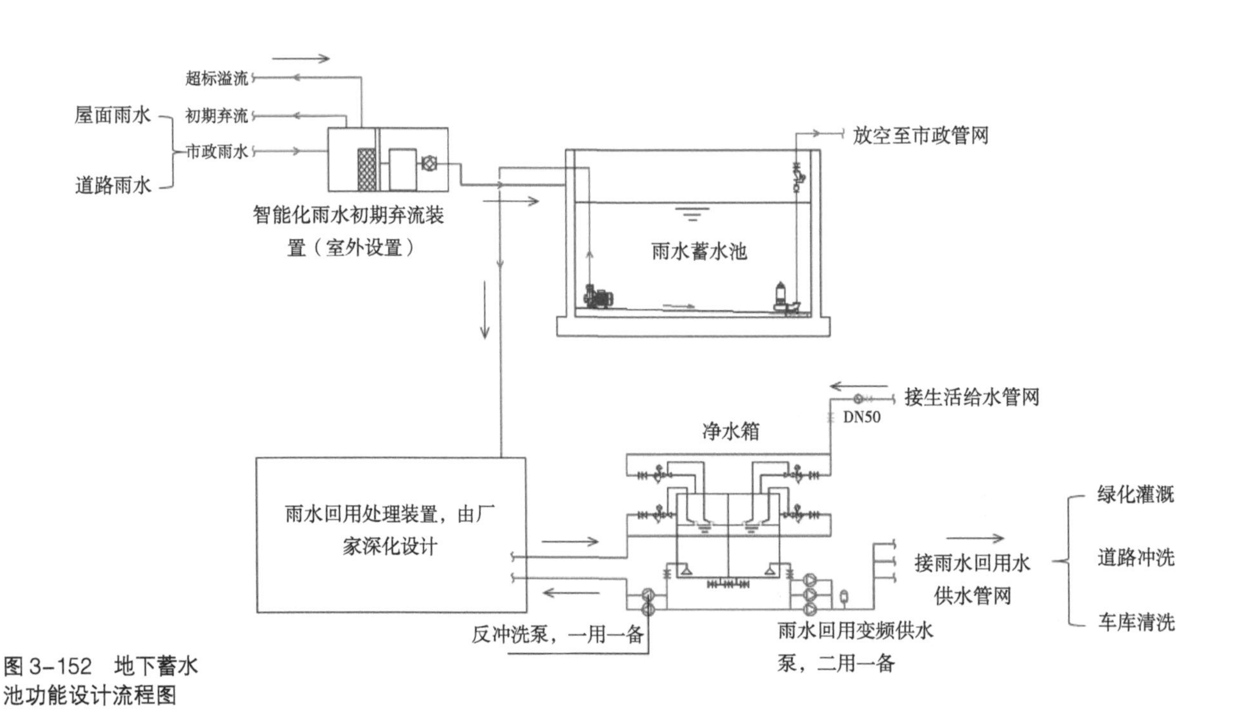

图 3-152　地下蓄水池功能设计流程图

（6）缝隙式排水沟。缝隙式线性排水系统起源于欧洲，具有良好的排水能力和承重性能，被广泛应用于国防建设、民用建筑、商业广场、工业场地的排水系统中。缝隙式排水沟是缝隙式线性排水系统的重要组成部分，在铺装下面仅留下一条窄窄的排水缝，效果比较美观，如图 3-153 所示。其与堵头、积水坑、排水口等一起构成了一个完整的排水系统。

图 3-153 缝隙式排水沟实景图

（7）拱形调蓄模块。当绿地资源紧张、地势较高或乔木密集时，可考虑采用地下调蓄设施。调蓄设施可设于人行道或绿化带以下。道路雨水在环保雨水口净化后，通过雨水连管流入地下调蓄设施中，超过调蓄容积时通过环保雨水口溢流至道路雨水系统。地下调蓄设施设于绿化带下时，顶部可覆盖鹅卵石或草皮，提升景观效果。

（8）环保雨水口。环保雨水口井体中包括截污挂篮、截污板和过滤件等部分。雨水首先通过截污挂篮（截污挂篮的排水能力大于雨水篦子的排水能力，设计中可以防止垃圾进入，截流孔径大于 20mm 的污染物）进入溢流件中，而后通过专用滤料（专用滤料对雨水中 SS 的去除率大于 85%）对雨水进行进一步净化，最后通过溢流件溢流（溢流件可以使雨水顺畅排放，不减少原水过水能力）。

本工程中，路面和广场雨水可以先排入环保雨水口，通过环保雨水口再接入雨水管网，初雨污染得到控制，如图 3-154 所示。

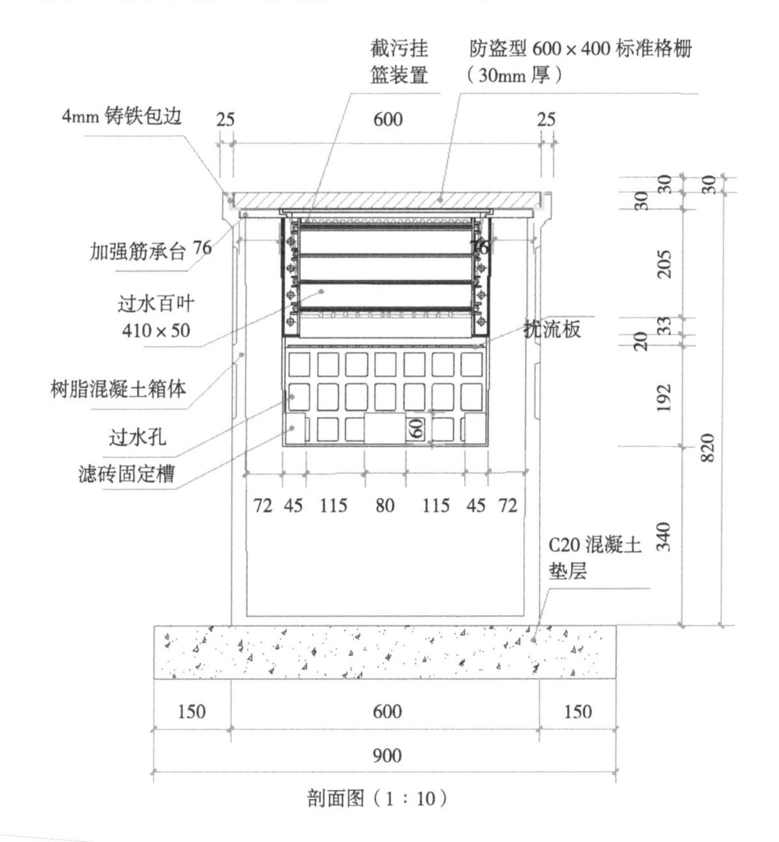

图 3-154 环保雨水口示意图

3.16.4 建成效果

1）投资情况

本项目海绵城市建设部分总投资约为 14 183.46 万元。

2）整体效果

通过海绵城市建设，本地块实际可调蓄容积为 2 372.97m^3，年径流总量控制率满足设计目标 70%要求；面源污染控制率可达到 56%，满足指标 50%的要求。

本项目结合海绵式现代化研发园区理念设计，体现科技、生态、人文、和谐要求，具有环境优美、密度低、建筑尺度适宜、配套设施完善等特点，能充分满足中高端办公住宅及购物休闲的需求。

建成后的实景图如图 3-155 所示。

图 3-155 建成后小东门实景图

3.17 黄浦世博城市最佳实践区

建设单位：上海世博发展（集团）有限公司
设计单位：上海市园林工程有限公司景观设计所
施工单位：上海园林（集团）有限公司
指导单位及资料提供单位：黄浦区建设和管理委员会

3.17.1 基本情况

世博城市最佳实践区（以下简称“实践区”）位于黄浦江西岸，原2010年上海世博会E片区，南靠黄浦江，北临中山南路，东至南车站路—花园港路，西至保屯路—望达路，现属上海市黄浦区。规划占地面积15.08hm^2，如图3–156所示。

世博城市最佳实践区是世博会后最集中保留上海世博会原貌的区域，传承“城市，让生活更美好”的理念，致力于打造国际一流水平的绿色低碳园区，如图3–157所示。

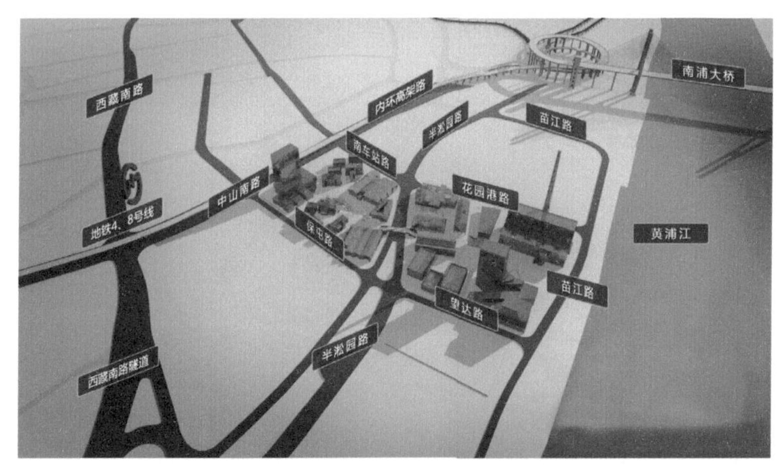

图3–156 世博城市最佳实践区地理位置图

图3–157 世博城市最佳实践区全景实景图

3.17.2 问题与需求分析

世博城市最佳实践区原本并未设置海绵设施，为了应对 2010 年上海世博会大客流问题，铺设了大量的硬质路面，绿化相对较少；雨水不做收集，直接排入市政管网。大量雨水资源未得到利用，暴雨期积水问题时有发生，并且活水公园的人工湿地及荷花池都存在较严重的漏水、水资源恶化等问题，水景观换水成本较大。

3.17.3 海绵方案设计

1）总体方案设计

为解决上述问题，同时结合实践区的会后规划，对园区室外总体景观进行了海绵化的改造。比如，增加更多的高渗透性绿地，解决硬质路面不透水、活水公园的人工湿地及荷花池漏水及水质恶化等问题。

又如，根据现场实际情况，利用世博会时已建成活水公园，将北区划分为 5 个雨水收集区，每个区域设置 1 个雨水收集井（图 3-158），经初雨弃流后收集到的雨水通过水泵汇集到活水公园。北区雨水收集分区明细见表 3-7。

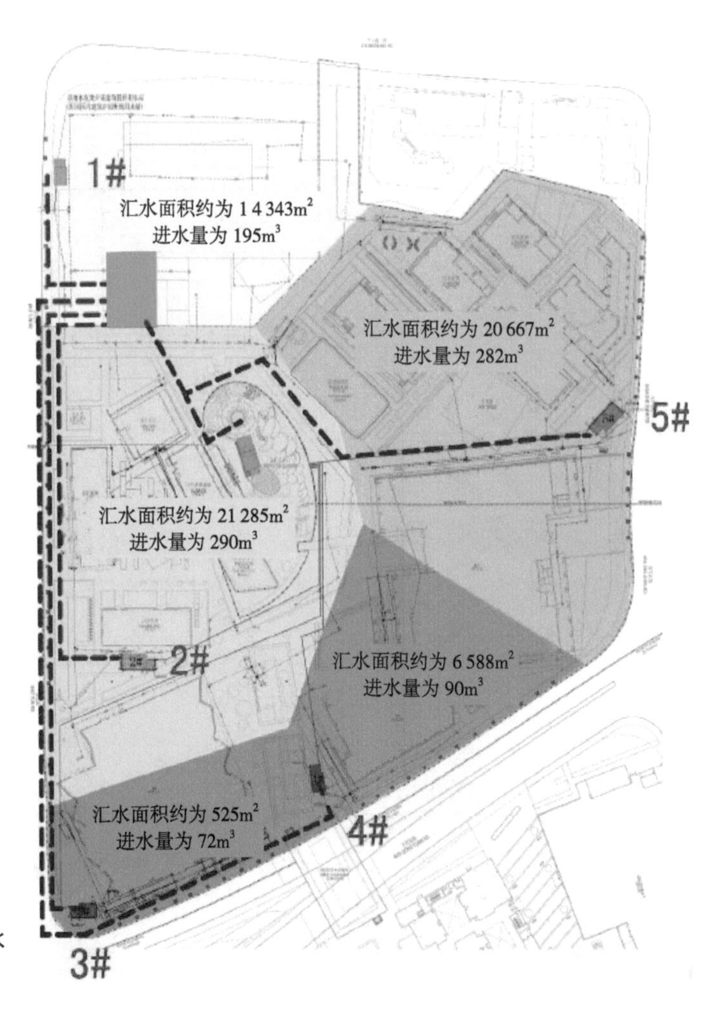

图 3-158 北区雨水收集分区

表 3-7　北区雨水收集分区明细

序　号	名　称	服务面积 /m²	进水量 /m³
1	北区 1 号雨水收集井	14 343	195
2	北区 2 号雨水收集井	21 285	290
3	北区 3 号雨水收集井	525	72
4	北区 4 号雨水收集井	6 588	90
5	北区 5 号雨水收集井	20 667	282

2）海绵设施

（1）活水公园。利用活水公园原有的调节池蓄水，通过厌氧沉淀池、鱼鳞池（多级串联植物塘、植物床）对雨水进行净化，并将活水公园内的荷花池改造成雨水渗透塘，实现本区域收集的雨水在 3 天内利用或就地下渗。设计方案如图 3-159 所示。

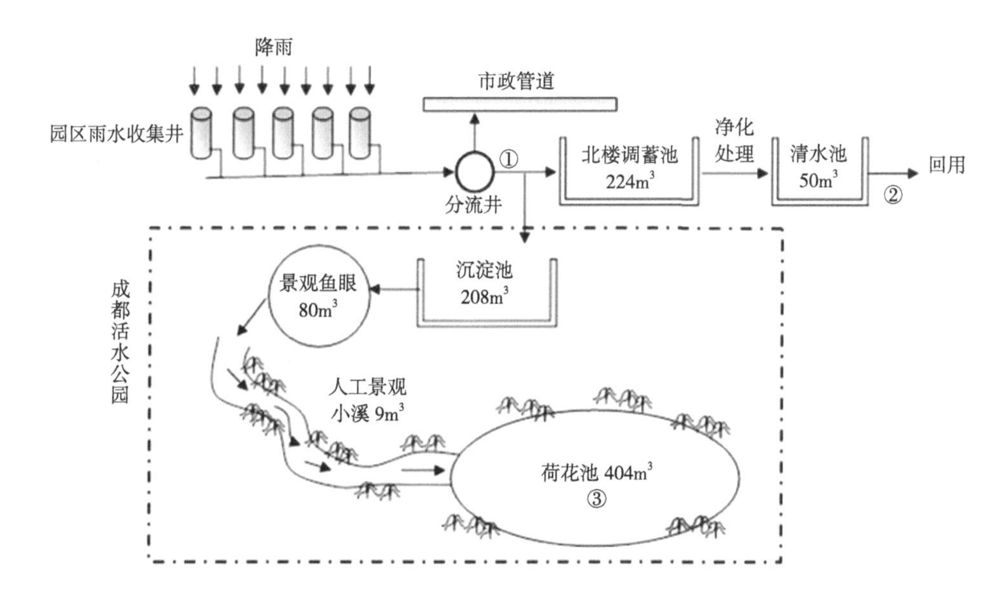

图 3-159　活水公园雨水渗透工艺流程图

根据工程前期对场地下渗速率的现场观测，确定雨水下渗速率的设计参数为 2.3×10^{-5}m/s（场地表层土为孔隙率较大的人工回填土，下渗速率较大）。活水公园内荷花池工程改造如图 3-160、图 3-161 所示，采取下渗管入渗的方式。下渗管设有盖板，可人工启闭。需要下渗时，盖板打开，荷花池内的水通过下渗管引入碎石层中下渗；如果连续晴天不降雨，为保持荷花池内的景观用水，则将下渗管上部的盖板关闭。

（2）智能化运行措施和后评估管理。实践区运用科技信息化手段，建立全国首个计量监控后评估海绵项目信息化系统，实时监控区域降雨量、雨水收集量、综合利用量、“五井六池”运行水位、流量、水质，评估径流量控制、水质改善效果等（图 3-162 ~ 图 3-165）。该系统能够自动“报数”，自我管理，自主分析，实现全生命周期精细化管理。

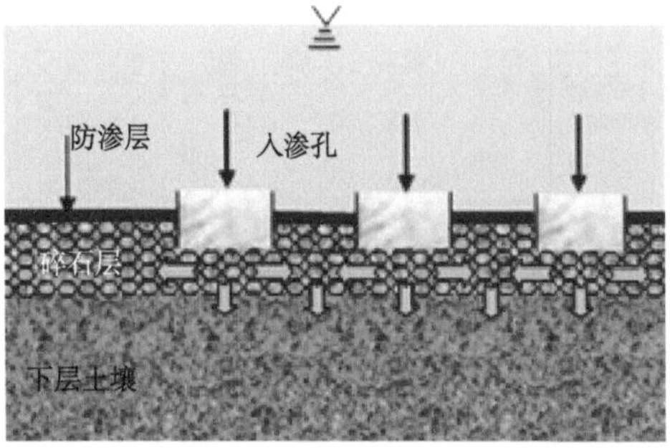

防渗层 入渗孔 碎石层 下层土壤

图 3-160 荷花池结构示意图

图 3-161 城市最佳实践区北区荷花池下渗改造

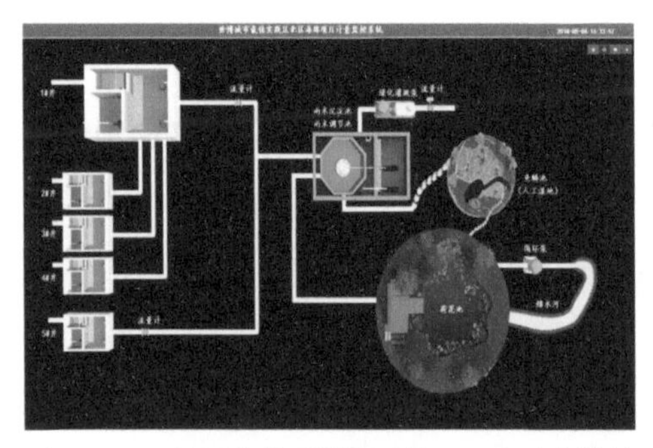

图 3-162 计量监控后评估系统——实时监控总体界面

图 3-163 计量监控后评估系统——荷花池

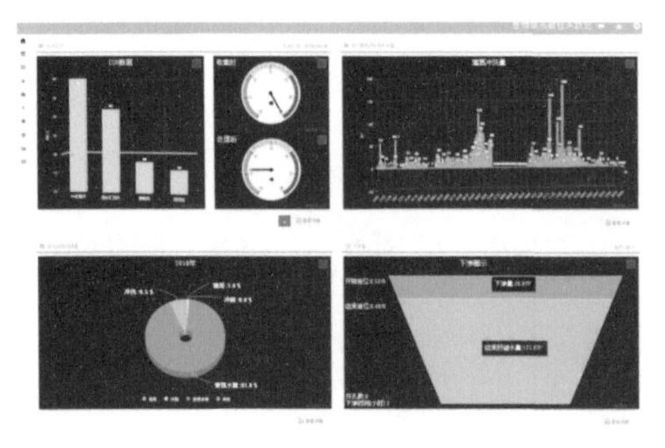

图 3-164 计量监控后评估系统——后评估数据系统主界面

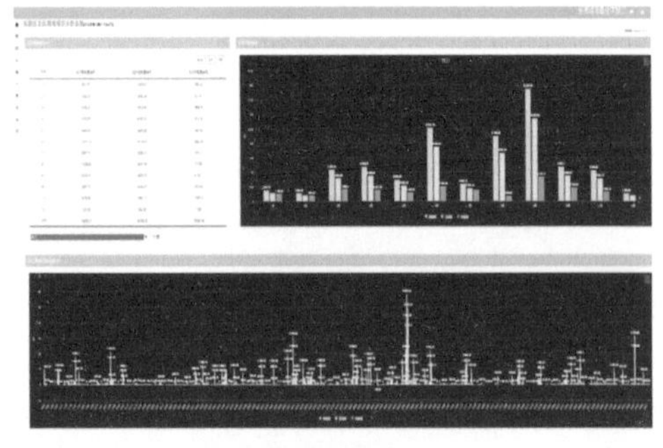

图 3-165 计量监控后评估系统——后评估数据系统径流总量控制率分析界面

实践区海绵项目利用雨水感应模块、翻斗式雨量计、计数器、电动阀门等，系统自动感知降雨，并从传统 15min 初雨弃流转变为初期降雨 3mm，最大限度收集了雨水资源。同时，在雨水调节池设置分级补水水位，精确控制旱季自来水补水，为雨水存蓄留足空间；设置调节池高水位报警，将信号与雨水输水泵控制关联，实现远程自动停泵，节约系统能耗。整个系统实现了无人值守、自动高效运行的目标。

项目第二阶段的计量监控后评估系统将建设管理模式延伸至运行管理阶段，实现了科学化、精细化、智能化管理。利用流量传感器、液位计等监测降雨量、径流量、雨水收集量、综合使用量、下渗量、蒸发量，量化与气候条件、季节、温度、湿度之间关系，积累了大量原始数据，为后续项目对径流总量控制率、径流峰值削减、资源化利用最优化运行提供了支撑。

3.17.4 建成效果

（1）成功实现小雨不积水，大雨不内涝。实践区北区原先的排水标准为3年一遇，暴雨积水时有发生，对实践区环境造成影响。通过海绵项目建设，削峰效果明显。2015年6月16日夜，特大暴雨袭击上海，一直持续到次日上午，降雨量达到200mm。实践区海绵项目发挥了重要作用，在排水系统能力有限的情况下，道路广场基本没有内涝积水，成功实现中“小雨不湿鞋、强降雨不积水、特大暴雨不内涝”的目标。

（2）成功实现全场地雨水收集，年雨水渗透及利用率达到70%左右。项目建成之前，实践区内的活水公园景观补水、园区绿化灌溉、道路和环卫设施冲洗，全部使用自来水。自来水用水量平均每月达到1万t，自来水费一直居高不下。2015年底全场地雨水收集后，自来水用量明显下降。2016年10月，实现计量监控后，基本不再使用自来水，收集的雨水全部资源化利用。

（3）北区雨水收集净化后水质可达地表Ⅲ类水。每月对雨水收集井、雨水分流井、兼氧池、活水公园荷花池4个点位进行监测，主要包括总磷、氨氮、五日生化需氧量、化学需氧量、悬浮物、溶解氧等指标。监测发现，收集到的初雨后雨水COD为30～40mg/L，$NH^{3-}N$等指标劣于Ⅴ类水；经沉淀、湿地净化后，COD稳定在20mg/L以下，其他指标也均稳定在地表Ⅲ类水标准内，DO指标甚至优于Ⅱ类水。

（4）人文＋海绵。实践区中集中处理和渗透雨水的活水公园成了周边居民、公司白领休闲小憩的“城市亲水客厅”，人们在活水公园、川西小筑、亲水平台开展各类活动。荷花池水光潋滟，鱼鳞池（人工湿地）植物郁郁葱葱，人与自然和谐共处。海绵城市不再是一个抽象的概念，而是以一种与生活、工作息息相关的形态活灵活现地展现在人们面前，海绵城市建设的理念也深入人心。

（5）智慧＋海绵。管理精细化、可视化、智能化，实现“智慧海绵”目标。作为国内首个全生命周期管理的海绵项目，计量监控后评估系统实现了管理可视化、要素可计量、状况可核查、效果可评估的目标。实践区海绵项目专管员通过互联网，就可以随时随地检查系统运行，及时排查用水情况和系统的跑冒滴漏，系统运行和管理效率大幅度提高，实现了互联网＋海绵城市的“智慧海绵”。

建成实景图如图3-166、图3-167所示。

图3-166　实践区北区海绵建成实景图

图3-167　实践区北区活水公园鸟瞰图

3.18 云锦路跑道公园

建设单位：上海徐汇滨江开发投资建设有限公司
设计单位：Sasaki Associates
施工单位：上海园林绿化建设有限公司
指导单位及资料提供单位：徐汇区建设和管理委员会

3.18.1 基本情况

徐汇区云锦路跑道公园南北长约 1.6km，东西宽约 50m。公园处在云锦路西侧，北到丰谷路，南至龙水南路。项目总用地面积为 7.4hm^2，总投资 1.8 亿元。项目位置图如图 3-168 所示。跑道公园以龙耀路为界，分为南北两种景观类型，龙耀路以南景观设计以机场河为中心设计了湿地和水景，机场河边坡采用缓坡入水的形式，边坡种植本地的水生植物对机场河进行景观提升，在河道不同部位设计了滨水栈道，便于近距离参观水景，机场河最终向南流入黄浦江。龙耀路以北景观设计主要将树林、草坪、广场、花园相结合。本项目主要特色在于“水系和绿地穿插，汽车、自行车、人与河流并行不悖”。

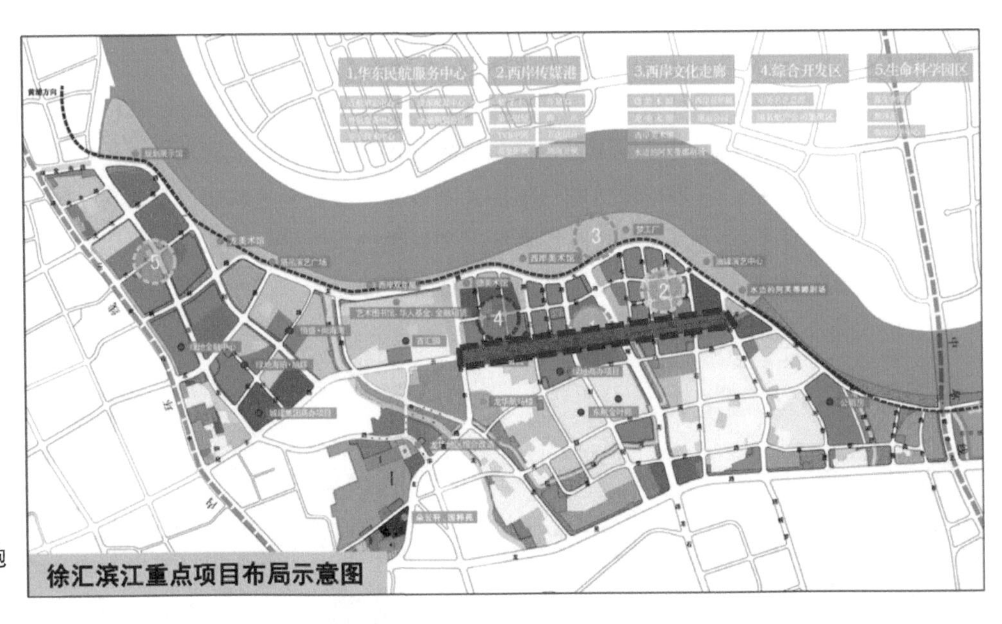

图 3-168 云锦路跑道公园项目位置图

3.18.2　问题分析

改造前区域内主要问题包括：初期雨水污染且有雨污混接现象、路面渗水性差、现有跑道及路面破损、绿化匮乏且单一等。

3.18.3　海绵方案设计

1）总体方案设计

为解决上述问题，并达到年径流总量控制率 85%（对应设计降雨量 33.0mm），云锦路公共绿地设计引入了建设节约型、生态型绿地的理念，通过生态手段净化雨水，并使之逐渐渗入土壤，补充地下水。本工程共设置了 7 个单独的下凹式绿地单体，总面积约 6 300m^2，总长约 600m，分 8 个区块布置，主要收集来自云锦路西侧半幅道路的雨水，收集雨水面积 1.46m^2，可蓄水总量约 11 197m^3，如图 3–169 所示。

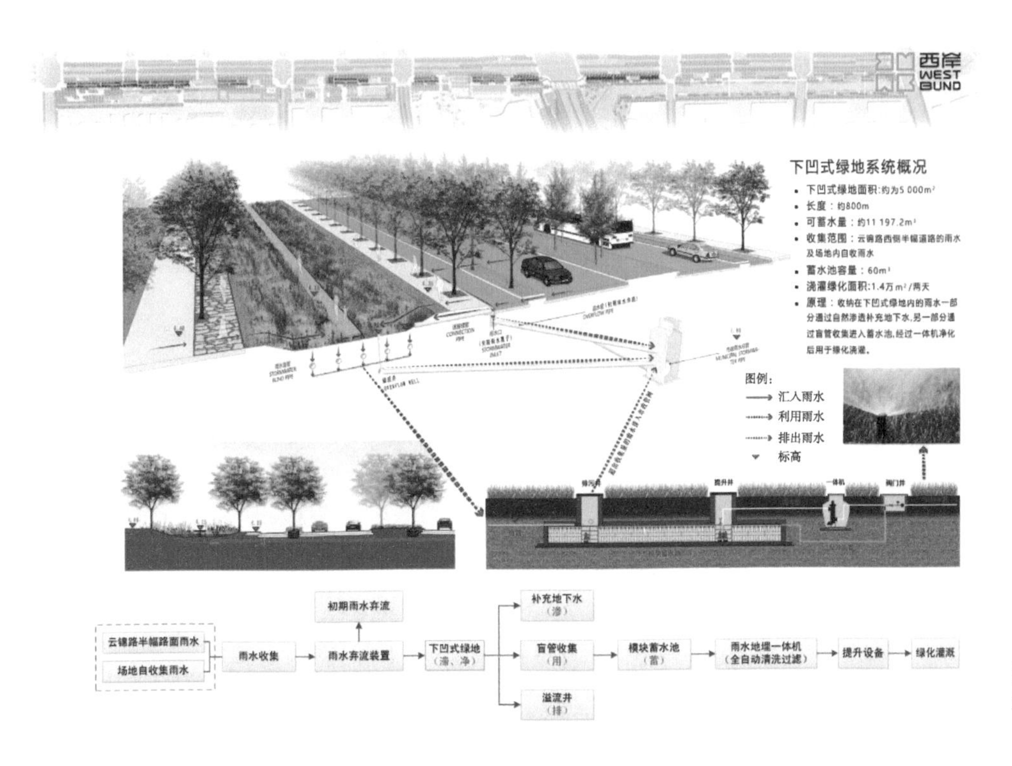

图 3–169　下凹式绿地系统结构示意图

（1）“渗”“滞”“排”的运用。收集来自云锦路西侧半幅道路及场地内初期雨水，通过在市政雨水口安装截污弃流式雨水篦，对雨水进行处理。初期弃流雨水排入市政雨水管网，后期雨水通过管道排至下凹式绿地内。

（2）“蓄”“净”“用”的运用。雨水经过渗透净化后通过盲管用雨水蓄水模块收集，再通过雨水地埋一体机进一步进行过滤（内部配有全自动清洗过滤器，可以实现自动反洗），使水质可达到浇灌用水要求，然后通过灌溉系统将过滤后的雨水用于灌溉。

2）海绵设施

利用下凹绿地形成浅凹湿地，种植耐水湿、可降解污染物的绿化植物。利用周

图 3-170　下凹式绿地系统雨水流向图

边场地的竖向找坡或雨水管网将周边雨水导至浅凹湿地中，进行沉淀过滤。通过雨水渗透，能够去除径流中一定的悬浮颗粒、有机污染物，以及重金属离子、病原体等有害物质。再通过蓄水模块和雨水地埋一体机进一步进行过滤，使水质达到灌溉用水要求，通过灌溉系统将过滤后的雨水用于灌溉。再通过种植大量的湿生植物、水生植物，常绿与落叶相结合，营造出四季变化的湿地景象。下凹式绿地系统雨水流向图如图 3-170 所示。下凹式绿地系统施工实景图如图 3-171 所示。下凹式绿地系统施工后实景图如图 3-172 所示。

图 3-171　下凹式绿地系统施工实景图

图 3-172　下凹式绿地系统施工后实景图

3.18.4　建成效果

1）投资情况

根据项目概算，云锦路跑道公园项目总投资约 18 197 万元，其中下凹式绿地总造价约 252 万元。

2）整体成效

（1）地表径流快速消纳。初期弃流雨水通过在市政雨水口安装的截污弃流式雨水篦处理后直接排入市政雨水管网，中后期雨水通过人行道下敷设的管道排至下凹式绿地内，有效并快速地消纳地表径流，云锦路7个设施年径流总量控制率范围在91.5% ~ 99.6%。

（2）蓄水功能。可收集雨水面积1.46hm^2，蓄水总量约11 197m^3，有效地缓解了周边排水压力。收集的雨水还可以用于灌溉绿化，满足周边绿化种植灌溉的需求。

（3）水质净化。年径流污染控制率（以SS记）可达73.2%以上，具有良好的技术经济效益。

云锦路跑道公园海绵化改造把一条有近90年历史的机场跑道转变为当地居民及办公人群休闲放松的城市绿洲，在考虑滞留地表径流、处理水质和收集雨水等海绵功能以外，还通过高耐竹材制成的栈道穿行于本土湿地花丛中，使人们得以近距离欣赏花园中的植物、昆虫和鸟类。徐汇区云锦路跑道公园海绵化改造的完工让百姓切身体会到海绵城市建设带来的生活质量的提高。云锦路跑道公园海绵化改造后整体实景图如图3-173所示。

图3-173 云锦路跑道公园海绵化改造后整体实景图

3.19 徐汇区寿祥坊海绵小区改造

建设单位：上海建科工程改造技术有限公司
设计单位：上海新建设建筑设计有限公司
施工单位：上海汇成建设发展有限公司
指导单位及资料提供单位：徐汇区建设和管理委员会

3.19.1 基本情况

海绵社区是海绵建设的重要单元，寿祥坊海绵化改造工程位于桂林西街 111 弄，占地面积 40 874m²，建筑面积 86 923.45m²，绿地率 39.6%。寿祥坊南部存在直径约 53m、占地面积约 2 206m² 的中央集中绿地，如图 3-174 所示。

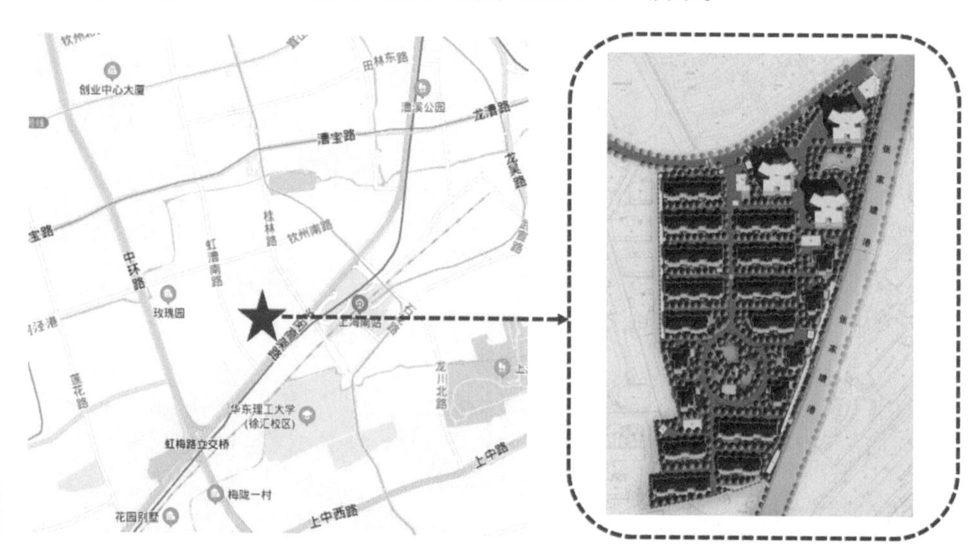

图 3-174 寿祥坊海绵化改造工程区位图

3.19.2 问题分析

本项目实施前后，通过深入现场走访、调研，同时结合大调研中反映的居民需求，综合得到寿祥坊存在的主要问题有：各支路雨水均汇集至中心绿地，且场地铺装大多年代久远、老化严重，雨天易积水，对居民的日常生活产生一定的影响。

3.19.3 海绵方案设计

1）总体方案设计

为解决集水终点单一、铺装老化严重、雨天易积水等问题，达到年径流总量控制率 80% 和年径流污染控制率 75% 的目标，本项目以中央集中绿地海绵化为改造核心，并辐射周边区域，通过新建各种类型的蓄水池达到调蓄雨量的作用。

中心广场处设置雨水调蓄池，可以汇集到周边区域的雨水，其服务的汇水区域对应的调蓄容积为 187.5m^3。由于其他区域没有条件设置集中式的雨水调蓄池，故采用体量较小的成品模块化雨水调蓄净化设施对径流雨水进行调控，总计提供 235.4m^3 调蓄容积，即可满足整个小区的年径流总量控制率指标。

2）海绵设施

目前常见的蓄水技术主要有蓄水池技术、雨水罐技术，本工程采用砂基蜂巢生态蓄水池（图 3-175）。该蓄水池由多个硅砂水井室有序排列，兼具储水、净水功能。蜂巢式造型，通过池底结构的多个方形开口，填充透气防渗砂，确保气体渗入的同时，防止雨水流出，以保持水池的有氧环境，并通过微孔隙像保护膜一样对雨水层层过滤，SS 去除率可达 95%。

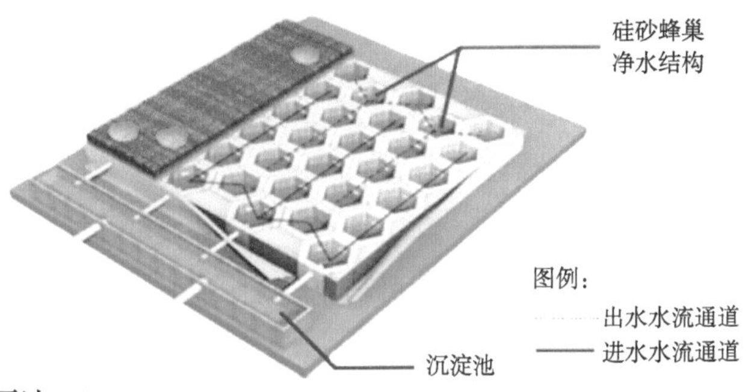

图 3-175　砂基蜂巢生态蓄水池

3.19.4　建成效果

1）投资情况

本项目总投资 148 万元，于 2021 年 4 月完工。

2）整体成效

寿祥坊海绵化改造工程主要利用中央绿地雨水、路面雨水、屋面雨水（“渗”与“滞”）汇集进入地下蓄水池（“蓄”）。蓄水池由硅砂透水砌块和硅砂滤水砌块组合建造，有物理净水、储水等功能，同时另有生物净化的能力（“净”）。雨水经蓄水池净化后可经泵提升用于绿化浇灌、道路冲洗、洗车（“用”），多余水量溢流至雨水管排放（“排”）。

蓄水池建于中央绿地下，不破坏地面景观，选择透水铺装材料，除实现截污、调蓄、净化、利用四位一体功能外，还美化了小区环境，满足了小区居民对公共空间的需求。

本项目工程渲染图及实景图如图 3-176、图 3-177 所示。

图 3-176　寿祥坊海绵化改造工程渲染图

图 3-177　寿祥坊海绵化改造工程实景图

3.20 徐汇康健街道 N05-10 地块商品住宅项目

建设单位：上海市筑堃房地产开发有限公司

设计单位：上海市政工程设计研究总院（集团）有限公司、广州怡境景观设计有限公司

施工单位：中天建设集团有限公司

指导单位及资料提供单位：上海市政工程设计研究院（集团）有限公司

3.20.1 基本情况

徐汇康健街道 N05-10 地块商品住宅项目位于上海市徐汇区，东靠虹漕南路，南侧为虹漕南路 158 弄小区内部道路，西侧为万象园小区，北至漕河泾港。用地面积 19 624.10m^2，总建筑面积 73 314.86m^2，建筑密度为 23.95%，绿地率为 35%。

3.20.2 问题与需求分析

该项目在建设前为居民住宅区，大部分区域为硬质路面，主要存在两个问题：

（1）场地径流系数高，外排雨水量大，增加市政排水管道负荷。

（2）本场地内铺装污染物负荷较高，对北侧漕河泾港水质影响较大。

鉴于以上原因，同时为了响应推进海绵城市建设政策，本项目实施海绵城市建设，以减少地面径流、增加场地内部蓄水能力、控制污染物外排。

3.20.3 海绵方案设计

1）总体方案设计

建筑与小区海绵城市建设作为源头减排的一种，主要从减少场地雨水外排出发，结合项目特征进行海绵设施的选择与设计。

一是下垫面优化，主要通过设置透水铺装形式实现。本项目设计在地面人行道和停车场区域设置透水铺装，不仅局部降低了径流系数，还起到了美化环境的作用。

二是合理布局调蓄设施，结合场地特色，减少雨水外排。设置雨水花园、下凹式绿地、浅层调蓄、植草沟等绿色设施，收集地面径流雨水。技术路线如图 3-178 所示。

结合场地布局、竖向和管网布置条件，共设置 6 个汇水分区，具体分区示意图如图 3-179 所示。

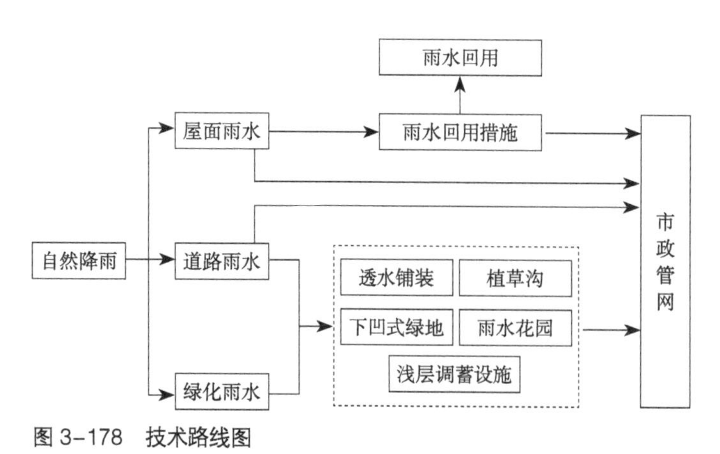

图 3-178 技术路线图

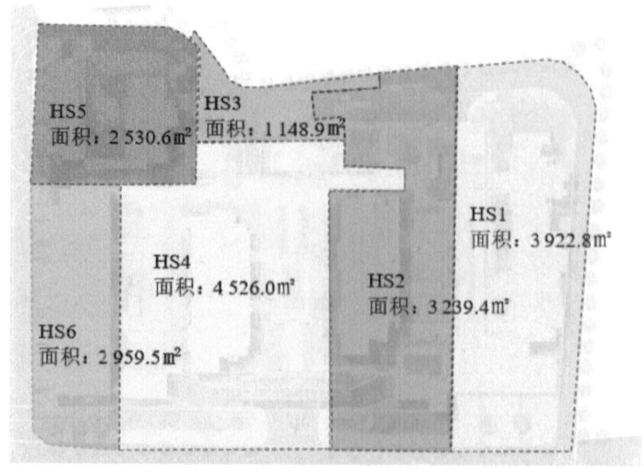

图 3-179 场地汇水分区示意图

2）海绵设施

结合场地特点，本项目设置的海绵设施有透水铺装、下凹式绿地、雨水花园、生态树池、生态停车位、缝隙式排水沟、浅层调蓄措施和砾石缓冲带。其中，透水铺装设置于停车位，下凹式绿地设置于正北侧绿地，雨水花园分别布置在南侧绿化内，生态树池分散设置于场地，砾石缓冲带接连排水沟后进入浅层调蓄设施，如图 3-180 所示。

（1）透水铺装。本项目透水铺装主要采用停车位植草砖。由透水面层、基层等构成的地面铺装结构，具有一定的储存和渗透雨水功能，可降低雨水径流外排量，同时可净化雨水。

（2）下凹式绿地。低于周边一定深度的绿地，可滞蓄雨水。本地块结合场地情况分散设置下凹式绿地（图 3-181）。

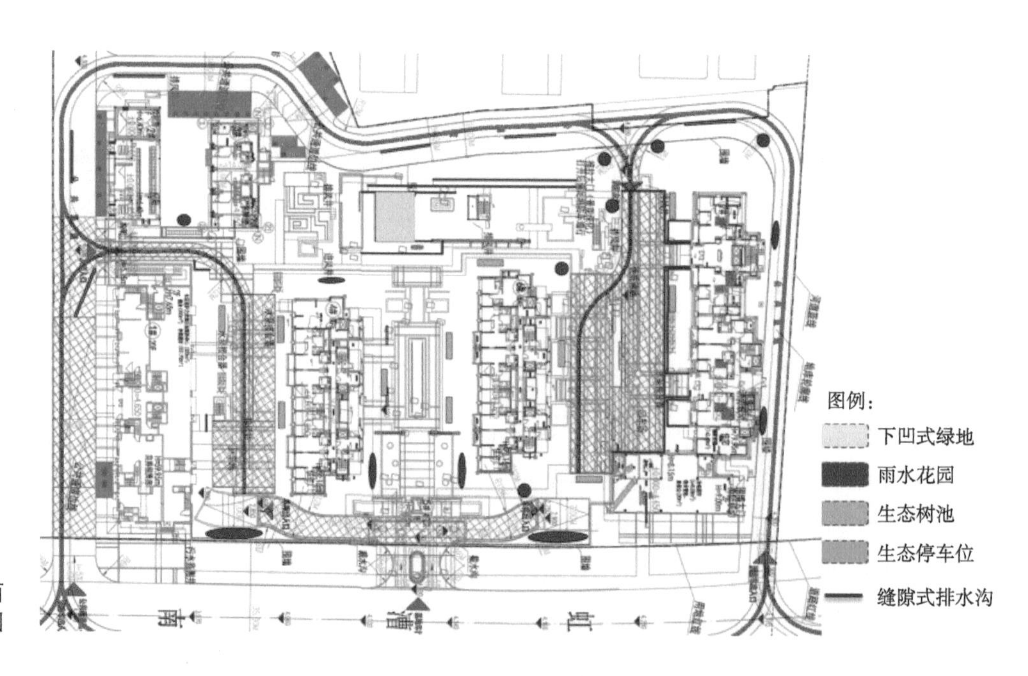

图 3-180 场地地面海绵设施布置示意图

图 3-181　下凹式绿地实景图

（3）雨水花园。人工或自然形成的浅凹式绿地，可用于收集周边雨水，能够暂时滞留雨水并利用土壤和植物净化，具有一定的滞蓄、净化和美学效果。本地块结合场地情况分散设置雨水花园（图 3-182）。

（4）生态树池。生态树池适用于道路两侧的树木改善利用，可以极大地增加调蓄能力，对景观影响较小（图 3-183）。

图 3-182　雨水花园实景图

图 3-183 生态树池实景图

（5）浅层调蓄设施。这需与环保雨水口联合布置，通过环保雨水口初步净化的雨水进入浅层调蓄设施，超过调蓄能力的雨水进入雨水管网（图 3-184）。

（6）缝隙式排水沟。雨水通过铺装缝隙进水口进入线性排水沟中，并在线性排水沟下方设置调蓄模块，控制道路雨水径流（图 3-185）。

图 3-184 雨水调蓄收集系统实景图

图 3-185 缝隙式排水沟实景图

3.20.4 建成效果

1）投资情况

海绵设施投资 85.32 万元。

2）整体成效

通过海绵城市建设，本地块实际可调蓄容积为 225.09m^3，年径流总量控制率满足设计目标 70%要求；面源污染控制率可达到 56%，满足指标 50%的要求。

本项目结合海绵式现代化研发园区理念设计，体现科技、生态、人文、和谐要求，具有环境优美、密度低、建筑尺度适宜、配套设施完善等特点，能充分满足中高端居民住宅需求。

3.21 长宁区生境公园系列

建设单位：上海市长宁区发展和改革委员会、上海市长宁区人民政府华阳路街道办事处
设计单位：上海四叶草堂
施工单位：上海新长宁集团绿化发展有限公司
指导单位及资料提供单位：长宁区建设和管理委员会

3.21.1 基本情况

上海市长宁区仙霞新村街道虹旭小区，始建于20世纪90年代，属于典型的老式公房小区。项目场地位于虹旭小区南侧边角地，空间较隐蔽，是小区拆违后得到的一块消极空间。本次建设的生境公园占地面积约450m²，项目区位如图3-186所示。

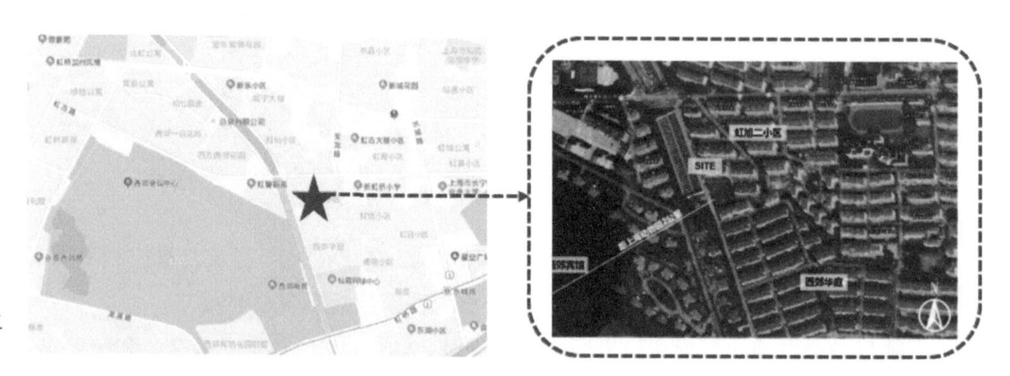

图3-186 长宁区生境公园区位图

3.21.2 问题分析

场地通过一狭长通道与社区连接，整体地块呈三角形，三面砌筑高墙，现状为水泥硬地。场地空间闲置多年，成为垃圾和杂物堆放点，是一处卫生死角。场地内部无排水管网，地面硬化后，雨水难以下渗，导致雨天积水频发，造成明显污染，生态环境较差。

3.21.3 海绵方案设计

1）总体方案设计

为改善居民居住环境，打造人文与生态结合的社区花园，本项目设计目标确定为“人工形态向自然原生的过渡”。注重场地自然条件的生态化改造的同时，更加重视居

民活动的需求，加大了居民活动的面积，将南侧小三角完全交还给自然，作为目标物种的栖息地或停留地。并利用透水路面、小型生物滞留池、雨水收集桶等海绵措施，在辅助景观建设的同时，实现一定的雨水调蓄功能，减少积水发生。长宁区生境公园整体布局如图 3-187 所示。

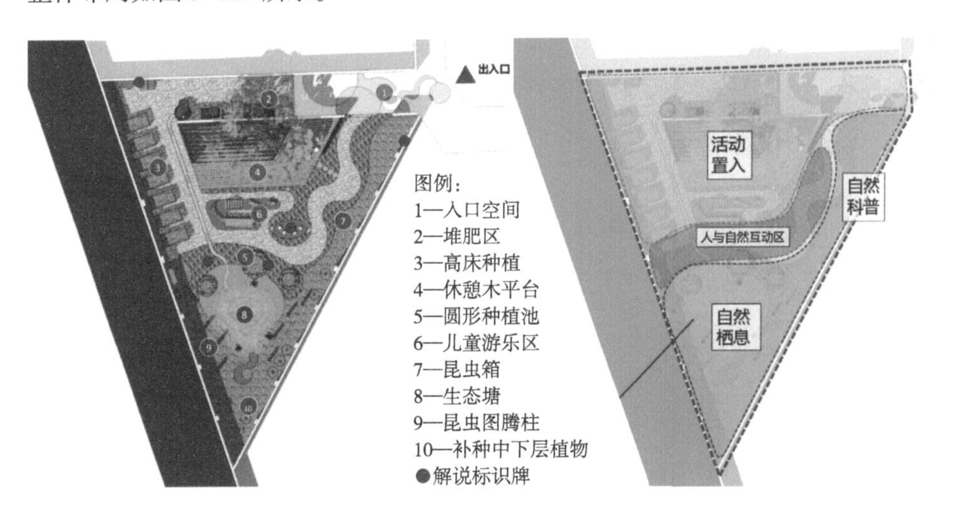

图 3-187　长宁区生境公园整体布局

2）海绵设施

（1）透水路面。本工程人行步道采用透水路面，以减少雨水径流量。某些区域使用松散材料铺地，用树皮、碎石和沙覆盖地面，满足人行的同时也让雨水留在场地内，如图 3-188 所示。

（2）生物滞留设施。生物滞留设施是一种高程低于周围路面的公共绿地，也称低势绿地，其内部植物以本土草本为主，如图 3-189 所示。

图 3-188　透水路面

图 3-189　生物滞留池

3.21.4　建成效果

1）投资情况

工程造价 40 万元，不包含活动及二类费用。

2）整体成效

海绵设施辅助建设的生境花园具有生态韧性、增加碳汇、健康疗愈、自然教育等多重功能，社区居民全程参与自然教育、方案设计、施工建设和后期维护，使社区居民养成健康的绿色生活方式。同时，生境花园也解决了小区内部分积水问题，建成后小区内的居住环境有了明显改善，得到了社区居民的大力认可。长宁区生境花园建成后实景如图 3-190 所示。

图 3-190 长宁区生境花园实景图

3.22　长宁区午潮港海绵改造工程

建设单位：上海市长宁区生态环境局
设计单位：上海市政工程设计研究总院（集团）有限公司
施工单位：上海瑞昆建设股份有限公司
指导单位及资料提供单位：长宁区建设和管理委员会

3.22.1　基本情况

午潮港位于上海市长宁区，河道东西走向，西连新开外环西河，东接新泾港，如图 3-191 所示。经过生态治理，河道两侧绿植密集；两岸砌石硬质护岸，河底碎石铺设。

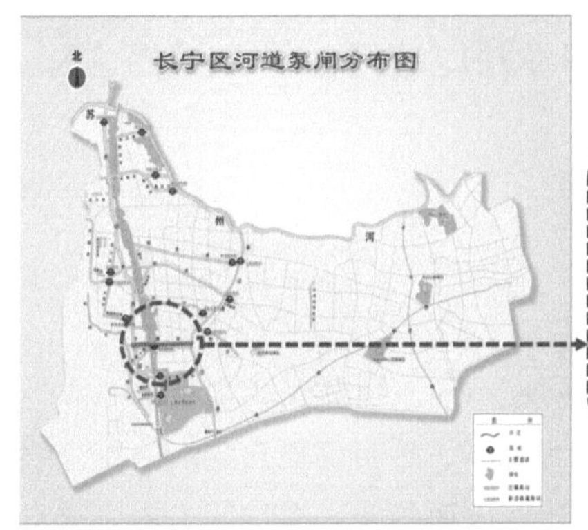

图 3-191　午潮港区位图

3.22.2　问题与需求分析

通过实地调研，发现午潮港存在如下问题：面源污染未得到有效控制，水质指标不稳定，感官透明度不高，泵站放江水质影响大等，如图 3-192 所示。

图 3-192　午潮港海绵工程改造前

3.22.3　海绵方案设计

1）总体方案设计

为解决面源污染、水质指标不稳定、感官透明度不高、泵站放江水质影响大等问题，实现初雨面源污染控制、水生植物覆盖率≥ 80%、透明度提升、水体可持续自净的目标，通过海绵城市改造及水生态系统优化两方面落实。通过设置彩色透水步道、雨水花园、旱溪等海绵设施对初期雨水进行净化处理。并延续中泾路—淞虹路河道段景观打造手法，呼应本段南侧秋色叶乔木较多的种植手法，对滨水绿化进行景观提升。

海绵城市改造位置分布图如图 3-193 所示，根据现状对午潮港北侧两段岸线进行海绵城市改造和景观提升。

图 3-193　海绵城市改造位置分布图

2）海绵设施

（1）彩色透水步道。设置彩色透水步道，加速初期雨水的渗透。

（2）雨水花园。利用雨水花园配合滨河樱花道的景观提升，美化道路的同时完成初期雨水调蓄作用。

3.22.4 建成效果

1）投资情况

本项目概算总投资 929.68 万元。

2）整体成效

午潮港的成功改造使其成为市民平日休闲健身的走道之一。彩色透水铺砖及小型海绵措施的运用，使河道两岸恢复生机，提高了河岸整体形象，如图 3-194 所示。同时对初期雨水有一定的蓄存及净化作用，一定程度上减轻了污染负荷。

图 3-194 午潮港改造后实景图

3.23 普陀桃浦科技智慧城

建设单位：上海桃浦智创城开发建设有限公司
设计单位：上海市城市建设设计研究总院（集团）有限公司
施工单位：上海市园林工程有限公司、上海普陀区园林建设综合开发有限公司
指导单位及资料提供单位：普陀区建设和管理委员会

3.23.1 基本情况

普陀桃浦科技智慧城作为上海市开展海绵城市建设试点的三大地区之一，是上海市今后一段时期着力规划建设的重点区域之一。桃浦科技智慧城规划范围北起沪嘉高速路，南至金昌路，西起外环线，东至南何支线，规划面积约 419.84hm^2。桃浦科技智慧城开展海绵城市的规划建设，对实现“产城深度融合、低碳绿色生态、城市设计人性化”的发展理念具有重要意义。

本项目位于桃浦科技智慧城的核心板块，如图 3-195 所示。场地分为南北两部分，沪嘉高速以南为 53.26hm^2，以北为 42.81hm^2，总面积为 96.07hm^2，是桃浦打造多元化都市宜居社区的重要组成要素。项目特色在于通过连通水系和地下排水管网，利用地势高低的自然差异，提升水泵和水质净化单元，形成有效的水体循环和水力调度，形成智慧城特色水景，带动周边水环境质量的提升。

图 3-195 桃浦科技智慧城海绵改造项目位置图

3.23.2 问题与需求分析

项目改造主要面临的挑战包括：土质的污染和改善，如垃圾堆放（图 3-196）、工业遗址和大片厂房（图 3-197）等问题；与区域水网的衔接和防洪；现状建筑的处理和再利用；绿地系统与海绵城市建设不匹配；没有考虑海绵建设要求，海绵消纳空间不平衡等。

图 3-196　垃圾堆放实景图

图 3-197　大片厂房实景图

3.23.3　海绵方案设计

1）总体方案设计

为解决上述问题，本项目采取的策略主要包括界定水域，连接现状水系；调节区域地表径流；形成连续绿地系统及修复区域生态等。

中央水面的设计必须和周边现状水系联系起来，在整体区域水系水质提高的前提下，引进周边水体形成动态循环，提升水环境。考虑旱季补水和雨季迅速泄洪两种工况，保证区域水资源和水安全，如图 3-198 ~ 图 3-200 所示。

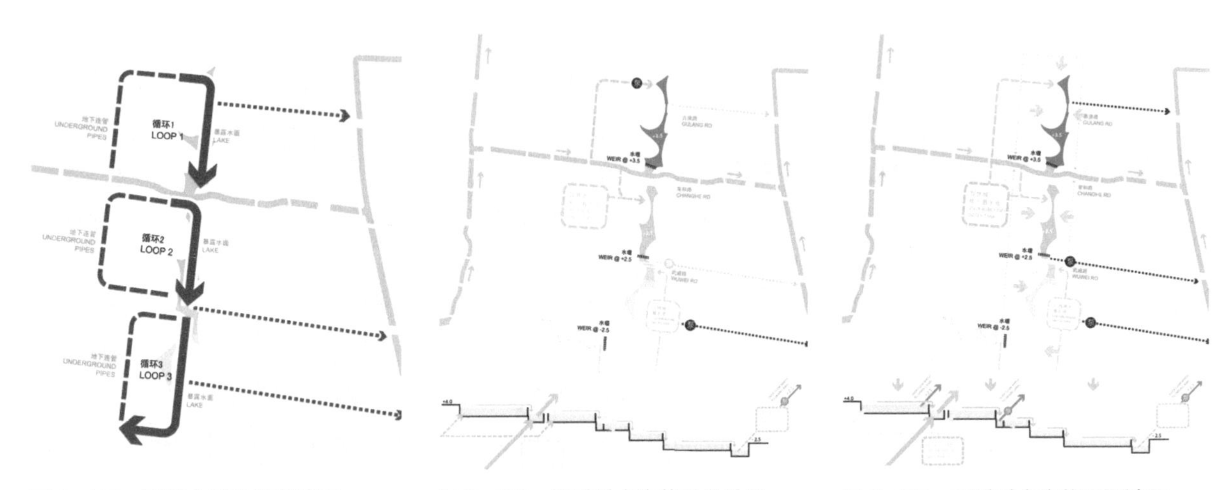

图 3-198　现状水系连接设计图　　图 3-199　旱季时水流状况设计图　　图 3-200　雨季时水流状况设计图

2）海绵设施

（1）透水铺装。作为海绵城市的最常见措施之一，可以设置多种形式，主要采用透水性良好的具有孔隙的材料铺设路面，雨水能够进入铺装面层结构内部，拦截地表水中的固体物质，通过具有储水能力的基层下渗到土基，使雨水还原于地下净化水质，能去除初期雨水中的 20% ~ 30% 污染物，有效地起到了净化地表径流和降低径流量的作用。

（2）生态护岸。生态护岸是指恢复生态功能后的自然河岸或具有自然河岸“可渗透性”的人工护岸。它拥有渗透性的自然河床与河岸基底、丰富的河流地貌，可以充分保证河岸与河流水体之间的水分交换和调节功能，同时具有一定的抗洪强度。此外，生态护岸的多孔透气性为多种水下生物提供了栖息与繁殖的条件，从而为人工营造岸边水体中的湿地水生植物群落、形成较为完善的河流生态系统建立良好的基础。本次项目用到的生态护岸形式包括种植岸线、台阶湿地岸线、木栈道岸线等。

（3）雨水调蓄池。本项目规划雨水调蓄池位于桃浦中央绿地绿化下方，调蓄池服务范围包括桃浦科技智慧城西块和东块雨水系统，服务面积约为 350hm^2。雨水调蓄池具有截污纳污的水质调蓄功能，初期雨水经截流以后，在晴天错峰排入景泰路的规划污水管道，最终进入污水处理厂。雨水调蓄池采用全地下设计，上部进行覆土绿化，并通过地形起伏的营造，充分融入中央绿地景观。

3.23.4 建成效果

本项目的建设使得桃浦科技智慧城具备了渗、滞、蓄、净等海绵功能，主要体现在以下几个方面：

1）雨水的总体调蓄

通过增加雨水调蓄池、湿地等，截流外水、蓄滞内水形成景观功能一体化，起到截污纳污的水质调蓄功能。

2）雨水的快速消纳

通过建设透水铺装，并对道路排水系统进行相应改造，通过渗、滞的作用进行雨水削峰减量，同时达到“净”的目的，使得“小雨不积水，大雨不内涝”。

3）提升整体生态环境

通过建设亲水性、有高低层次的生态驳岸，增大雨季时调蓄的空间，提高水体的净化能力。

桃浦科技城将自然途径与人工措施相结合，景观功能一体化。同时结合桃浦科技智慧城绿地率高的特点，充分发挥绿地系统“渗、滞、蓄”的功能，从而达到雨水源头“净”的目标。在确保排水防涝安全的前提下，最大限度地实现雨水的积存、渗透和净化，促进雨水资源的利用和生态环境保护。路面积水的消纳、整体水环境的提高、绿化的增加和热岛效应有所缓解等，都让附近居民切身地感受到了海绵城市建设对生活品质和质量的改善，如图 3-201 所示。

图 3-201 海绵建设后实景图

3.24　普陀新槎浦、中槎浦河道海绵改造

建设单位：上海市普陀区河道管理所
设计单位：上海市政工程设计研究总院（集团）有限公司
施工单位：浙江绿凯环保科技股份有限公司
指导单位及资料提供单位：普陀区建设和管理委员会

3.24.1　基本情况

普陀区位于上海中心城区西北部，是沪宁发展轴线的起点，也是上海连接长三角及内地的重要陆上门户和交通枢纽。本项目包含普陀区桃浦镇两条河道，分别为新槎浦、中槎浦，如图 3-202 所示。其中，普陀区新槎浦南起中槎浦，北至普陀界，河道长度为 3 200m，项目治理段长约 2 000m；普陀区界内中槎浦南起永汇新苑，沿金通路向北延伸，穿过白丽大桥、东风桥，北至沪嘉高速，河长为 2 971m，项目治理段长约 2 700m。

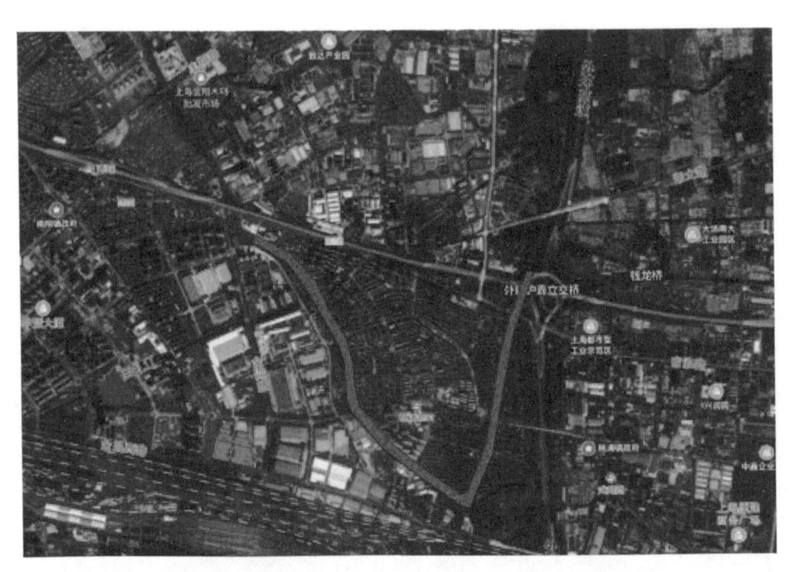

图 3-202　新槎浦、中槎浦区位图

3.24.2　问题分析

根据现场调研，本项目存在的问题主要包括：

（1）新槎浦、中槎浦两岸硬质化严重。

（2）新槎浦、中槎浦水质较差，为地表劣Ⅴ类，水体透明度低，感观效果差。

（3）河道内生物链不完整。

3.24.3　海绵方案设计

1）总体方案设计

为解决积水、漏水、渗水性不佳、景观单一和康体活动设施缺乏等问题，达到年径流总量控制率 80%（对应设计降雨量 26.7mm）和年径流污染控制率 50% 的目标，对中槎浦进行生态修复综合治理，以改善河道水体水质及河面景观，满足上海市水污染防治行动计划对普陀区水质考核要求，为将普陀建成宜居、宜创、宜业的具有丰富人文气息和自然景观的生态城区提供良好的水环境基础。水环境治理工程设计主要内容包括污染源生态拦截、底泥锁定、水生植物修复、水体高效复氧、生物流化床和土著微生物修复等。

2）海绵设施

（1）立体生态浮岛技术。立体生态浮岛技术将生态浮岛技术与微生物挂膜技术相结合，在生态浮岛下设置生物填料，综合考虑水质净化、景观提升与植物的气候适应性。水生植物能吸收水、底泥中氮、磷等营养元素，通过竞争途径抑制藻类的过度繁殖；其根系又可作为净水微生物培育床，形成庞大的生物群落，提高微生物对水质的净化作用，还能为浮游动物和鱼类提供栖息地，为水生动物生存、繁殖提供有利栖息场所，有利于增加生态系统生物量，提高生物多样性。并可让河道的食物链趋于完善，有利于物质与能力流动的正常运行。另外，还可有效去除水体中有机物、氮、磷等污染物。

生物脱氮主要包括微生物的硝化、反硝化作用。氨氮在生物接触氧化池中的去除可以分为生物膜吸附和生物硝化降解两个阶段。在较短的时间内，水中的氨氮先与生物膜接触并被其吸附，随后发生生物硝化过程。亚硝酸氮的去除主要是通过硝化菌的硝化作用完成的。

（2）生物流化床技术。通过向流化床中投加一定数量的悬浮载体，提高反应器中的生物量及生物种类，从而提高微生物的处理效率。由于填料密度接近于水，所以在曝气时，与水呈完全混合状态，微生物生长的环境为气、液、固三相。载体在水中的碰撞和剪切作用，使空气气泡更加细小，增加了氧气的利用率。另外，每个载体内外均具有不同的生物种类，内部生长一些厌氧菌或兼氧菌，外部为好养菌。这样每个载体都是一个微型反应器，使硝化反应和反硝化反应同时存在，从而提高了处理效果。

（3）微生物修复技术。微生物修复技术的核心是促进水环境中污染物降解功能微生物的生态活性，加快水体污染物的降解和转化。其主要采用促进、增强水体土著污染物降解功能微生物活性，提升水体自净能力。在开放水域区域生态治理的工程实践中，根据河道水质状况，在污染源拦截系统所形成的缓冲区域，定时定量向水体中投放促生剂，使污染水体中有益土著微生物维持较高的净化吸收污染活性，快速有效地达到最佳净水效果。促生剂是根据污染水体中微生物的生长特性，利用细胞工程学、微生物营养学和微生物反应工程学的最新研究成果，采用无机物、有机物和多重添加剂复配，利用超细粉碎技术和喷雾干燥技术，让添加剂充分吸附包裹在有机盐和无机盐上，形成一个有机组合的体系。该体系能促进微生物快速繁殖驯化，增加微生物种群数量，增强微生物活性和分解能力。同时能保持微生物种群系统的稳定和平衡，提高微生物对污染物的氧化分解能力。

（4）上游来水生态拦截技术。利用具有超强表面吸附性的纤维制成特殊的挂膜材料，将更多的有机污染物转移到挂膜材料表面，同时大量的微生物附着在挂膜材料表面。挂膜材料表层的微 A/O 环境及微孔结构，为硝化、反硝化细菌及藻类生长创造适宜的条件，最终通过藻类的代谢合成和各种菌类的氨化、硝化、反硝化作用吸附、拦截并去除水中的氮素污染，对有机污染物进行吸附、生物氧化，最终将有机物分解或转化成为微生物组分，从而净化水质。在挂膜材料水生态系统中，水体中的磷可通过微生物和水生植物吸收，以及微生物的矿化作用去除。对于污染悬浮物，挂膜材料能够营造平缓的水力环境，加速悬浮物沉淀，并在悬浮物与挂膜材料的碰撞中促使其充分沉降。最后，挂膜材料表面的生物絮凝作用使悬浮物被吸附，并随生物膜脱落降至水底。

3.24.4 建成效果

1）投资情况

本工程概算总投资 2 390.26 万元，其中建设工程费用 2 192.04 万元、工程建设其他费用 181.3 万元、预备费 71.2 万元。

2）整体成效

工程实施后，新槎浦水环境污染问题逐步得到改善，各环保考核监测断面均达到或优于地表Ⅴ类水，满足上海市水污染防治行动计划对普陀区的水质考核要求，如图 3-203 所示。工程同步对滨河生态景观进行了提升，为普陀建成宜居、宜创、宜业的生态城区提供了良好的水环境基础。2019 年，在市河长办、市文明办、市建设交通工作党委和上海水资源保护基金会等联合开展第二届“最美河道”系列创建评选活动中，经过自主推荐、实地走访、现场汇报、网络投票、专家评审和社会公示等程序，竞赛组委会对参评对象严格审查，层层筛选，新槎浦水环境整治工程成功入选“最佳河道整治成果”，充分肯定了其在“蓝天、碧水、净土”三大保卫战中的贡献。

图 3-203　普陀新槎浦、中槎浦河道实景图

3.25 虹口区忠烈小区

建设单位：上海远东城建技术发展有限公司
设计单位：上海申城建筑设计有限公司
施工单位：上海盛运建筑工程有限公司
指导单位及资料提供单位：虹口区建设和管理委员会

3.25.1 基本情况

忠烈小区位于场中路32弄，北沿场中路，西近南泗塘，总建筑面积3.64hm^2，共有20幢6层房屋，涉及居民696户，建造于20世纪80年代的小区，总建筑面积约3.64hm^2，如图3-204所示。由于建成时间较远，其具有老小区普遍存在的问题。因此，以“美丽家园”改造为契机，将该区作为虹口区首个海绵城市修缮改造老旧小区试点项目。

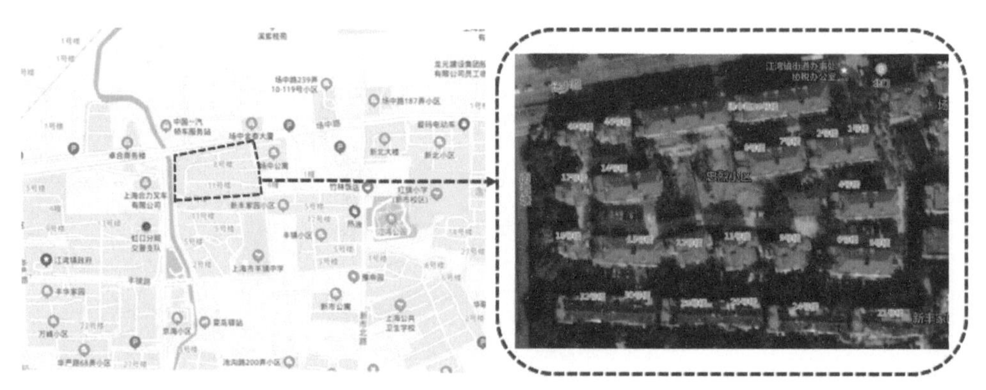

图3-204 忠烈小区海绵工程区位图

3.25.2 问题分析

改造项目坚持以问题为导向，通过现场调研等方式，发现忠烈小区存在的主要问题为：地下管网纵横错乱，雨水管、污水管错接和混接现象普遍；遇到下雨天，路面积水、地下管道“反水”时常发生等。

3.25.3 海绵方案设计

1）总体方案设计

为解决雨污水混接、积水、地下管道易“反水”等问题，达到年径流总量控制率55%、年径流污染控制率38%的目标，进行以下海绵化改造：将调蓄明沟、调蓄暗沟、调蓄净化设置、无动力缓释装置、自动排污装置等人工措施与植草沟、高位花坛、透水铺装、生态停车位、雨水花园等自然途径方式两者相结合，实现慢排缓释、源头分散的目的。并通过建设植草沟、高位花坛、雨水花园、部分停车位铺设彩色透水沥青等海绵措施达到景观环境提升的效果。

2）海绵设施

（1）在屋面雨水海绵化设计实施中，运用了高位雨水花坛、无动力缓释器、调蓄净化缓释设施、雨水花园、植草沟、调蓄明（暗）沟等技术设施和 4 种工艺组合方式。

① 工艺路线 A 采用散水沟上新增排水口 + 植草沟 + 雨水花园或落水管 + 雨水花园，即：屋面雨水通过雨落管排至雨水明沟，雨水明沟上新增排水口，通过植草沟导流排至雨水花园；或雨落管直接排至雨水花园。花园内控制消纳设计降雨量内的雨水，超出设计降雨量内的雨水溢流出水接入雨水井。

② 工艺路线 B 采用高位花坛，即：屋面雨水通过雨落管断接至高位花坛内，雨水经花坛砾石层及土壤层后进入穿孔管花坛内控制消纳设计降雨量内的雨水，超出设计降雨量的雨水溢流出水接入雨水井。

③ 工艺路线 C 采用配水溢流井 + 调蓄净化缓释设施，即：屋面雨水通过雨落管排至雨水明沟内、侧墙雨水通过侧墙流至雨水明沟内，通过明沟收集的雨水直接接入调蓄净化缓释设施或经由配水溢流井转接进入调蓄净化缓释设施，设计降雨量内的雨水水量储存在调蓄净化缓释设施内，储存的雨水通过无动力缓释器以均匀流速在 24h 内延时排出，超过设计值的雨水溢流至附近雨水井。

④ 工艺路线 D 采用散水沟上新增排水口 + 调蓄明（暗）沟，即：屋面雨水通过雨落管排至雨水明沟，雨水明沟上新增排水口至调蓄明（暗）沟，设计降雨量内的雨水水量储存在调蓄明（暗）沟，储存的雨水通过无动力缓释器以均匀流速在 24h 内延时排出，超过设计值的雨水溢流至附近雨水井。

（2）在小区道路路面、铺装及停车位雨水的海绵化设计实施中，选择了路沿石开孔平蓖式雨水口、调蓄明（暗）沟、雨水花园、配水溢流井、调蓄净化缓释设施、生物滞留设施等技术设施和 3 种工艺系统组合方式。

① 工艺路线 A 采用路沿石开孔 + 卵石缓冲带 + 雨水花园，即：小区道路、铺装、停车位雨水通过路沿石开孔，由卵石缓冲带引至雨水花园内控制消纳设计降雨量内的雨水，超标雨水溢流出水接入雨水井，如图 3-205 所示。

② 工艺路线 B 采用平蓖式雨水口 + 配水溢流井 + 调蓄净化缓释设施，即：道路、铺装及停车位雨水通过平蓖式雨水口接至配水溢流井进入调蓄净化缓释设施，设计降雨量内的雨水水量储存在调蓄净化缓释设施内，储存的雨水通过无动力缓释器以均匀流速在 24h 内延时排出，超过设计值雨水溢流至附近雨水井。

图 3-205　路沿石开孔 + 卵石缓冲带 + 雨水花园实景图

③ 工艺路线 C 采用路面径流 + 调蓄明（暗）沟，即：道路、铺装及停车位雨

图 3-206　路面径流排至调蓄明沟

图 3-207　透水停车位

水通过路面径流排至调蓄明（暗）沟，设计降雨量内的雨水水量储存在调蓄明（暗）沟，储存的雨水通过无动力缓释器以均匀流速在24h内延时排出，超过设计值雨水溢流至附近雨水井，如图3-206所示。

（3）透水停车位。透水停车位是通过透水混凝土使得雨水自然下渗。下渗的雨水，一部分直接渗透进入土壤；当雨量较大时，来不及渗入土壤的雨水将通过透水管流入就近的海绵设施或雨水井中，如图3-207所示。

3.25.4　建成效果

忠烈小区海绵城市项目在美丽家园建设、雨污分流建设中融入海绵城市建设理念，依托海绵城市中渗、滞、蓄、净、用、排等技术措施的运用，解决了“历史难题”的同时还添入了一抹“环保绿”，让老旧小区焕若新生，成为虹口区首个结合海绵城市修缮改造的老旧小区项目。“美丽家园 + 海绵城市”的有机结合，不仅大大改善了小区居住环境，还有效地将海绵城市的理念与效果传递给人民群众，提高了海绵城市的社会认可度。实景图如图3-208、图3-209所示。

图 3-208　忠烈小区实景图

图 3-209　雨水花园实景图

3.26 四川北路人行步道

建设单位：上海市虹口区市政和水务管理中心
设计单位：上海市政工程设计研究总院（集团）有限公司
施工单位：上海新虹口市政建设有限公司
指导单位及资料提供单位：虹口区建设和管理委员会

3.26.1 基本情况

四川北路公园占地 4.24hm^2，是一座开放式绿地，西起四川北路，东至东宝兴路，南接衡水路，北临邢家桥路，地处商业街繁华地段，内有中共四大会址、海派文化中心等重要场所，如图 3-210 所示。同时，这里还邻近轨道交通 10 号线四川北路站，周边商场、住宅小区较多，人流较为密集。晚饭后，周边的居民就会在此休息、娱乐。因此，四川北路公园是周边居民健身、休憩的主要场所。

此次虹口区环四川北路公园透水路面改造工程位于四川北路（衡水路—邢家桥南路）、邢家桥南路（四川北路—衡水路）、衡水路（邢家桥南路—四川北路）、虬江路（四川北路—邢家桥南路），是四川北路公园周边人行步道，正好将四川北路公园“包”在里面。

图 3-210 环四川北路公园整体实景图

3.26.2 海绵方案设计

采用生态透水混凝土铺装（图 3-211、图 3-212），在保证步道美观度、舒适性的同时，最大限度提升步道安全性和透水性，以及长期使用过程的低维护成本。

（1）邢家桥路（虬江路—邢家桥南路）、衡水路（邢家桥南路—衡水路—四川北路）为：15cm 彩色透水水泥混凝土 +20 ~ 25cm 级配碎石 + 素土夯实路基。

（2）四川北路（四川北路—衡水路）人行道为：10cm 彩色透水水泥混凝土 +25cm 级配碎石 + 素土夯实路基。

（3）邢家桥南路（虬江路—邢家桥南路）车道出路口为：18cm 彩色透水水泥混凝土 +25cm 级配碎石 + 素土夯实路基。

结合四川北路中共四大会址及海派文化的理念，采用红色之旅的设计理念，地面上绘制的各式图案，为都市市民在步道上行走增添了不少乐趣。

图 3-211　生态混凝土铺装施工实景图

图 3-212　生态混凝土铺装施工后实景图

3.26.3　建成效果

通过对虹口环四川北路公园的人行道生态透水混凝土铺装建设采用透水混凝土铺装，雨水落下后可以做到快速吸收下渗，不会产生积水，市民们不管在上面走路还是跑步，都能提升运动的舒适感。在保证步道美观度、舒适性的同时，最大限度提升步道安全性和透水性，可以实现“小雨不湿鞋，中雨不积水”的目标。同时地面上绘制的各式银杏图案，为市民在步道上行走增添了不少乐趣，让市民切身体会到海绵城市的建设给生活带来的便利，如图 3-213、图 3-214 所示。

图 3-213　生态透水混凝土铺装银杏图案实景图

图 3-214　环公园生态混凝土铺装实景图

3.27 虹湾绿地

建设单位：上海市虹口区绿化管理事务中心
设计单位：上海市园林设计院有限公司
施工单位：上海园林绿化建设有限公司
指导单位及资料提供单位：虹口区建设和管理委员会

3.27.1 基本情况

虹湾绿地位于上海市虹口区江湾社区地块规划安汾路南侧、规划水电路东侧。项目一期总面积为 16 351.4m^2，其中绿化种植面积 11 914.4m^2，道路广场面积 2 420m^2，景观水体面积 1 282m^2，建筑占地面积 316.11m^2，主要为茶室、公共厕所、工具间、门卫及结建单体等。电力附属用房占地面积 419m^2。

图 3-215 虹湾绿地项目位置图

本项目西侧为规划水电路，北侧为规划安汾路，东侧为斜塘河，有两条铁路线贯穿其中，分别为南何支线和吴厂线，如图 3-215 所示。建设地块内原为老旧厂房、民宅等建筑，现征地工作已完成，地块内所有建筑已全部拆除，目前暂用作临时停车和动迁苗木基地。场地地势平坦，景观营建的可塑性较强。总体上看，场地周边可利用的河道、铁路、碉堡等景观元素较为丰富，在发挥创意上有很大的潜力，有利于打造富有场地特征和魅力的社区绿地景观，提升地块的生态效益。

3.27.2 海绵方案设计

1）总体方案设计

本项目结合华严变电站建设同步规划，依据铁路、河道、水塘等场地特征进行设计定位，以绿化种植为主体，在生态优先原则的指导下，实现生态防护、休闲游憩、雨水收集、科普示范、公共服务、景观观赏等多功能的统一，体现现代节约型绿地的特征。虹湾绿地总平面图如图 3-216 所示。

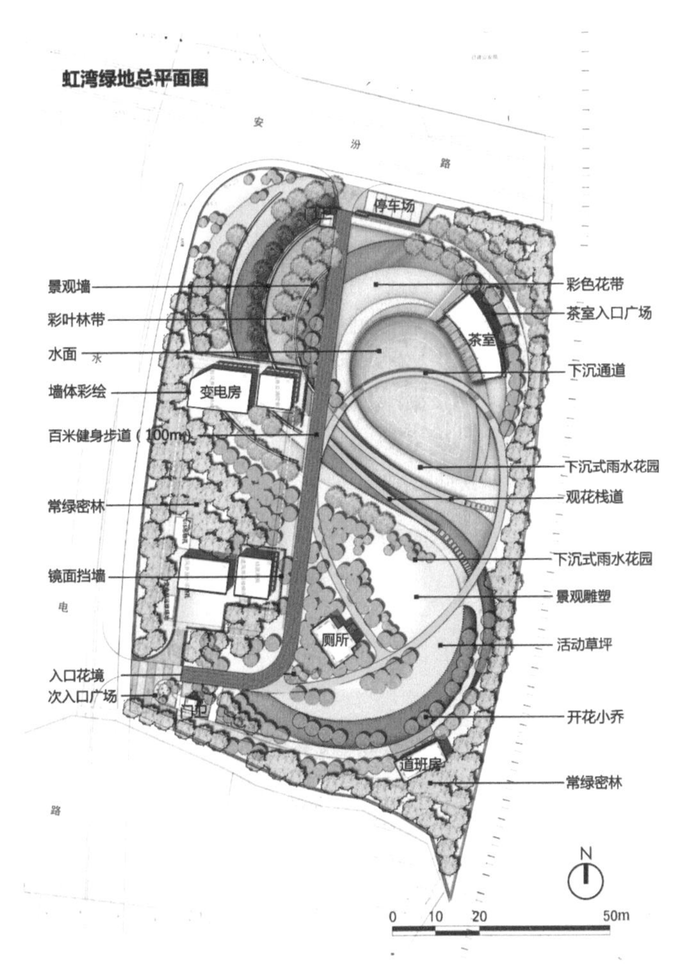

图 3-216　虹湾绿地总平面图

2）海绵设施

项目充分利用场地原有低洼地势形成的水塘，将其适当开挖塑形后形成景观水面，临水茶室及水上栈道的布设满足游人亲水活动的需求。同时，响应海绵城市建设理念，结合水面开挖，土方造型及驳岸设计因势利导，在水池一边就势设置旱溪、下沉式雨水花园（图 3-217），种植水生、湿生植物，承载周边汇水区雨水，就地自然蓄渗，充分发挥对雨水的净化、滞留作用，同时具有良好的科普示范效应。

（a）旱溪实景图

（b）雨水花园实景图

图 3-217　旱溪和雨水花园实景图

3.27.3 建成效果

1）投资情况

初步设计批复总投资 12 077.95 万元，其中绿化 1 729.7 万元，共建成绿地 16 351.4m^2。

2）整体成效

由于本项目施工时间较短，尚未开展基于海绵城市建设的定量化研究和数据比对，但根据实地调研，通过在水池一边就势设置下沉式雨水花园，种植水生、湿生植物，承载周边汇水区雨水，就地自然蓄渗，充分发挥其对雨水的净化、滞留作用，起到了良好的示范效果，如图 3-218 ~ 图 3-222 所示。其综合效益还有待进一步观察。

此外，本项目作为一个为周边社区居民服务的小型公园绿地，配备了完整的休憩服务设施。透水材料的使用、建筑的立体绿化、临水茶室的设置、亲水栈道的建设等，均给游人提供了亲水体验，深受周边居民的喜爱。

图 3-218 下沉式雨水花园施工实景图

图 3-219 下沉式雨水花园施工后实景图

图 3-220 中心湖水面施工实景图

图 3-221 中心湖水面施工后实景图

图 3-222 虹湾绿地海绵建设整体实景图

3.28　静安区苏河贯通长安路公共绿地项目

建设单位：上海市静安区绿化管理中心
设计单位：上海市政工程设计研究总院（集团）有限公司
施工单位：上海园林绿化有限公司
指导单位及资料提供单位：静安区建设和管理委员会

3.28.1　基本情况

苏河贯通长安路公共绿地项目位于上海市静安区长安路天目西路西南角。项目地块狭长，总长度约 212m，最宽处约 47m，用地面积约 4 159m²（表 3–8）。方案以行云流水的道路和草阶组成了富有丰富节奏和韵律的空间，同时也创造出舞动的多彩而丰富的空间形式。

表 3–8　项目基本信息

指　　标	合　　计
用地总面积 /m²	4 195
建筑占地面积 /m²	83.9
建筑密度	2%
绿地率	70.7%

3.28.2　问题分析

该项目在建设前建有临时工棚，大部分区域为硬质路面，如图 3–223 所示。其主要存在两个问题：

（1）靠近苏州河，改造前为硬质铺装，地表雨水径流量较大，增加市政排水管道负荷。

（2）北横通道上覆土较薄，仅 1.0 ~ 1.5m，不适合较多生态滞留设施，产生承重问题；避让北横通道上方区域。

鉴于以上原因，同时为了响应推进海绵城市建设政策，本项目实施海绵城市建设示范，以减少地面径流、控制污染物外排。

图 3-223 建设前场地状态

3.28.3 海绵方案设计

1）设计目标

根据《海绵城市建设技术指南——低影响开发雨水系统构建》《上海市海绵城市建设技术导则（试行）》相关指标要求，结合场地自身特点，最终确定本项目海绵建设目标如下：

（1）年径流总量控制率：85%。

（2）年径流污染物控制率：60%。

（3）雨水资源利用率：2%。

2）设计原则

海绵城市建设应遵循生态优先的原则，将自然途径与人工措施相结合，使地表水径流能够就地被过滤净化，而后将最少量的水导入城市排水系统中。本地块主要设计原则如下：

（1）优化下垫面，部分区域采用透水铺装等形式，降低场地径流系数。

（2）采用分散设置下凹式绿地、雨水花园等方式消纳设施周边雨水。

（3）结合公共空间，结合地形景观设计，进行海绵示范。

3）海绵设施

本项目设置海绵设施有透水铺装、植草沟旱溪、雨水花园等海绵设施，如图 3-224 所示。总设计调蓄容积为 37.3m³（表 3-9）。

表 3-9 不同下垫面调蓄情况

下垫面类型	面积 /m²	调蓄深度 /m	设计调蓄容积 /m³
透水铺装	1 117.36	—	—
植草沟旱溪	159.0	0.25	19.9
雨水花园	58.6	0.30	17.4
汇总			37.3

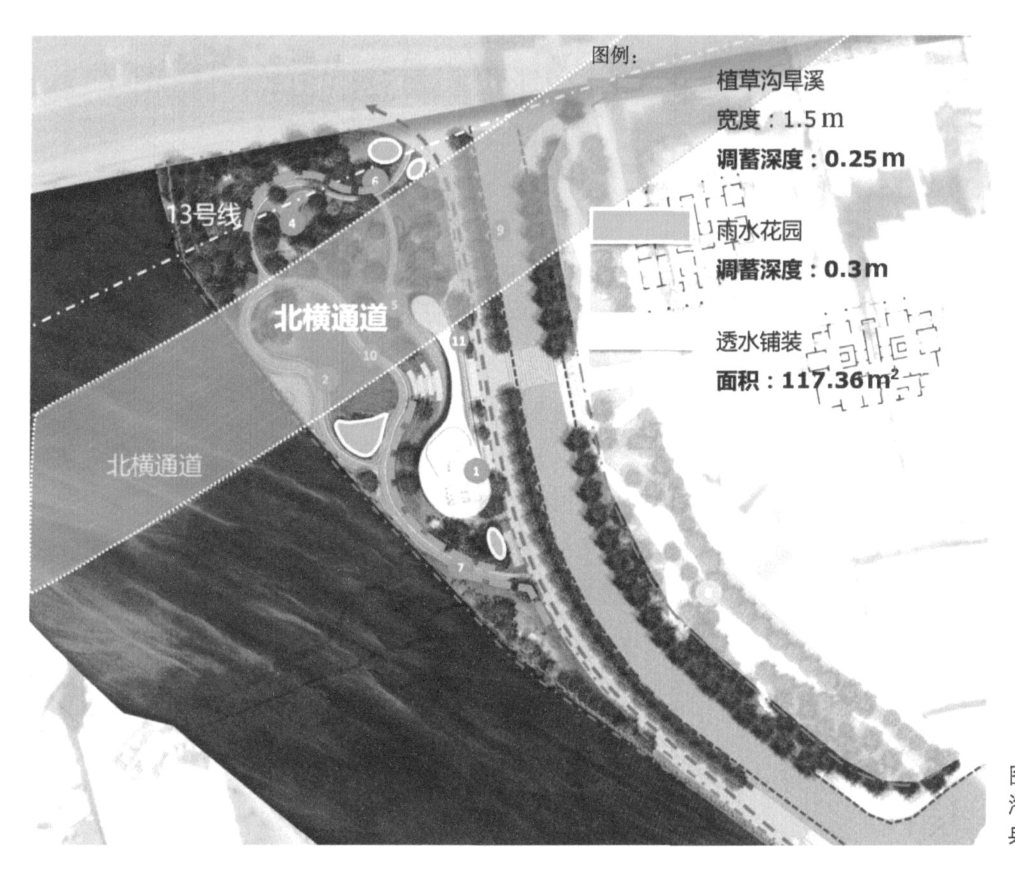

图 3-224　场地地面海绵设施布局示意图典型设施节点设计

（1）透水铺装。本地块主要采用人行道透水铺装。由透水面层、基层等构成的地面铺装结构，具有一定的储存和渗透雨水功能，可降低雨水径流外排量，同时有净化雨水效果。透水铺装实景图如图 3-225 所示。

（2）旱溪植草沟：可滞蓄雨水。针对园路、小广场产生的地表径流，旱溪植草沟布局在园路边侧。

（3）雨水花园。人工或自然形成的浅凹绿地，可用于收集周边雨水，能够暂时滞留雨水并利用土壤和植物净化，具有一定的滞蓄、净化和美学效果，如图 3-226 所示。针对园路、广场、自行车停车位产生的径流，雨水花园布局在北侧入口、自行车停车区域。

图 3-225　透水铺装实景图

图 3-226　雨水花园实景图

3.28.4 建成效果

1）投资情况

本工程造价共计 1 080.65 万元，其中海绵设施约 41 万元。

2）整体成效

通过海绵城市建设，本地块实际可调蓄容积 37.3m^3，年径流总量控制率约可达到 88%，满足设计目标 80%要求；面源污染控制率可达到 61.2%，满足指标 60%的要求。

本项目结合海绵理念设计，体现生态、人文、和谐要求，具有生态友好的特点，能充分满足公众亲水、活动空间的需求。

（1）海绵 + 地景。结合地形设计，设计植被缓冲、下凹花径。设计有趣的起伏景观，结合地形进行源头控制，不为了海绵而海绵，如图 3-227 所示。

（2）海绵 + 舒适。园路径流雨水的有效消纳，减少瞬时径流产生量，使游客体验海绵城市改造带来的舒适感，如图 3-228 和图 3-229 所示。

（3）海绵 + 互动。旱溪等节点设计，增加游客中小雨天气中行走的观察互动体验，如图 3-230 所示。

图 3-227 下凹式绿地实景图

图 3-228 现场实景图（一）

图 3-229 现场实景图（二）

图 3-230 现场实景图（三）

3.29 杨浦区滨江雨水湿地公园建设

建设单位：上海市杨浦区绿化和市容管理局
设计单位：上海市城市设计研究总院（集团）有限公司
施工单位：上海为林绿化景观有限公司
指导单位及资料提供单位：杨浦区建设和管理委员会

3.29.1 基本情况

杨浦滨江段的改造依托“国家创新型试点城区”优势，发挥创新资源丰富、知识人才集聚、工业遗存众多的特色，重点塑造科技商务、创意设计、特色金融、文化休闲为主导的地区功能，打造成为底蕴深厚、产业繁荣、人居和谐的滨水服务集聚带，实现从老工业区向现代服务业集聚区的转变。杨浦滨江的开发将使黄浦江发挥“知识经济”效应，焕发科技和创新活力，形成历史感、智慧型、生态性、生活化的滨江发展带。

“十二五”期间，杨浦滨江发展明确了“三段式”的发展目标，重点推进杨树浦路以南、秦皇岛路以东、定海路以西南段滨江地区的开发建设。建设内容为滨江公共空间和综合环境，包括所有的公共绿化、广场、道路、防汛墙、岸线、配套设施等。总工程范围面积约 2.7hm^2，基地岸线长约 493m，腹地最宽约 95m、最窄约 17m。南段滨江是现阶段杨浦区黄浦江两岸综合开发的重点地区，该段滨江区域的公共空间和综合环境建设已全面启动。

杨浦滨江示范段的雨水湿地公园海绵化改造主要位于生态湿地景观区，工程面积约为 0.8hm^2，高程最高 6.5m、最低 3.0m（图 3-231）。

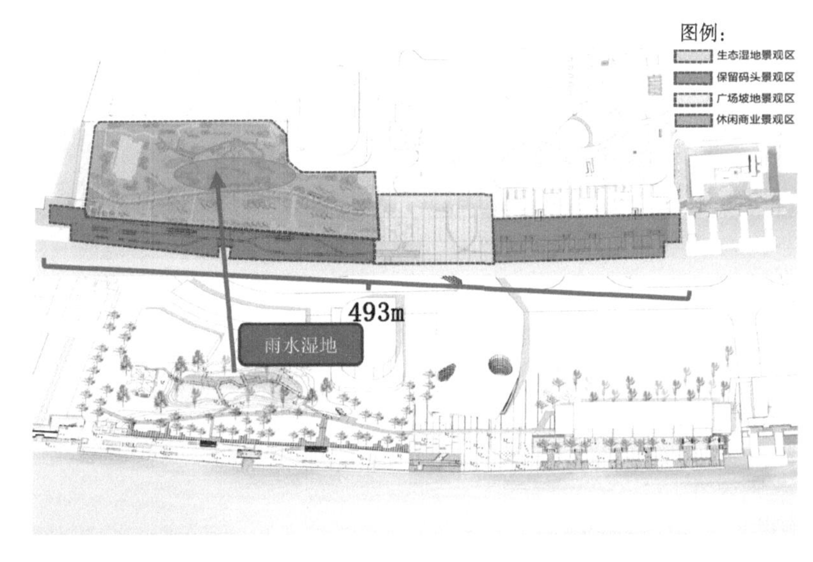

图 3-231 杨浦滨江示范段位置图

3.29.2 海绵方案设计

1）总体方案设计

本项目的雨水湿地公园设计主要运用海绵城市建设的渗、蓄、净、排方针。下雨时，雨水将汇集到雨水湿地公园内，被雨水湿地植被截流并储蓄，在净化之后再排入就近的市政雨水管，有效地避免了初期雨水污染，同时还减缓了径流峰值和峰值达到的时间（图 3-232）。

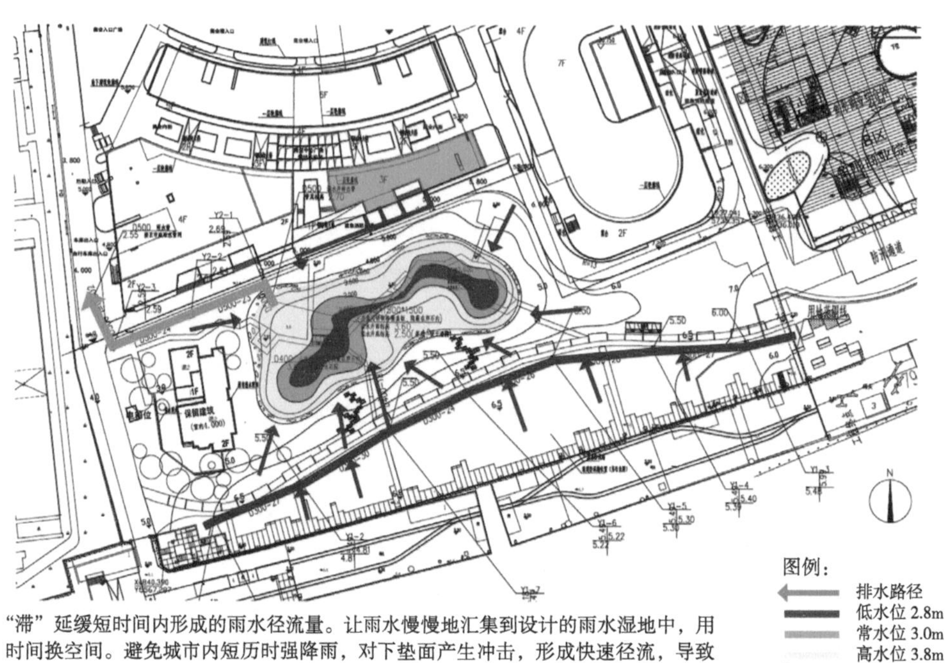

图 3-232　雨水湿地公园雨水径流图

“滞”延缓短时间内形成的雨水径流量。让雨水慢慢地汇集到设计的雨水湿地中，用时间换空间。避免城市内短历时强降雨，对下垫面产生冲击，形成快速径流，导致内涝，从而延缓形成径流的高峰

2）海绵设施

（1）雨水湿地。雨水湿地是将雨水进行沉淀、过滤、净化、调蓄的湿地系统，主要利用物理、水生植物及微生物等作用净化雨水。

依据现状的微地形，利用前置塘把雨水蓄起来，一方面用于浇灌，另一方面用于调蓄和错峰；多的雨水通过深沼泽区、浅沼泽区时下渗，通过土壤的渗透，以及植被、绿地系统、水体对水质进行净化作用，设置深井同地下水连通，并设置一组成品水净化器，将雨水净化处理后回用到绿地浇灌中，多出的水再排入就近市政管网中（图 3-233、图 3-234）。雨水湿地的建设有效地削减污染物，并具有一定的径流总量和峰值流量控制效果。

（2）透水铺装。透水铺装主要采用孔隙多的生态透水材料，使雨水快速渗入地下，减少地表径流，回补地下水（图 3-235）。

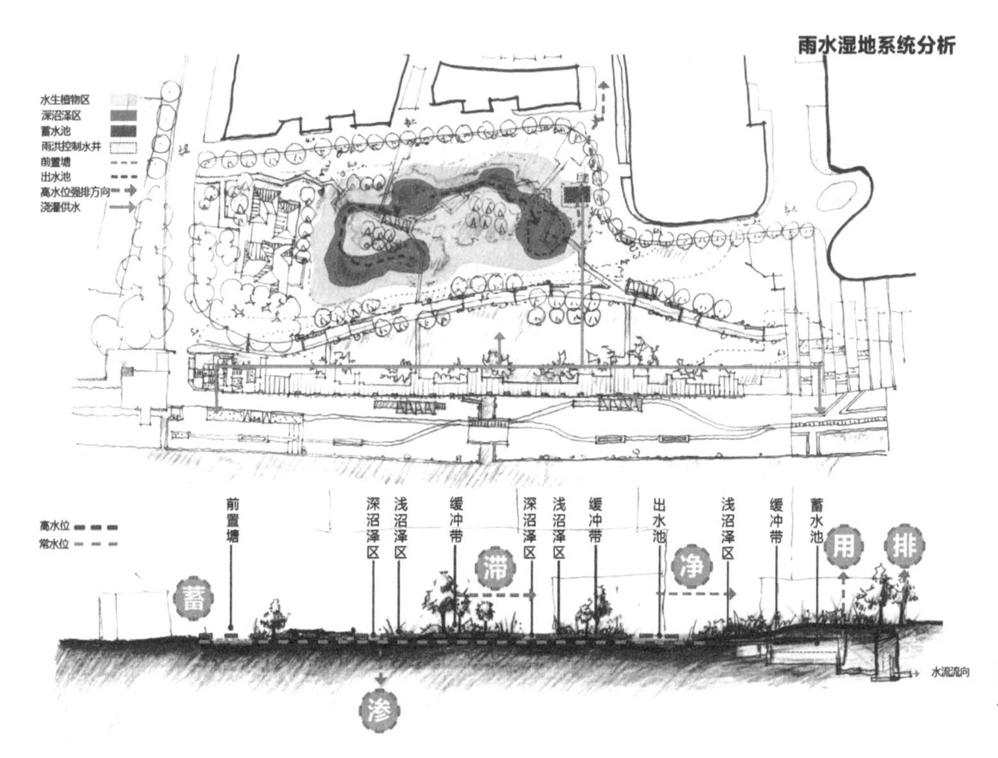

图 3-233　雨水湿地公园系统分析效果图

图 3-234　雨水湿地公园实景图

图 3-235 透水铺装改造前后对比图

3.29.3 建成效果

通过海绵化建设，杨浦滨江示范段具备了渗、滞、蓄、净、用、排的海绵功能。主要体现在：

（1）渗、滞、蓄：雨水进入雨水湿地公园内，其常水位为 2.50m，最高水位为 3.10m，可调蓄的雨水量约为 738m^3，可有效地渗透、滞留和收集雨水，使雨水就地消纳和吸收，合理控制雨水径流，实现“小雨不积水，大雨不内涝”。

（2）净、用、排：雨水通过雨水湿地内的植被、绿地系统和设置的成品水净化器净化。净化后的雨水用来灌溉整个示范段区域内绿化，多余的雨水将直接从市政管网排出，从而起到了保护场地水文现状、缓解内涝、调节微气候等作用。

通过在海绵化改造后的雨水湿地上建设栈桥，在水生的池杉林中形成盘绕漫游的路径，将晨练、晨读、聚会、休憩等功能同栈桥相复合，形成一座漂浮在湿地上的浮线公园，创造出背靠绿化、面江而坐的惬意情景，在打造特色景观的同时优化城市水文系统，让居民可以切身体会到：海绵城市建设可使居民的休闲游憩空间大幅增加，让城市变得更加生态宜居（图 3-236 ~ 图 3-238）。

图 3-236 雨水湿地公园实景图

图 3-237 雨水湿地公园栈道实景图

图 3-238　杨浦滨江海绵建设后整体实景图

3.30 杨树浦港滨河建设

建设单位：上海市杨浦区市政和水务管理事务中心
设计单位：上海市政工程设计研究总院（集团）有限公司
施工单位：上海市政工程设计研究总院（集团）有限公司
指导单位及资料提供单位：杨浦区建设和管理委员会

3.30.1 基本情况

本工程位于杨树浦港东侧周家嘴路（上海二钢厂厂区滨河范围），是“杨树浦港样板段周家嘴路—昆明路综合整治工程”系列改造项目之一，最初以提高沿河防汛墙的整体稳定性和挡御高潮位的能力提出改造需求，后定位全段海绵试点段，依据控规，贯彻海绵化设计理念河道蓝线后退，增加人工湿地，拓展滨河绿化面积 3 600m^2，实施总长度 199m，如图 3–239 所示。

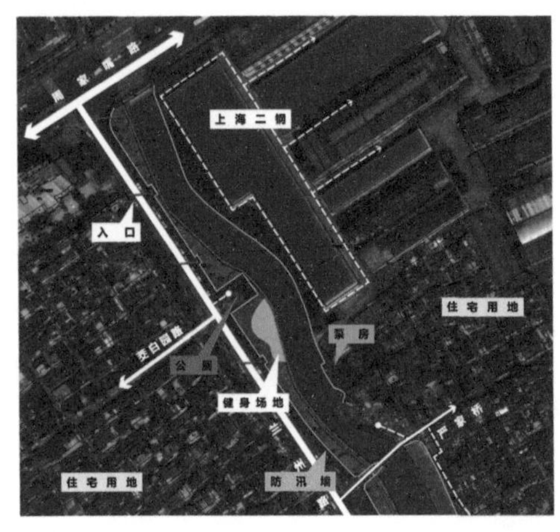

图 3–239 杨树浦港滨河绿地位置图

3.30.2 问题分析

区域存在的问题主要包括：雨水利用率低，厂区路面低于防汛墙高度 1.5m，大雨形成内涝，绿地荒废郁闭，临河不见河，滨水空间只能由厂区内部交通到达，景观效果较差。

3.30.3 海绵方案设计

1）总体方案设计

为解决上述问题，设计中采用植草沟收集并传输雨水及城市道路地表径流；雨水花园储存、沉淀、净化水体，最后经浅水湿地进一步净化，排入河道。杨树浦港滨河绿地设计图如图 3–240 所示。

（1）透水铺装改造。对原有不透水的道路、广场进行改造，使雨水可以经过路面立篦式雨水口进入流溢井，雨水进入调蓄池储存和净化，之后再缓缓排出、渗入地下。如果遇到雨量超过调蓄池设计标准，超标部分直接溢流至雨水井排出。

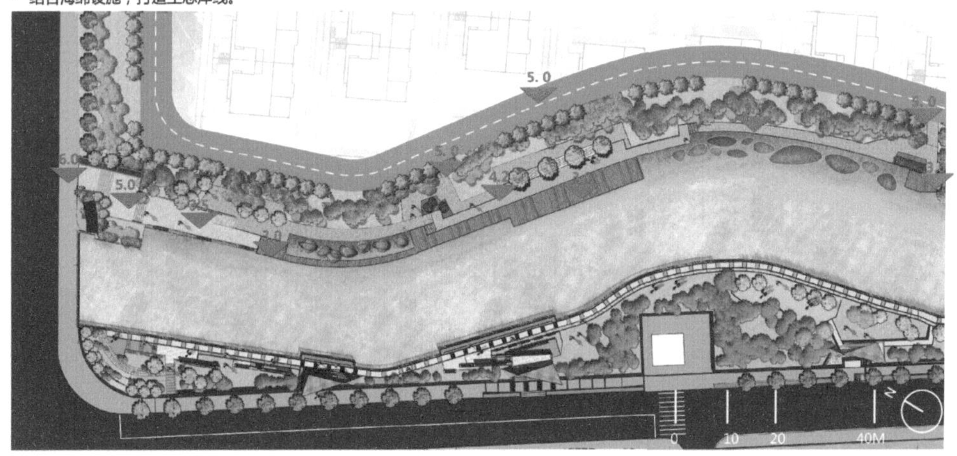

图 3-240　杨树浦港滨河绿地设计图

杨树浦港滨河绿地海绵化改造过程如图 3-241 所示。

图 3-241　杨树浦港滨河绿地海绵化改造图

（2）低影响开发措施应用。采用生态旱溪、雨水花园、调蓄净化缓释等海绵工艺，使雨水以径流形式进入旱溪、雨水花园、滨河浅水湿地、河道湿地排水沟后进入雨水花园，改变了过去雨水以漫流形式汇入路面的情况。

2）海绵设施

本项目中主要用到生态旱溪、透水铺装、雨水花园、人工浅水湿地（图 3-242、图 3-243）等海绵设施。

图 3-242　浅水湿地施工实景图

图 3-243　浅水湿地改造后实景图

3.30.4　建成效果

1）投资情况

杨树浦港滨河绿地改造工程项目面积 3 600hm^2，总造价 2 417.23 万元，其中海绵工程总造价 68.26 万元。

经过对比分析，杨树浦港上钢二厂滨河段改造项目中，海绵化改造共减少成本 80.3 万元，在整个项目造价中比普通改造节约 3.30%，具有很好的经济效益和景观效益。

2）整体成效

海绵化改造使临港口袋公园具备了净、蓄、滞、排等海绵功能。这显著体现在两大方面：

（1）径流雨水的有效消纳。调研中，施工完成后，场地经历多场暴雨，均未出现积水，场地雨水迅速渗透，经过旱溪植草沟过滤排入河中。

（2）污染物的达标处理。据现场目测，人工浅水湿地明显清澈见底，透明度高于主河道，浅水湿地植物长势良好且有昆虫和水禽栖息。

同时，通过建设滨河绿地解决了临河不见河、滨河不亲水、径流直排河道的问题。通过建设生态活动广场，解决了居民活动休闲问题。通过透水混凝土慢行跑道的建设让周边居民运动健身有了保障。通过浅水人工湿地进行景观打造，充分利用集中绿化，为居民休憩娱乐增添了滨河亲水空间，在内河水系辟出自然野趣的园地。景观提升后的杨树浦港成了居民们休闲娱乐的好去处，也改善了周边的生态环境，提升了排涝能力，使居民们实打实能看到海绵城市改造，也充分体现了“+ 海绵”的理念，如图 3-244 ~ 图 3-246 所示。

图 3-244　杨树浦港滨河绿地全景图

图 3-245　透水铺装改造后实景图

图 3-246　杨树浦港滨河绿地全景实景图

3.31 安浦路（广德路—双阳南路）道路

建设单位：上海杨树浦城市开发建设有限公司
设计单位：上海市政交通设计研究院有限公司
施工单位：上海建工七建集团有限公司
指导单位及资料提供单位：杨浦区建设和管理委员会

3.31.1 基本情况

杨浦滨江杨浦大桥以东 W5 地块是杨浦滨江工厂、港区最为集中、发展空间潜力最大的地区，是黄浦江两岸地区新一轮发展重要的战略空间，将成为杨浦滨江地区转型发展的主体功能区域。安浦路（广德路—双阳南路）道路新建工程地处 W5 地块，为杨浦大桥以东、贴近杨浦滨江公共开放空间的最南侧道路，西起规划广德路，东至双阳南路，如图 3-247 所示。

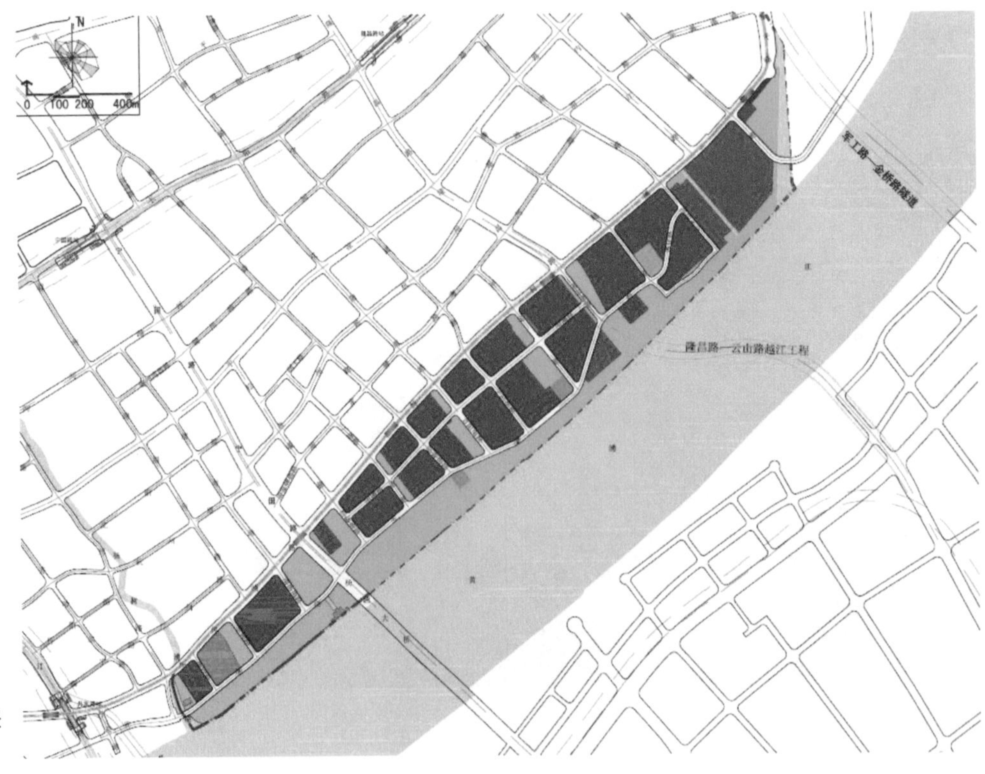

图 3-247 W5 地块用地区位图

3.31.2　问题与需求分析

通过对杨浦区现状情景下地块径流的模拟，年径流总量控制率约为48.3%，现状径流控制率较低。并且存在如下需求：最大限度发挥生态用地的生态服务功能；恢复河湖自然生态岸线，构建城市绿道体系；充分发挥自然生态系统对水的调蓄功能，解决积水点问题；削减城市点源和面源污染负荷；实现一定的雨水及再生水利用。

3.31.3　海绵方案设计

1）总体方案设计

为解决径流控制率较低、存在积水现象、河岸生态性被破坏等问题，完成年径流总量控制率达到68%（对应设计降雨量17.5mm）、年径流污染控制率大于50%的目标，该项目采用源头治理、过程治理和末端治理3种策略。源头治理主要为场地型绿色基础设施，主要指布置于规划地块内，具备生态型、柔性工程型特征，对降雨进行源头消减、缓释的设施。过程治理为市政排水系统优化提升改造。末端治理为除涝泵站等水利设施升级改造。

2）海绵设施

本工程在非机动车道采用透水面层及基层，人行道采用全透型铺装，以有效降低地表径流。慢行系统横坡坡向道路绿化带，径流雨水流入低影响开发地区。根据杨浦滨江地区对绿化景观要求较高的特性，为了在绿化带中种植较高的乔木及灌木，道路绿带下不设置溢流口。初期雨水通过透水面层下渗并滞留，同时慢行系统坡向绿化带，使部分径流有效蓄积，削减了地表径流，发挥了海绵的渗、滞和蓄的功能。

3.31.4　建成效果

1）投资情况

工程项目规模总投资为15 040.43万元，其中建安工程费用为2 442.91万元。

2）整体成效

建成效果图如图3-248所示。

图3-248　道路实景图

3.32 杨浦大桥公共空间与综合环境工程（一期）

建设单位：上海杨树浦城市开发建设有限公司
设计单位：同济大学建筑设计研究院（集团）有限公司
施工单位：上海建工二建集团有限公司
指导单位及资料提供单位：杨浦区建设和管理委员会

3.32.1 基本情况

杨浦大桥公共空间与综合环境工程位于杨浦区滨江南段区域，基地周边涉及宁国路轮渡站、四条城市道路、已建成的滨江步道及杨浦大桥。本项目为杨浦大桥公共空间与综合环境工程一期工程，为世界技能博物馆配套项目，一期开发实施地块为杨浦大桥西侧02I9-01（杨树浦路—渭南南路—宁国路—安浦路）、02I6-02（永安栈房西界—安浦路—宁国南路—黄浦江）两个地块，其他项目地块作为二期开发实施（图3-249）。

图3-249　场地现状图

3.32.2　问题分析

本项目的地势为中间高，四周较低，且四周地势都高于市政道路，因此不存在雨水倒灌的危险。不过由于本项目中下沉广场面积较大，且位于项目地势较低的位置，存在一定的积水内涝的风险。

3.32.3　海绵方案设计

1）总体方案设计

项目场地进行雨水专项规划设计，综合采用渗、滞、蓄、净、用、排等手段，通过设置透水铺装等加强地表入渗，降低地表径流；通过下凹式绿地等滞纳调蓄雨水径流；通过雨水回收利用等有效实施雨水的资源化利用；溢流雨水排至市政雨水管道，实施超标雨水的排放；通过场地竖向设计，合理引导道路雨水至雨水花园等生物滞留设施中，经滞纳、调蓄、净化处理后排至室外雨水管，有效控制雨水径流面源污染（图 3-250）。

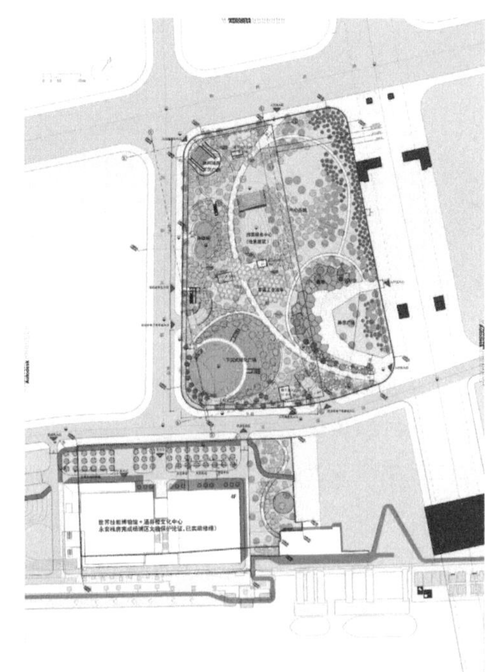

图 3-250　大桥公园总平面图

（1）以最大化遵照现状地貌为原则，紧密结合地形，通过尽可能小的破坏，最大程度地实现雨水的自然积存、自然渗透、自然净化的可持续水循环。

（2）从实际情况入手，在保证设计安全的前提下，将现状条件最大化利用，注重经济、实用。

（3）工程设施与景观设计相结合，在低影响开发的前提下，力求景观效果的进一步提升。

（4）注重资源节约，保护生态环境，因地制宜，经济适用，与各专业密切配合。

2）海绵设施

（1）透水铺装。机动车与非机动车停车处采用植草砖、透水砖等全透水型铺装与植草沟、雨水花园等结合的生态停车设计，降低硬化面径流量和径流污染；人行区域采用透水混凝土、透水砖等全透水型铺装，促进径流入渗；车行道采用透水沥青、透水混凝土等面层透水的半透水型铺装，在确保承载能力的同时降低表面径流（图 3-251）。全透水型铺装在透水基层中设置输水盲管以排出未能入渗的水量，就近接至雨水检查井。本项目设置透水型铺装面积共计约 3 143.36m^2，其中 02I9-01（北侧地块）设置 1 832.10m^2，02I9-02（南侧地块）设置 1 311.26m^2。

图 3-251　透水铺装实景图

（2）生态排水设施。结合用地性质，道路周边绿化设计植草沟、旱溪等，减少道路雨水口等灰色雨水设施，促进硬化面径流的自然渗透、自然净化，生态排水设施末端可接至雨水花园、下凹式绿地等生态蓄水设施中（图 3-252），使径流得以进一步入渗和进化。

图 3-252　下凹式绿地实景图

（3）生态蓄水设施。本项目道路广场径流通过开口路缘石或无路缘石的形式引流至附近的生态蓄水设施，结合景观效果在合适位置设置下凹式绿地等。02I9-02（南侧地块）设置生态蓄水设施面积约 950m^2，下凹深度 200mm，有效调蓄深度 150mm。

（4）雨水资源化利用。本项目收集安浦路北侧地块的场地径流，汇水区域面积约为 23 553m^2，经初期径流弃流和水质处理达标后回用于绿化浇灌、道路和车库地面冲洗。北侧地块设计雨水蓄水池容积约 150m^3，满足约 3 天回用水量的需求。

3.32.4 建成效果

1）投资情况

项目设计相关海绵设施主要包括雨水花园和溢流雨水口等。各设施单价按照《上海市海绵城市建设工程估算指标》取值，规模及总投资见表 3-10。总投资约 187.95 万元，包含人工费、材料费、机械费、综合费用等。

表 3-10 海绵设施系统投资估算表

项　目	数　量	单　价	总价 / 万元
下凹式绿地	950m^2	670 元 /m^2	63.65
透水铺装	3 143.36m^2	300 元 /m^2	94.30
雨水蓄水池	150m^3	2 000 元 /m^3	30.00
总计			187.95

2）整体成效

（1）改善人居环境，助力打造生态宜居城。海绵城市建设，对改善区域生态环境、提升居民舒适感具有重要作用。通过景观改造工程建设，改善了居民生活环境，扩大了休闲游乐空间，满足了日常休闲需求（图 3-253）。

（2）提升区域内涵，增强社会凝聚力。海绵城市建设是展现城市风貌、塑造城市形象的建设过程。通过海绵城市建设，塑造区域良好的绿色生态的形象，增强区域综合实力，提升区域内涵，社会对政府和城市环境状况的满意率将大幅度提高，形成强烈的自豪感和归属感，增强社会凝聚力。

图 3-253 杨浦大桥公共空间效果图

3.33 月浦排水系统工程

建设单位：上海市宝山区水务局
设计单位：上海市政工程设计研究总院（集团）有限公司
施工单位：上海宝冶集团有限公司
指导单位及资料提供单位：宝山区建设和管理委员会

3.33.1 基本情况

宝山区月浦城区排水系统工程位于月浦镇南部，服务范围东至江杨北路，南至郊环线（G1501 绕城高速）北侧道路红线，西至杨盛河，北至月罗公路，服务面积约 2.95km^2。本工程所处区域是宝山区地势最低洼的地区，如图 3-254 所示。

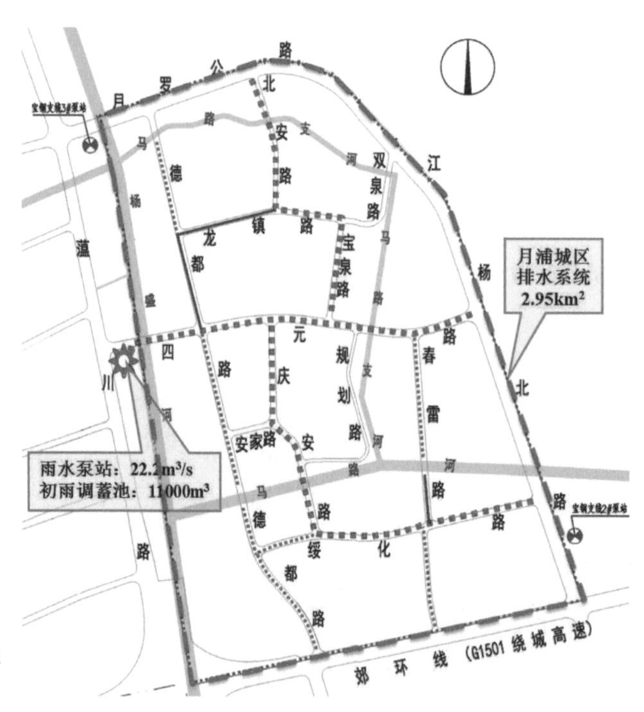

图 3-254 宝山区月浦城区排水系统工程区位图

3.33.2 问题分析

通过实地走访调研，得到本项目未建前存在的问题，主要包括：

（1）月浦城区现状雨水管网覆盖率高，但设计标准较低，且部分管道年久失修，雨水系统建设较凌乱、系统现状为自排。

（2）地区地势低洼暴雨时常积水，严重影响地区防汛安全（图 3-255）。

（a）四元路积水图

（b）龙镇路积水图

（c）春雷路积水图

（d）德都路积水图

（e）绥化路积水图

（f）庆安路积水图

图 3-255　月浦城区雨水积水现状图

3.33.3　海绵方案设计

1）总体方案设计

为解决暴雨时易积水等问题，实现设计重现期 P=3 年、综合径流系数 0.6、初期雨水截流标准 5mm 的总体目标，以及雨水泵站及初期雨水调蓄池区域，年径流总量控制率市政用地 75%、防护绿地 90% 和年径流污染控制率市政用地 50%、防护绿地 63% 的分目标，对月浦城区排水系统进行管道工程改造及泵站海绵工程建设。利用景观、园林等的绿地，通过置换土壤、植物搭配、水文水利设计，通过分散的、小规模的源头控制来达到对暴雨所产生的径流和污染的控制，实现区域内海绵工程建设。

2）海绵设施

在雨水泵站及初期雨水调蓄池建设中，结合地块地形特点及汇水特征分析，从功能性、经济性、适用性及景观效果角度出发，合理选用了以下主要海绵设施：

（1）植草沟。根据月浦城区道路及泵站内部竖向设计和汇水区划分，在道路及围墙边缘地势较平缓处设置植草沟，将收集到的雨水汇集至位于末端或低点的下部设施中。本工程设置植草沟 480m^3，具体做法如图 3-256 所示。

图 3-256　植草沟做法

（2）雨水花园。雨水花园指在地势较低的区域，通过植物、土壤和微生物系统蓄渗、净化径流雨水的设施。本工程设置雨水花园 480m^3，包括树皮覆盖层、换土层和砾石层等（图 3-257）。

（3）停车位透水铺装。泵站内停车位均采用透水铺装形式、透水铺装路面，可将地面积水渗透到地下补充地下水，或通过配套的管路系统收集雨水，需要时将蓄存的

图 3-257　雨水花园

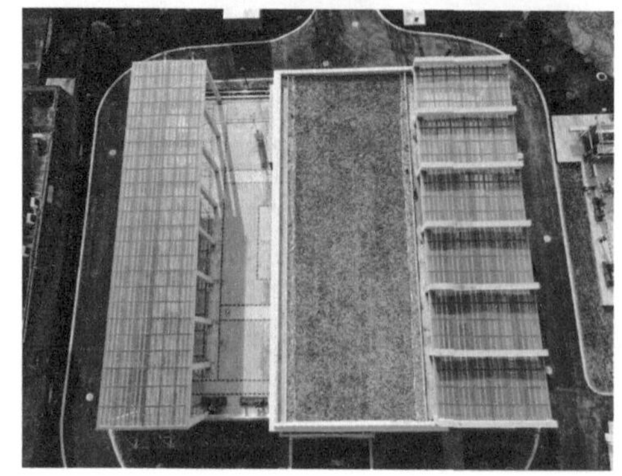

图 3-258　雨水泵站屋顶绿化示意图

雨水“释放”出来并加以利用，最大限度地实现雨水在城市区域的积存和渗透。本工程设置停车位透水铺装 $40m^2$。

（4）屋顶绿化。由于泵站内主要用地以构筑物池顶、建筑屋面、道路广场及绿化为主，因此，合理利用屋顶面积实施海绵建设，将底层花池、雨棚绿化与屋顶绿化配合运用，是优化绿化空间布局的方式（图 3-258）。本工程设置屋顶绿化的面积为 $536.74m^3$。

利用以上措施对泵站内部进行海绵布置，充分利用项目地块的自然资源，紧密结合景观设计、市政设计、绿色建筑设计等，实现雨水径流量减少、防洪排涝能力提高的目标。图 3-259 为泵站内海绵设施布置。

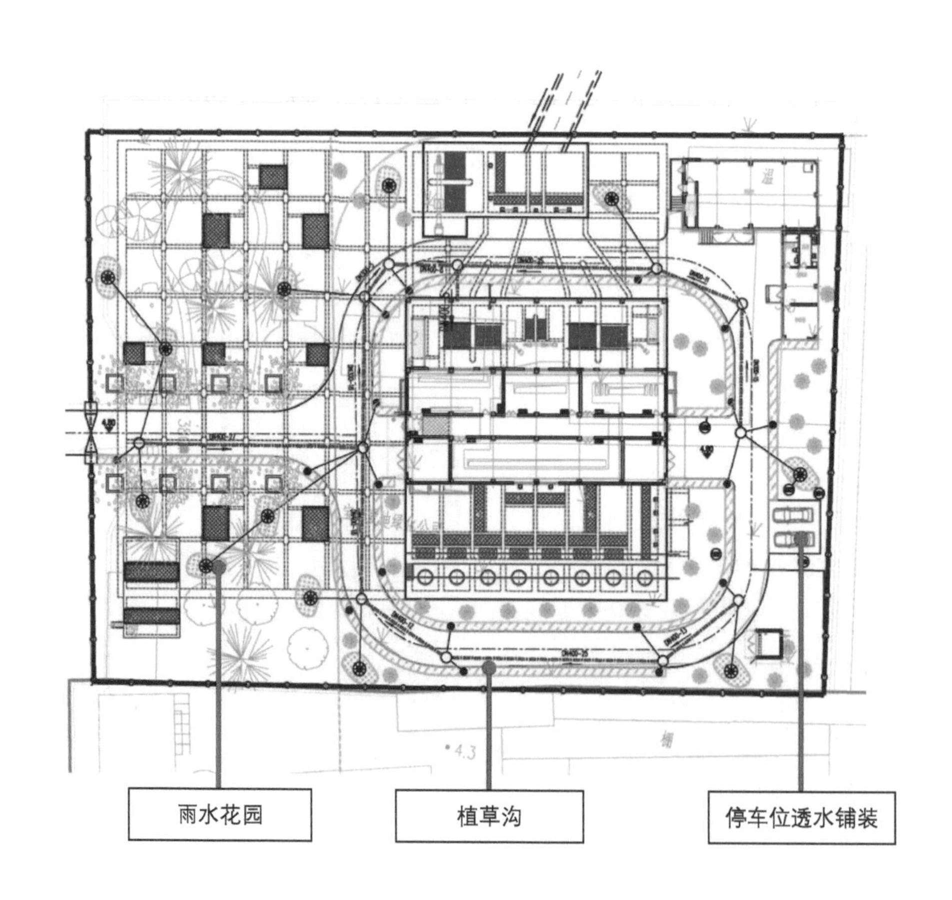

图 3-259　泵站海绵设施布置图

3.33.4　建成效果

1）投资情况

本工程总投资 103 401.15 万元，其中第一部分工程费 66 945.13 万元。

2）整体成效

本工程建成后，将月浦城区排水标准全面提高到 3 年一遇，同时对初期雨水进行了截流，截流量为 5mm，体现了良好的环境效益、社会效益和经济效益。

3.34 金罗店十条道路整治工程

建设单位：上海市宝山区交通建设管理中心
设计单位：上海市政工程设计有限公司
施工单位：中铁十八局集团第五工程有限公司
指导单位及资料提供单位：宝山区建设和管理委员会

3.34.1 基本情况

本工程位于上海市宝山区罗店镇，工程施工范围东起潘泾路、西至沪太公路，南起杨南路、北抵月罗公路所围成的金罗店范围内10条道路综合整治，分别是南北走向的抚远路、美月路、罗迎路、罗芬路和东西走向的美艾路、美兰湖路、美诺路、美丹路、罗迎支路、美丰路，服务面积6.8km^2（图3-260）。。其中抚远路以东的3.4km^{2}为片林，水面率达30%以上，排涝与嘉宝北片统一，地表雨水坡面漫流入河（湖），以自然排水为主。抚远路以西3.4km^{2}主要为行政、公建、居住用地。

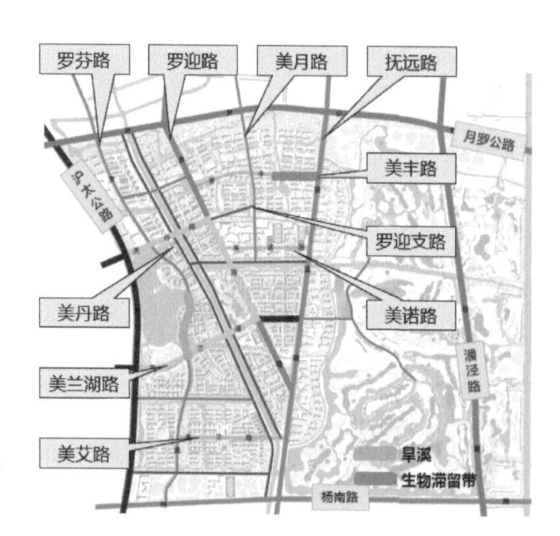

图3-260　道路分布图

3.34.2 问题与需求分析

区域现状雨水管道存在移位、脱落、破碎及排放口堵塞现象，但汛期积水点不多，主要集中在抚远路（马路河—美艾路）、美兰湖路（高尔夫酒店—抚远路）及罗迎路（美兰湖路—抚远路）3段，主要是因为排放口堵塞及抚远路（马路河—美兰湖路段及罗迎路—美艾路段）雨水排水流向不合理。

受工程投资限制，本次整治仅对区域不能满足现行排水需求、破损率较高且现状积水严重路段雨水管道进行改建，最大限度保留利用现状排水管道，同时结合海绵化改造对道路雨水收集系统进行全面改建。

3.34.3 海绵方案设计

1）设计目标

通过 10 条市政道路海绵城市改造，将整个片区年径流总量控制率由 67.8% 提高至 70%，完成规划目标，同时保证区域内雨水排放顺畅。

2）设计原则

（1）城市道路应在满足道路基本功能的前提下达到相关规划提出的低影响开发控制目标与指标的要求，满足水生态、水环境、水安全的相关要求。

（2）依据道路总体设计方案和片区规划，结合周边地块特点，选择合理的低影响开发雨水系统实施方式，尽量减少对已有设施的大变动，以很少的投入达到最大的效果，减少对交通及周边环境的影响。

（3）在同等条件下，应优先选择管理和维护次数较少、维护简单、成本低的设施，设施内植物宜根据水分条件、径流雨水水质等选择耐盐、耐淹、耐污等能力较强的乡土植物。

（4）道路红线内外的设施建设应互相结合，道路实施时应做好周边设施的预留及后续的衔接。

3）海绵设施

根据上海临港海绵城市试点区芦茂路、江山路、宜浩佳园、环湖景观带等项目中的实施经验，结合本工程抚远路、罗迎路、美兰湖路、美丹路道路整治方案为压缩中央分隔带，拓宽车行道；抚远路和美兰湖路沿线有现状电力管线且不允许开挖；以及道路沿线周边用地限制等制约因素，本工程 10 条道路均采用人行道透水铺装和海绵调蓄缓释模块，结合道路沿线用地情况，罗芬路西侧设置旱溪，美丰路北侧局部设置生物滞留设施。

（1）罗芬路旱溪。罗芬路西侧旱溪设计宽度为 1.5m，旱溪调蓄深度为 20cm，车行道雨水先进入人行道下方溢流式雨水口，通过溢流式雨水口箱体一侧排水方管流入旱溪，在旱溪内调蓄净化。当旱溪调蓄深度达到 20cm 时，车行道余下雨水则通过溢流式雨水口中间的条形框溢流至雨水口底部，最终通过雨水连管进入市政雨水管道。溢流式雨水口内装设有截污挂篮，可有效截流树叶、塑料袋等较大污物。罗芬路旱溪剖面图和建成实景图如图 3-261、图 3-262 所示。

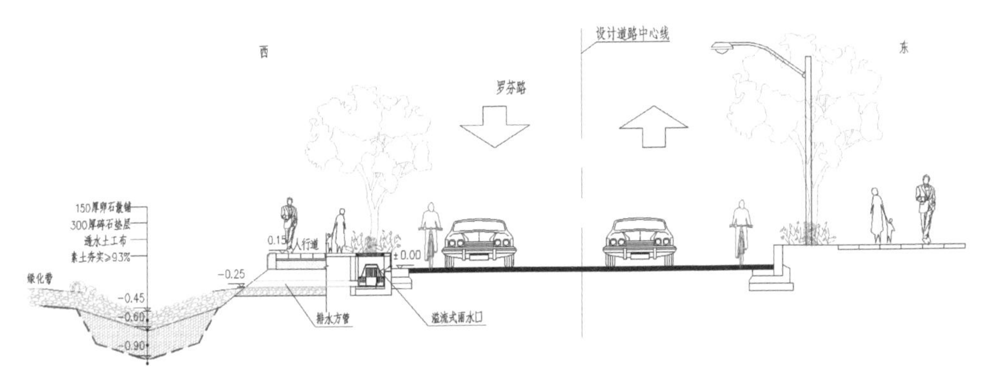

图 3-261 罗芬路旱溪剖面图

图 3-262　罗芬路旱溪建成实景图

（2）美丰路生物滞留带。美丰路北侧绿地局部布置有生物滞留带。生物滞留带面积 18m^2。生物滞留带溢流式雨水口进水原理同旱溪，雨水进入生物滞留带内进行调蓄，通过土壤吸附、植物根系吸收净化。美丰路生物滞留带剖面图和建成实景图如图 3-263、图 3-264 所示。

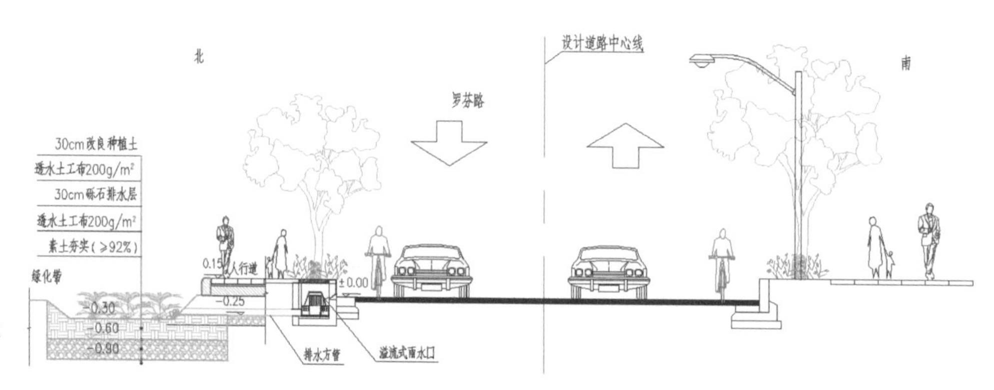

图 3-263　美丰路生物滞留带剖面图

图 3-264　美丰路生物滞留带建成实景图

3.34.4　建成效果

1）投资情况

工程项目投资规模为 15 265.55 万元，其中海绵工程费为 4 749 万元。

2）整体成效

工程建成后，整个片区年径流总量控制率提高至 70.24%，具有以下显著效果：

（1）通过海绵设施调蓄，削减暴雨期间的雨水洪峰流量，有效减少路面积水状况（图 3-265）。

（2）通过海绵设施调蓄，减少雨水年外排量，具有一定的节水效益（图 3-266）。

（3）初期雨水冲刷路面导致面源污染，雨水径流可通过海绵设施净化后再排入管网中从而降低污染，有效减少初期径流对周边水体的污染。

图 3-265　美兰湖路改造前后积水情况对比图

图 3-266　罗芬路旱溪雨中和雨后进水调蓄图

3.35 漕河泾科技绿洲四期项目

建设单位：上海漕河泾开发区高科技园发展有限公司
海绵设计单位：上海中森建筑与工程设计顾问有限公司
景观设计单位：上海天华建筑设计有限公司
施工单位：舜元建设（集团）有限公司、上海建工五建集团有限公司
指导单位及资料提供单位：闵行区建设和管理委员会

3.35.1 基本情况

漕河泾科技绿洲四期项目位于上海市闵行区，北临田林路，西侧、南侧为规划园区道路，东靠莲花路，如图 3-267 所示。本项目用地面积 82 342m^2，总建筑面积 173 063.74m^2，绿地率 30%。

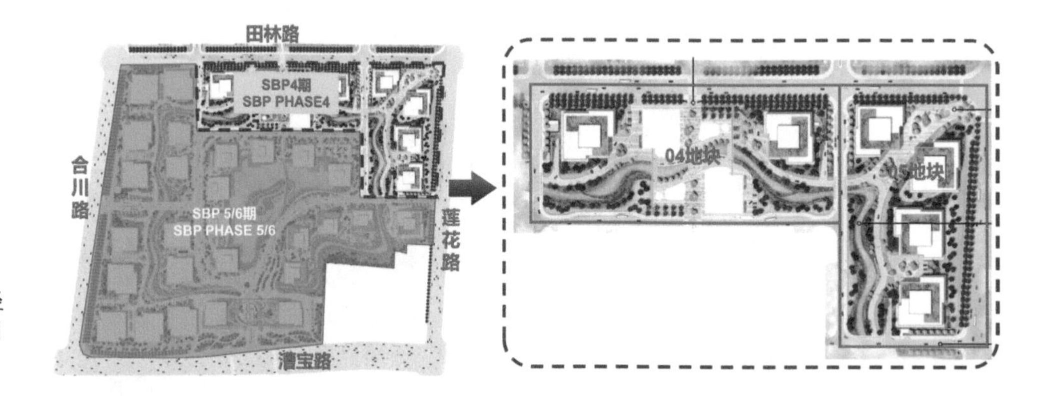

图 3-267 漕河泾科技绿洲四期项目区位图

3.35.2 问题分析

该项目在建设前主要为停车场，大部分区域为硬质路面，主要存在两个问题：

（1）场地径流系数高，外排雨水量大，增加市政排水管道负荷；

（2）停车场等区域铺装污染物负荷较高，对河道水质影响较大。

鉴于以上原因，同时为了响应推进海绵城市建设的政策，本项目实施海绵城市建设，以减少地面径流、提高场地内部蓄水能力、控制污染物外排。

3.35.3 海绵方案设计

1）总体方案设计

为解决场地径流系数高、铺装污染物负荷高等问题，达到年径流量控制率 80%、

年径流污染控制率 60% 的目标，进行以下海绵化改造：

（1）优化下垫面，部分区域采用透水铺装、绿色屋顶等形式，降低场地径流系数。

（2）采用分散设置下凹式绿地、雨水花园等方式消纳设施周边雨水。

（3）充分结合场地内部河道，采用河道蓄水，调蓄场地雨水。

（4）采用生态自净、高效净化设备辅助净化河道水质。

场地地面海绵设施布局如图 3–268 所示。

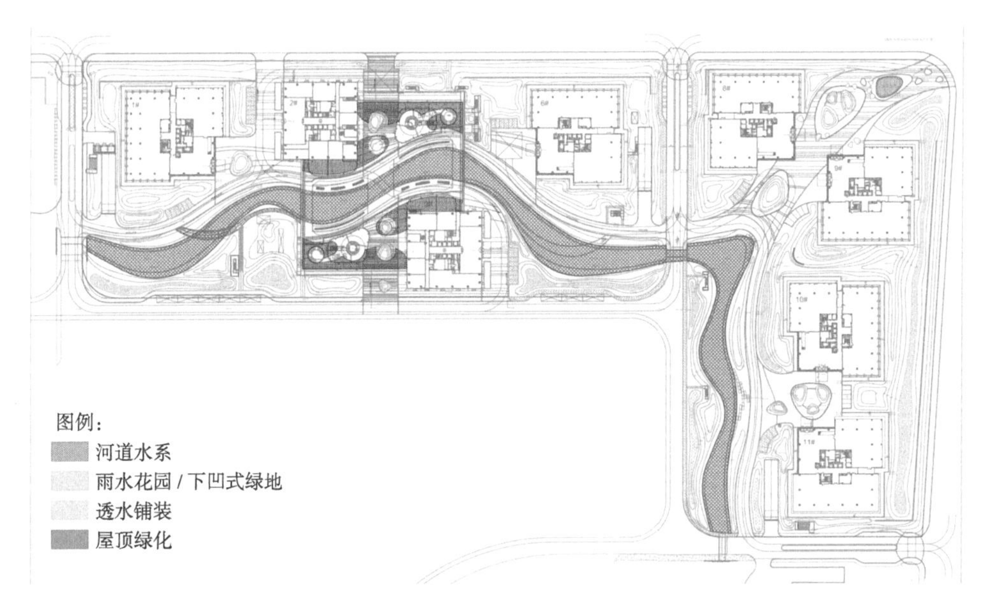

图 3–268　场地地面海绵设施布局示意图

2）海绵设施

结合场地特点，本项目设置绿色屋顶、透水铺装、下凹式绿地、雨水花园及水系调蓄与处理等设施。

（1）绿色屋顶。于屋顶、露台顶种植植物，可吸收一定的降雨，减少屋面降雨径流和径流污染负荷。本项目在裙房屋面设置绿色屋顶（图 3–269）。

图 3–269　屋顶绿化实景图

（2）透水铺装。由透水面层、基层等构成的地面铺装结构，具有一定的储存和渗透雨水功能，可降低雨水径流外排量，同时有净化雨水效果。本地块主要采用人行道透水砖和停车位植草砖（图 3–270）。

图 3-270 透水铺装实景图

（3）下凹式绿地。低于周边一定深度的绿地，可滞蓄雨水。本地块结合场地情况分散设置下凹式绿地（图 3-271）。

图 3-271 下凹式绿地实景图

（4）雨水花园。人工或自然形成的浅凹绿地，可用于收集周边雨水，能够暂时滞留雨水并利用土壤和植物净化，具有一定的滞蓄、净化和美学效果。本地块结合场地情况分散设置雨水花园。

（5）水系调蓄。本项目设置内部河道水系，水系设计兼作部分调蓄功能。河道水系设置常水位 4.70m，溢流水位 4.90m，有效调蓄深度 0.2m（图 3-272）。水系主要收集周边路面和建筑屋面雨水，控制场地雨水外排。

图 3-272 河道补水与溢流实景图

（6）水处理系统。内部河道水系设置水生态系统处理净化水质，高效水净化设备备用处理，保证河道水质满足地表Ⅳ类水水质标准（图 3-273）。

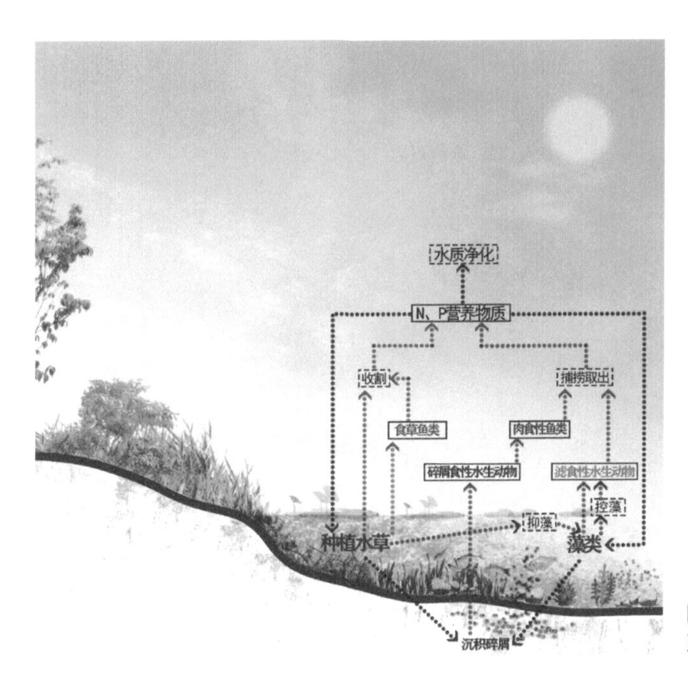

图 3-273 生态自净系统示意图

3.35.4 建成效果

1）投资情况

本工程造价共计 502 万元，其中海绵设施造价 238 万元，水处理系统造价 264 万元。

2）整体成效

通过海绵城市建设，本地块实际可调蓄容积为 2 208m^3，年径流总量控制率满足设计目标 80%要求；面源污染控制率可达到 64%，满足指标 60%的要求。

本项目结合海绵式现代化研发园区理念设计，体现科技、生态、人文、和谐要求，具有环境优美、密度低、建筑尺度适宜、配套设施完善等特点，能充分满足中高端客户办公及科研需求。漕河泾科技绿洲四期项目实景如图 3-274 所示。

图 3-274　漕河泾科技绿洲四期项目实景图

3.36　崇明花博园项目

建设单位：光明生态岛投资发展有限公司

设计单位：上海建筑设计研究院有限公司、华东建筑设计研究院有限公司、上海市园林设计研究总院有限公司

施工单位：上海建工集团股份有限公司、中交第三航服务工程局有限公司

指导单位及资料提供单位：崇明区建设和管理委员会

3.36.1　基本情况

中国花博会是我国规模最大、规格最高、影响最广、内容最丰富的国家级花事盛会。第十届花博会位于上海市崇明区东平镇，距离上海市区约 100km，距离崇明南门码头约 16km，距离长江隧桥约 70km，距离崇启大桥约 50km，如图 3–275 所示。第十届花博会选址崇明岛东平国家森林公园地区，以“花开中国梦”为主题，规划建设面积 10km^2，主要包括东平小镇、花博园、东平国家森林公园及南部服务区四个区域，其中花博园面积约 316.51hm^2。

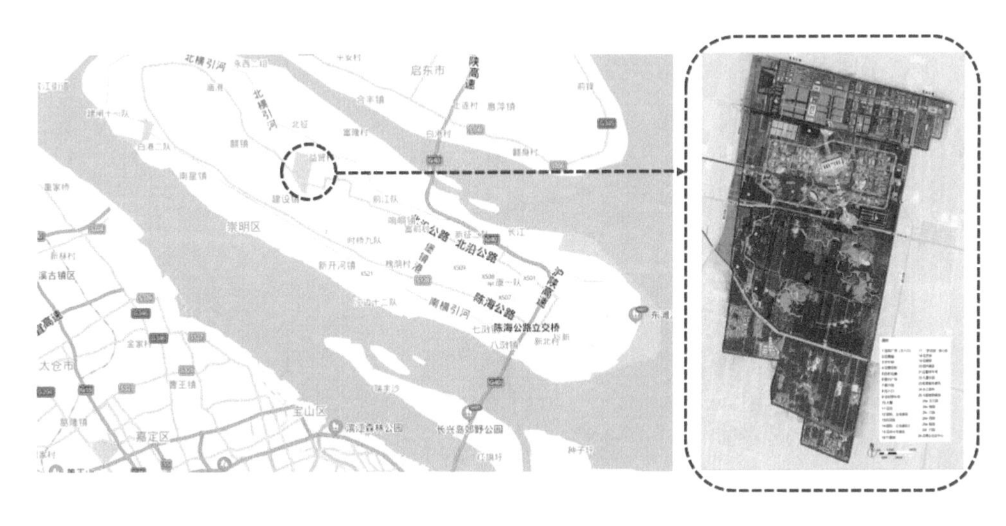

图 3–275　崇明花博园区位图

3.36.2　需求分析

本项目的主要任务是通过建设循环共生、健康永续的水系统，完善花博园、花博服务配套区及外围缓冲区河湖水系布局，提高防洪除涝能力，修复水生态系统，改善水环境，提升水景观，塑造世界级生态岛建设新典范。针对花博园的使用及社会功能，其有如下建设需求：

（1）防汛调蓄能力有待提高。

（2）营造多样生境条件。

（3）花博园展会期间为呈现更好的景观效果，难免使用化肥、农药以保证植物、花卉的生长，因此需要预防面源污染的发生。

3.36.3 海绵方案设计

1）总体方案设计

为满足提高防汛调蓄能力、营造多样生境条件、预防面源污染发生等需求，达到年径流总量控制率 80%、年径流污染控制率 60% 的目标，花博会主要采用的海绵城市措施有植草沟、碎石沟、下凹式绿地、雨水花园、生态树池、雨水回用设施等。利用蓄排结合、蓄以待排，实现雨水由快排向缓排、由随意排放向综合利用的转变，实现项目水生态、水安全、水环境、水资源、水文化协调发展。

2）海绵设施

花博园生态水系在设计过程中，秉承生态办博的理念，遵循海绵城市建设标准，从河湖水面率、生态护岸、植被缓冲带，以及前置塘、滤水坝等方面构建海绵设施。本项目主要运用的海绵设施如下：

（1）河道拓宽。花博园区水系总体形成“三湖、两横、六纵”的水系布局（图 3-276），将园区内河道适当拓宽，局部形成湖泊、湿地或水森林，扩大水面积，以花博中心河及相连的湖泊为骨干中心河道，南北向河湖连通，形成水景观，改善水生态。工程实施后，水面积达到 36.82hm^2，增加了 12.87hm^2，水面率增加到 11.12%，大大提高了区域的防汛除涝调蓄能力，同时水面的增加改善了区域气候环境。

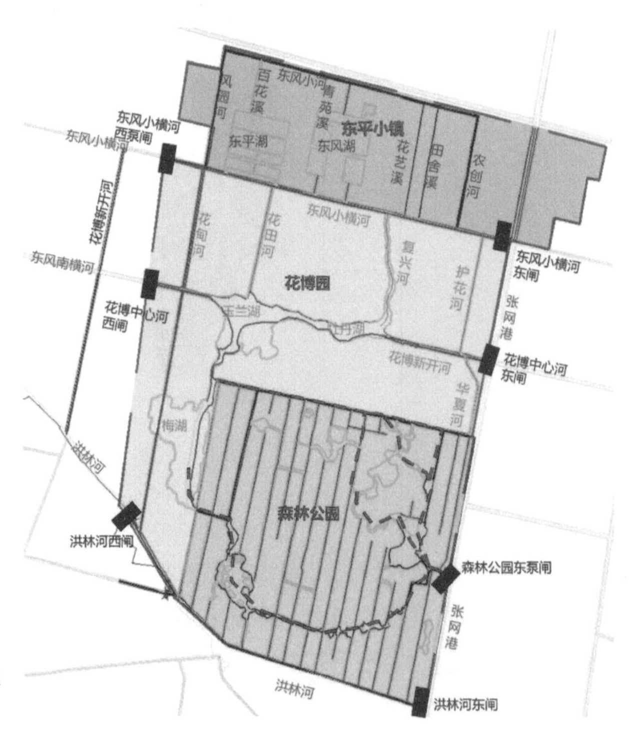

图 3-276 花博园水系布局图

（2）生态型护岸。针对工程特点，选择了生态袋（图 3-277）、生态砌块（图 3-278）、木桩（图 3-279）和土工格室等多种生态型护岸。生态护岸总长度 24.24km，占比 99.1%，远远超过了海绵城市建设生态护岸比例 80% 的要求。生态护岸的设置不仅有利于内外水体和能量的交换，而且易附着微生物，有利于水生动植物的生存。同时为河道的鱼、虾等生物提供繁殖的生存空间，增加了生物多样性，进一步修复了生态系统，也体现了生态办博的理念。

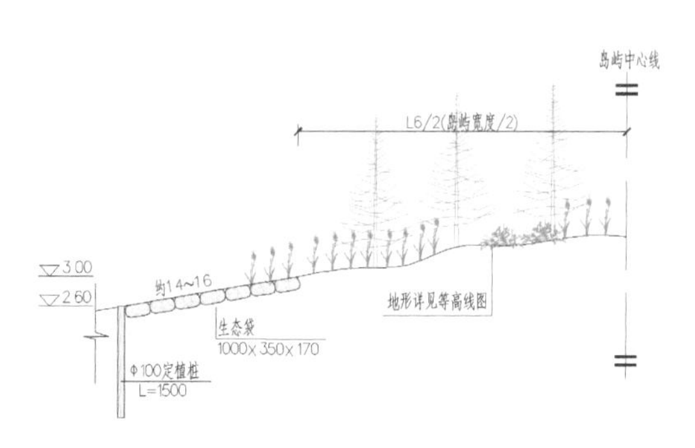

图 3-277　生态袋护岸

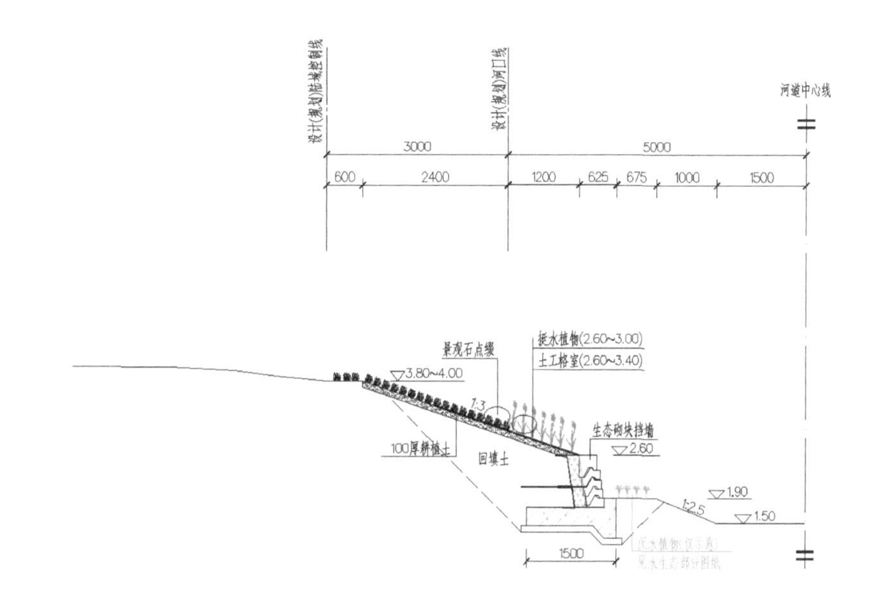

图 3-278　生态砌块护岸

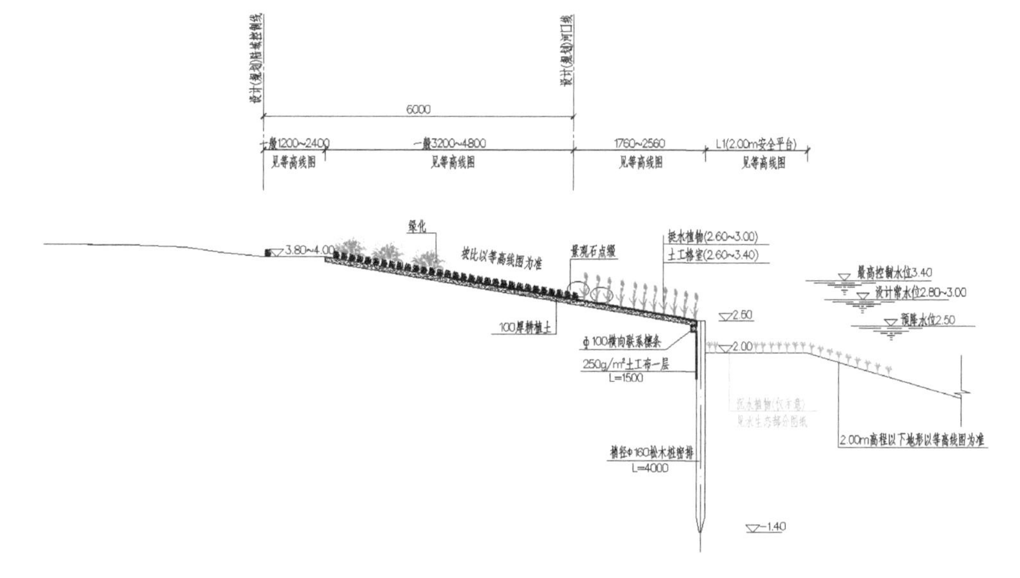

图 3-279　木桩护岸

（3）滨水植被缓冲带。花博园区以种植树木、地被植物以及花卉为主，展会期间为呈现更好的景观效果，难免使用化肥、农药以保证植物、花卉的生长。降雨过程中，化肥、农药随着地表径流流入河湖，会造成河湖内氮、磷等营养物质失衡，水体产生富营养化。为了预防河湖污染，在园区内河湖两侧采用了木桩 +1 : 6 大斜坡的结构形式，并在其上覆土铺筑草皮和挺水植物，通过陆生植物、挺水植物及沉水植物的相互渗透、相互交叉，形成植被缓冲带，最大限度降低河湖水体的面源污染，过滤地表径流。同时通过自然乔草带、灌草复合带的建设，为河湖生态系统中陆生生物和水生生物提供重要的栖息地，增加生物多样性，进一步提升河湖两岸的生态景观效果。

（4）生态塘 + 滤水坝。为净化北沿公路初期雨水，保障花博园内水质，在玉兰湖东南侧设置了约 2 000m^2 的生态塘，在塘内种植沉水植物、挺水植物等净化水体。并在生态塘北侧设置了一座 75m 长的石笼滤水坝（图 3-280），石笼内石块表面粗糙，可附着大量微生物，形成生物膜，在石块、微生物、水生植物的共同作用下，对排入生态塘的花博大道初期雨水进行过滤、净化，减少初期雨水对花博园区水质的冲击，缓解地表径流污染的影响。

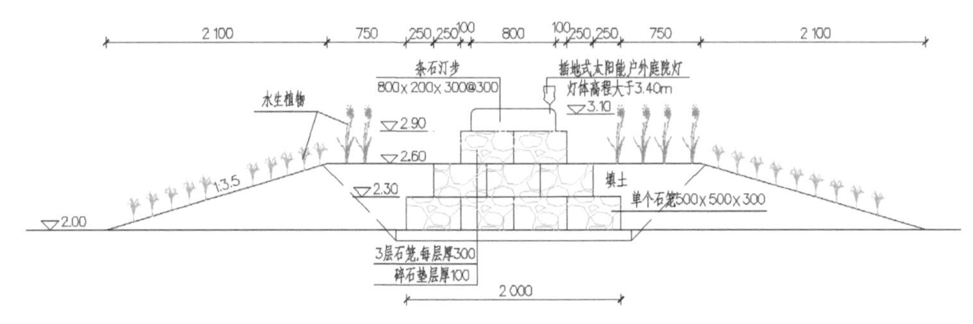

图 3-280　滤水坝设计图

3.36.4　建成效果

通过利用各类海绵措施，使花博园成为一块会“呼吸”的海绵，道路绿化带中间增加植草沟，兴建雨水花园、雨水回收系统，形成“呼吸”系统。一旦降雨，雨水或渗透至植草沟和雨水花园，或由管道排至回收系统等生物滞留设施进行滞蓄、净化处理，完成吸水、储水，在需要的时候，可以放水用以灌溉苗木花卉或供场馆日常使用，切实达到生态办博的目的。崇明花博园实景如图 3-281 所示。

（a）木桩护岸实景

（b）园区内河道生态护岸

（c）园区内的透水人行道

（d）生态植草沟实景图

（e）雨水花园实景图

（f）旱溪实景图

图 3-281　崇明花博园实景图

3.37 金山枫泾御澜天樾项目

建设单位：龙信海悦置业（上海）有限公司
设计单位：安琦道尔（上海）环境规划建筑设计咨询有限公司
施工单位：龙信建设集团有限公司
指导单位及资料提供单位：金山区建设和管理委员会

3.37.1 基本情况

本项目位于金山区枫泾镇枫兰路、泾荷路交叉口，地库边线距离西侧白牛塘最近约 19.2m，距离南侧东小河最近约 14.1m。场地条件如图 3-282 所示。浅层土壤以黏性土为主，渗透性较差。场地的潜水水位高于地表水水位，潜水补给地表水。用地面积 75 152.40m^2，总建筑面积 168 095.71m^2，建筑密度 29%，绿地率 35%。

图 3-282 场地条件概况图

3.37.2 问题与需求分析

本项目周边市政道路地面标高均低于场地地面标高，且场地四周均有围墙隔断，故进行海绵城市设计时不考虑客水影响。本项目开发建设前不存在积水或内涝点，主要问题与需求包括以下两方面：

1）地质土壤条件较差

本项目建设前主要为荒地、果园、菜地及明塘。场地内西侧白牛塘沿岸南侧广泛分布人工填埋生活垃圾，散发臭味，土质松散不均匀。土壤含大量有机质、腐殖质，土质极软，土性较差，应予以挖除处理，进行海绵城市设计时需考虑换填土壤。

2）河滨绿化景观待提升

本项目建设前河滨区现场硬质驳岸与水质较好，河滨沥青道路与围墙中间的灌木生长杂乱，西侧河滨区下半段河滨沥青道路与小区围墙间无绿化空间，进行海绵城市设计时应着重考虑控制场地雨水径流污染（图 3–283）。

图 3–283　项目未建前河滨现场图

3.37.3　海绵方案设计

1）总体方案设计

本项目海绵设施的选择应用以实现海绵城市设计目标为出发点，综合考虑各类海绵设施的适用性、功能性、经济性及景观效果，以“先绿色后灰色、先地上后地下”为原则，结合项目场地条件及汇水分区的实际需求，进行海绵设施筛选。

本项目采用“以源头渗透减排为主、末端调蓄回用为辅”的技术策略，因地制宜地将海绵设施和景观设计有机融合。项目北部区域以雨水收集回用和源头渗透减排为主要特色，通过雨水管网末端设置的蓄水池对场地部分区域雨水进行收集，净化后回用于场地内绿化浇灌、道路浇洒和车库冲洗，节约水资源。北区乐活天地和南区四美花园主要结合集中绿地、公共绿地和宅间绿地的微地形变化打造分散布局的下凹式绿地，通过缓坡设计和多样化的植物配置缓解绿地下凹带给人们的视觉冲突。同时在地面停车场及环形跑道等荷载要求不高的场地设计透水植草砖和透水沥青铺装，带给居民更直观生动的海绵体验。

项目结合北区东西轴乐活天地和南区东西轴四美花园设计嵌入下凹式绿地，北侧地面停车场设计透水植草砖，中央活动区环形跑道设计彩色透水沥青，最大化保留景观设计的完整性，同时发挥海绵设施的生态功能（图 3–284）。

图 3-284 海绵设施布局图

2）海绵设施

（1）透水植草砖。地面停车位采用植草砖铺装，植草砖厚度设计为 70mm，砖孔或砖缝间用干砂灌缝并洒水使砂沉实，承载地段设计 150mm 厚透水水泥混凝土和 150mm 厚级配碎石垫层，非承载地段设计 300mm 厚级配碎石垫层。

（2）彩色透水沥青。环形跑道采用半透式彩色透水沥青，面层设计 30mm 厚红色 AC-5 细粒式透水沥青和 40mm 厚 AC-20 中粒式沥青，局部加深设计集水沟，并敷设软式透水管与排水管网衔接。

（3）下凹式绿地。本项目设计的下凹式绿地有效蓄水层深度为 100mm，种植土层采用改良有机种植土，包括 50mm 有机肥料层、250mm 有机介质层，植被以草本类为主。为保证下凹式绿地内雨水在 2h 内排空，设计 150mm 厚粗砂过滤层，并在粗砂过滤层中敷设 De100 导引水管。

（4）蓄水模块。本项目雨水调蓄池采用 PP 模块组合水池，埋设于东北角绿地下方，规模满足“以用定蓄”原则。蓄水模块主要包括预处理装置、PP 模块收集池及地埋一体机。PP 模块池底设计反冲洗工艺，防止形成死泥区。

3.37.4 建成效果

1）投资情况

本项目设计透水沥青 748.5m^2，透水植草砖 905.0m^2，下凹式绿地 2 766.0m^2，蓄水模块 230m^3，以及海绵设施监测系统一套，工程造价总计 212.35 万元。

2）整体成效

本项目集中展示了雨水从收集、下渗、滞留、净化到回用的全过程，通过“以源头渗透减排为主、末端调蓄回用为辅”的技术策略，营造出有生活、有品质、更自然、更互动的海绵景观环境，如图 3-285 所示。

（1）环形跑道。透水跑道串联公共客厅、萌宠乐园、乐活天地和儿童天地四大主题节点，实现“小雨不湿鞋，大雨不积水”，带给居民更绿色生态的运动体验。

（2）入口轴线。人行入口内部强调公共大花园景观空间，入口设计人行景墙、弧形景墙结合大面水景做围合，内部用大弧线串联轴线上的下凹式绿地做视觉上的延伸，形成连贯性强的室外开放空间。

（3）花园空间。北区强调大尺度运动乐活的主题花园空间，南区强调小尺度的宅间花园空间，结合集中绿地、公共绿地和宅间绿地的微地形变化打造分散布局的下凹式绿地，通过缓坡设计和多样化的植物配置缓解绿地下凹带来的视觉冲突，营造观赏性强的景观环境，为人们提供无限延伸的绿色生态空间。

（a）透水铺装

（b）透水塑胶

（c）下凹式绿地

图 3-285　项目效果图

3.38 嘉定金地世家项目

建设单位：上海嘉金房地产发展有限公司
海绵设计单位：上海中森建筑与工程设计顾问有限公司
景观设计单位：上海升涛景观设计有限公司
施工单位：江苏南通二建集团有限公司、江苏信拓（集团）股份有限公司
指导单位及资料提供单位：嘉定区建设和管理委员会

3.38.1 基本情况

本项目位于嘉定区嘉定新城核心区域，西邻云谷路，南邻麦积路，东邻合作路，北邻封周路，邻近轨道交通 11 号线嘉定新城站；地块南侧北侧是景观带，风景优美，交通便利。建筑选取富有人文气息和文化特征的法式风格，同时引入了更丰富、更风情的建筑元素。小区由东北到西南呈从高到低的布局，小区内部营造一个舒适、优雅的居住氛围，希望为居住者提供亲切宜人的空间感受。整个小区容积率为 1.75，建筑密度 29.9%，绿地率 35%。

3.38.2 问题与需求分析

本项目南侧为多层建筑，可以设置屋面雨水断接，但因为两排建筑之间间距较小，且埋地管线已经室外露天设置机电设备较多，生物滞留设施位置比较难确定。北侧为高层建筑，屋面雨水进行断接较难。

本项目在建设前地势较为平坦，因而主要考虑优化路面与道路绿地的竖向关系，便于径流雨水汇入绿地内海绵设施。

本项目市政雨水管因建设较早，周边开发比较成熟，不透水表面很多，所以在超大暴雨时有发生内涝风险。

3.38.3 海绵方案设计

1）总体方案设计

（1）项目高层住宅设置于地块北面，叠墅设置于地块南面，高层楼间距大，集中绿化带汇集于此，设置蓄水模块和雨水回用系统。多层楼间距小，设置小型生物滞留设施。

（2）对路面与道路关系进行优化，使道路标高高于绿化，便于道路雨水排至绿化

内。多层住宅宅间道路两侧均设砾石沟，道路雨水排至砾石生态沟后，通过管道或溢流排至植草沟。

（3）多层住宅南侧下叠住户设雨水桶及高低位花坛，屋面雨水通过滤网过滤后排至雨水桶，超标雨水溢流排至高低位花坛，雨水经净化后通过雨水管网排至雨水调蓄系统。多层住宅北侧雨水管散排至生物滞留设施，通过植草沟排至雨水调蓄系统。

（4）会所设有屋顶绿化，屋顶防水层采用耐根穿刺防水层，绿化植物采用耐旱、耐热、耐寒、耐强光照射、抗强风和少病虫害的低矮灌木、蔓性植物。

（5）场地最低点的下沉景观庭院作为大暴雨时的应急调蓄设施。

（6）为保证大暴雨时，小区内雨水能顺利排出，小区内设有一套超排雨水系统，超过海绵城市设施蓄水量的径流可以通过超排系统排入市政雨水管网。

2）海绵设施

结合场地特点，本项目设置绿色屋顶、透水铺装、植草沟、雨水花园、雨水桶、高位花坛及蓄水模块等设施。

（1）绿色屋顶。于屋顶、露台种植的植物，可吸收一定的降雨，减少屋面降雨径流和径流污染负荷。本项目在 33# 屋顶设置绿色屋顶（图 3–286）。

图 3–286　屋顶绿化节点示意图

（2）透水铺装。由透水面层、基层等构成的地面铺装结构，具有一定的储存和渗透雨水功能，可降低雨水径流外排量，同时有净化雨水效果。主要在宅间路两侧设置砾石区作为透水铺装，主展示区采用防腐木下作砾石作为透水铺装（图 3–287）。

图 3–287　主展示区透水铺装节点示意图

（3）应急下沉式调蓄设施。该地块内最低点的下沉式休息区在实现景观效果同时，能作为处理大暴雨时的临时雨水调蓄设施，衔接区域内超标雨水径流排放系统进行缓慢排放，提高区域内涝防治能力。

（4）雨水花园。花园低于周边绿地一定深度，可滞蓄雨水。该系统与植草沟毗邻，用于多层住宅北侧雨水管断接，北侧雨水经生物滞留设施排入植草沟。其结构与植草沟相似，通过植物、土壤和土壤中微生物系统滞留、渗滤、净化雨水径流（图 3-288）。

图 3-288 透水铺装、雨水花园实景图

（5）植草沟。植草沟设置于多层住宅宅间道路两侧，用于道路和绿化雨水收集。植草沟从上到下依次为耐涝植物层、级配土层、土工布、级配填料层、穿孔排水管、土工布、防渗膜、素土层和防水板（图 3-289）。

图 3-289 植草沟实景图

（6）雨水桶 + 高位花坛。在建筑屋檐落水下的地面上设置雨水收集桶。收集桶满后，雨水溢流进入高位花坛，然后导入低位花坛中。雨水流经高位花坛进行渗透净化，而后与道路雨水一起通过低位花坛，流入渗透浅沟。雨水收集桶内水可用来浇洒绿化（图 3-290）。

图 3-290　雨水桶 + 高位花坛实景图

（7）蓄水模块。在 33# 北侧设置雨水收集及利用设施。收集首开区区域全部雨水，作为绿化浇洒、景观补水，采用方形 PE 塑料蓄水设施。

（8）浅层调蓄设施。在高层区南侧绿地及公共活动场地下设置浅层调蓄设施。部分作为全区的绿化浇洒、道路及地库冲洗、景观补水、采用管形 PE 塑料蓄水设施，作为调蓄作用水池在雨后进行排放，排空时间为 8h，为未来降雨预留调蓄空间。

（9）监测系统。本项目中控平台的主要作用是控制浅层调蓄设施的排放时间及排放量，同时对降雨时实际排入市政管网的水量进行统计。具体控制模式为：中控平台监测到市政管道没有负荷时，就会控制调蓄池将蓄水及时排到市政管道中；市政管道无负荷、平台监测调蓄池中底水位或无蓄水时，则不会排水；当平台监测到市政管网有流量时，就会发出指令不让调蓄池里的水排入市政管道中，如图 3-291 所示。若是在雨天情况下，平台控制雨水回收利用系统工作。

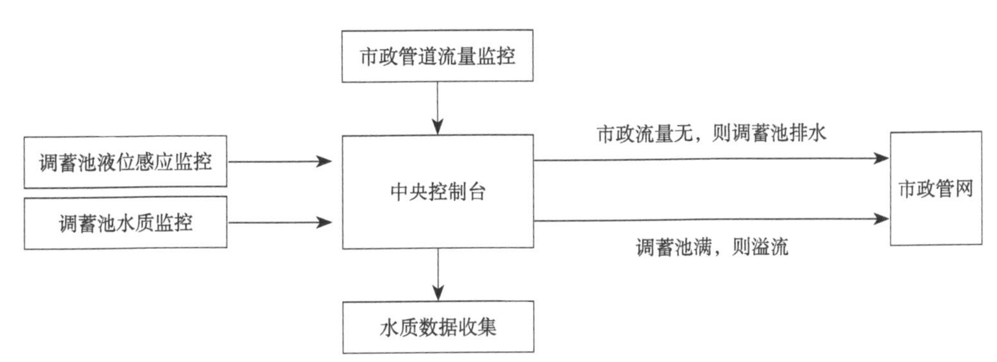

图 3-291　监测系统原理示意图

3.38.4 建成效果

1）投资情况

本工程造价共计 522.88 万元，具体明细见表 3–11。

表 3–11 金地世家工程造价计算表

项目	数量	单价 / 元	常规原单价 / 元	总价 / 万元
透水铺装	2 525m^2	250	200	63.13
屋顶绿化	500m^2	400		20.00
导流式植草沟（转输）	1 021m	60	30（草坪）	6.13
雨水花园	1 531m^2	450	30（草坪）	68.90
别墅收集雨水桶	176 个	1 000		17.60
雨水调蓄系统	524m^2	1 800		94.32
高低位花坛	176 个	800		14.08
其他附件系统	1	800 000		80.00
雨水管网			120	120.00
未预见费用（8%）				38.73
总价				522.88

2）整体成效

通过海绵城市建设，本地块实际可调蓄容积为 1 080m^3，年径流总量控制率满足设计目标 80%的要求；面源污染控制率可达到 64%，满足指标 60%的要求。

本项目采用了多种海绵城市设施，采用灰绿设施结合的模式来对项目区域内的雨水进行有效管理，将海绵设施的设计融入项目内建筑元素，在小区内部营造一个舒适、优雅与生态相辅相成的居住氛围，为居住者提供亲切宜人的生活感受（图 3–292、图 3–293）。

图 3–292 透水铺装及紧急调蓄设施实景图

图 3-293 现场实景图

3.39 虹桥绿谷广场项目

建设单位：上海众合地产开发有限公司
设计单位：华东建筑设计研究院有限公司
施工单位：上海建工集团股份有限公司
指导单位及资料提供单位：虹桥国际中央商务区管理委员会

3.39.1 基本情况

虹桥绿谷广场项目位于国家级“低碳城市示范区”虹桥商务区核心区域。虹桥绿谷广场项目定位目标是积极提倡“营造绿色环境、建造绿色建筑、倡导绿色办公理念、引领绿色文化”的四绿生态理念，打造低碳节能、生态宜居的高品质商办综合体。项目位于虹桥商务区规划范围，在核心区一期地块的最南侧位置，申贵路以西、甬虹路以南、建虹路（原义虹路）以北、申滨路以东，如图 3-294 所示。项目总用地面积 43 710.30m^2，总建筑面积 253 456.17m^2。地面上共有 7 栋单体建筑，主要功能为办公，包括部分商业娱乐。

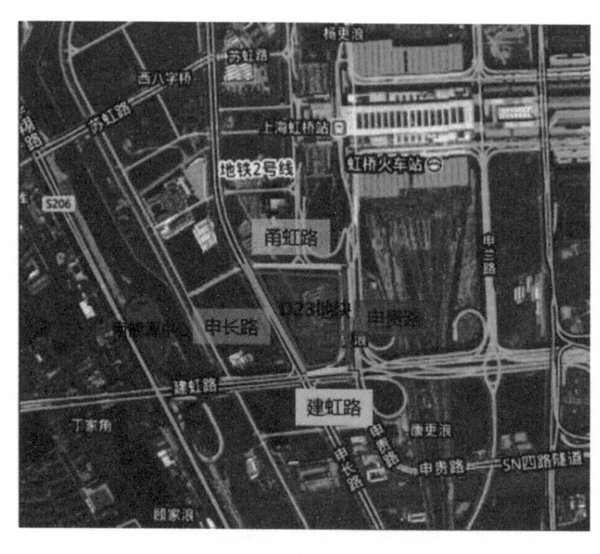

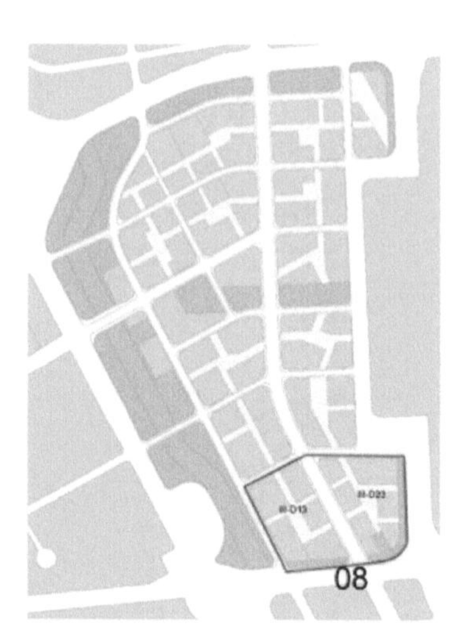

图 3-294 虹桥绿谷广场项目区位图

3.39.2 问题与需求分析

项目位于虹桥商务区核心区一期南雨水强排区，区域内雨水通过申长路下 DN1200 ~ DN1800 雨水管向南输送至雨水泵站提升后排入新角浦，设计暴雨重现期为 3 年。项目建成前为已拆待建地块，周边道路市政雨水管线已敷设完成，无积水点、内涝问题，如图 3-295 所示。上位规划建议：地块内雨水收集采用分散模式，在街坊的地下空间内设置雨水调蓄池，收集的雨水供本街坊使用。雨水收集利用系统的管线尽量不穿越城市道路，以减少对市政管网的影响。

图 3-295　虹桥绿谷广场项目建设前与开挖过程中

3.39.3　海绵方案设计

1）总体方案设计

本项目遵循上海虹桥“低碳商务区”雨水综合利用与控制策略，并落实在设计、施工、运营等各个阶段。满足上海市年径流总量控制率 70% 指标（对应设计控制雨量 18.7mm）的要求，为达到对场地雨水径流减量控制，室外雨水设计协同场地、景观设计，实现减少场地雨水外排的目标，相关布局如图 3-296 所示。

（1）采用屋顶绿化、透水铺装等措施，降低场地雨量综合径流系数，提高场地雨水自然入渗能力，进而降低地表径流量。

（2）根据场地地形特点，采用下凹式绿地、浅草沟、雨水花园等雨水生态措施，提高场地对雨水径流的滞蓄能力，加强雨水入渗。

图 3-296　场地海绵设施布局图

2）海绵设施

（1）下凹式绿地。下凹式绿地是指低于周边铺砌地面或道路 20 ~ 50mm 以内的绿地。下凹式绿地内一般设置溢流口，保证暴雨时径流的溢流排放，溢流口顶部一般应高于绿地。下凹式绿地可广泛应用于城市建筑与小区、道路、绿地和广场内。下凹式绿地适用区域广，且建设费用和维护费用均较低。下凹式绿地如图 3–297 所示。

图 3–297　下沉庭院雨水花园、透水铺装实景图

（2）绿色屋顶。绿色屋顶也称种植屋面、屋顶绿化等。根据种植基质深度和景观复杂程度，绿色屋顶又分为简单式和花园式。基质深度根据植物需求及屋顶荷载确定，简单式绿色屋顶的基质深度一般不大于 150mm，花园式绿色屋顶在种植乔木时基质深度可超过 600mm。绿色屋顶的设计可参考现行行业标准《种植屋面工程技术规程》（JGJ 155—2013）。绿色屋顶实景图如图 3–298 所示。

图 3-298　绿色屋顶实景图

（3）雨水蓄水池。考虑雨水资源化利用，在基地内雨水通过绿色低影响措施无法满足径流总量控制要求的情况下，设置雨水蓄水池进一步控制基地内的径流总量。收集的雨水通过处理设备处理后回用，超量雨水溢流至市政管网内。

根据每个地块雨水管网划分，在每个雨水管网末端设置蓄水模块。在进入蓄水模块之前设置截污挂篮装置、雨水弃流装置。模块雨水蓄水池底部设置反冲洗管道，对池底进行反冲洗，使底部淤泥形成搅动，防止形成死泥区。本项目采用的雨水蓄水池，水池容积为 240m^3，位于地下二层地下室内，用于下沉庭院、屋面汇水分区。蓄水池内设置排空装置，保证调蓄池内雨水 24h 内排空。

3.39.4　建成效果

1）投资情况

与海绵相关的工程增量成本共计 492.46 万元。

2）整体成效

本项目完工后，场地综合绿地率为 28.34%，总水景面积 1 326.63m^2，雨水花园面积 2 442.4m^2，透水地面比例 30.76%，实际年径流总量控制率 73.7%。对海绵设施设计前后进行模拟对比，结果表明，海绵设施的利用明显削减了降雨产生的径流峰值。虹桥绿谷广场建成实景如图 3-299 ~ 图 3-301 所示。

图 3-299 雨水花园实景图

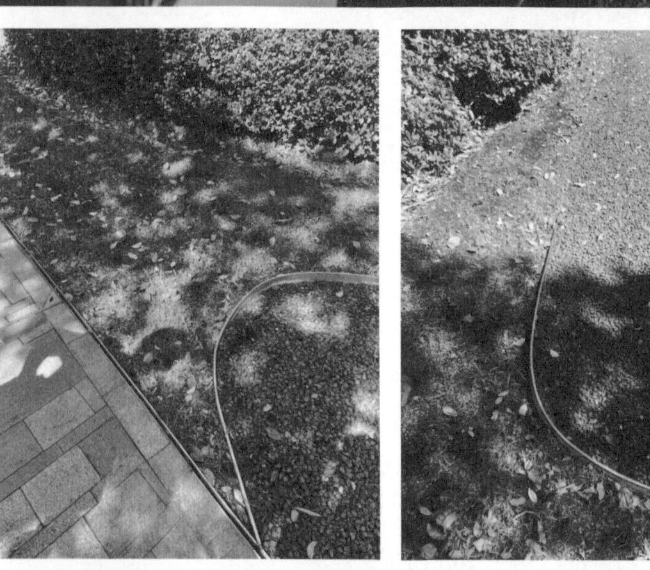

图 3-300 场地线性排水沟、透水铺装实景图

图 3-301 场地双坡线性排水沟实景图

3.40 奉贤区和合社区公园

建设单位：上海市奉贤区绿化管理所
设计和施工单位：上海园林绿化建设有限公司
指导单位及资料提供单位：奉贤区建设和管理委员会

3.40.1 基本情况

和合社区公园以“和合”为主题，追求人与人、人与社会的和谐；崇尚人与自然、人与环境的和谐。位于奉贤区解放东路北侧，占地约 18 000m^2。和合社区公园平面图如图 3–302 所示。

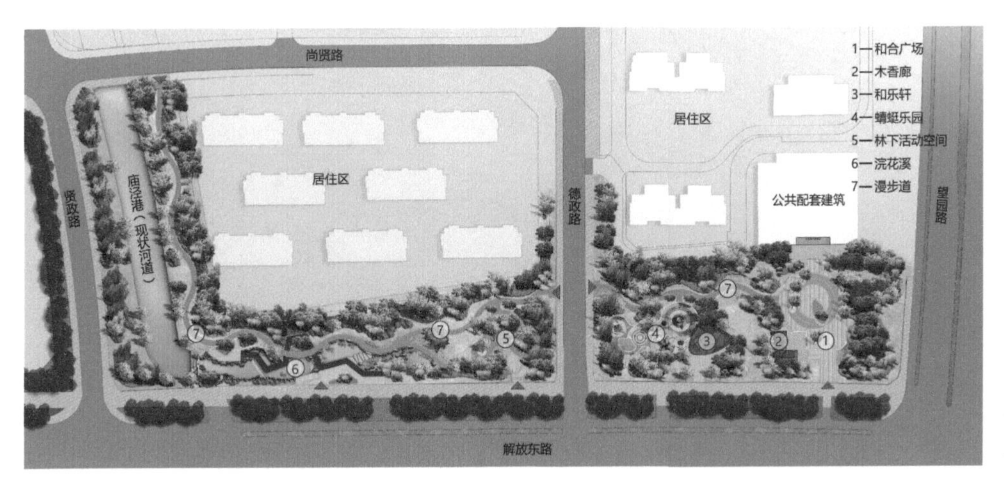

图 3–302 和合社区公园平面图

公园植物配置响应“四化”原则，新优彩化植物达 100 余种。上层遮荫乔木选用了榉树、朴树、乌桕、无患子、栾树等冠大荫浓的品种，分别作为广场列植、行道树，以及草坪、水系周边孤植点景使用。花溪共采用了 300 余种植物，营造春花烂漫、生境丰富的生态景观。

3.40.2 需求分析

公园核心目标是以社区需求为出发点，为人们创造安全、富有吸引力、强参与性、可交流的社区公共空间，提供高品质的户外休闲场所，营造社区归属感。空间组织上，公园与周边公共建筑、人行道、城市水系进行无缝衔接，形成和合广场、蜻蜓乐园、浣花溪三处功能区；木香廊、和乐轩两处休憩，社区文化展示、科普长廊，满足居民日常休闲、社区文化活动开展的使用需求。

3.40.3 海绵方案设计

1）总体方案设计

策略一：结合现状河道，贯穿海绵城市理念，将奉贤水文化与城市发展相结合。

策略二：问卷调研分析，打造满足市民需求的社区公园，营造活力社区、和合之家。

策略三：打开解放东路沿路视线，形成城市印象界面。

2）海绵设施

（1）透水铺装。公园内采用透水混凝土路面，植草沟、花溪（景观软景水体）等低影响设施践行海绵城市建设目标。雨水经透水路面及绿地下渗，多余雨水经植草沟传输汇集至花溪，滞留、净化后自然溢流至庙泾港（城市河道），具有减缓径流、滞留雨水、净化水体等功效。径流过程如图 3-303 所示。

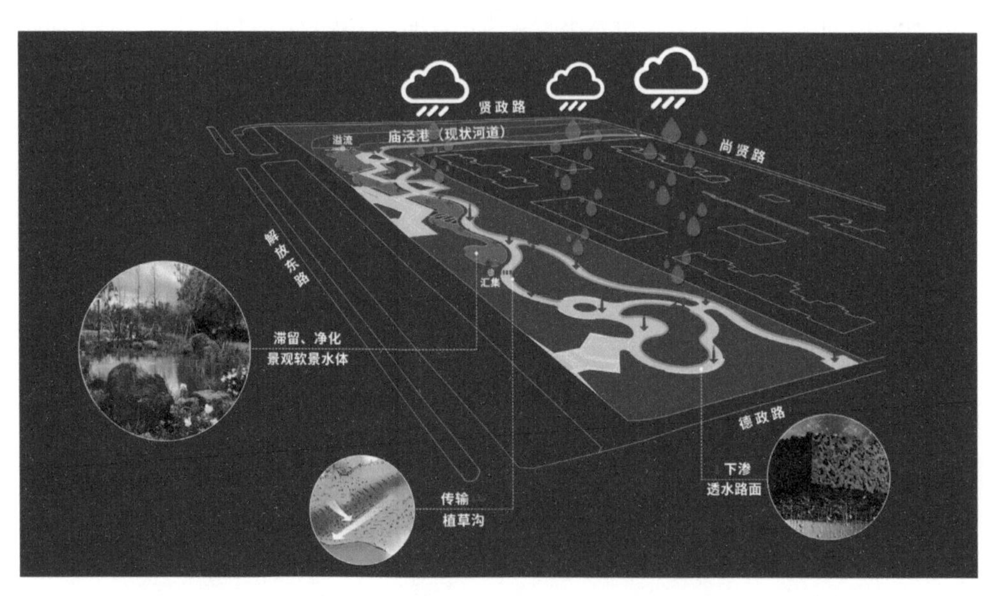

图 3-303 雨水径流过程

（2）黄泥软景池底技术措施。花溪采用黄泥＋土工格栅的技术方法形成软景池底，再通过回填种植土，两侧驳岸形成缓坡，种植具有生态功能、观赏特性的植物，池底种植矮苦草以形成兼顾调蓄、净化、观赏功能的景观水系。木栈道架空于水系之上，串联起一条动态的游赏路线。施工实景如图 3-304 所示。

3.40.4 建成效果

共采用了 300 余种植物，新优彩化植物达 80 余种，营造春花烂漫、生境丰富的生态景观。美人梅、品红桃、品霞桃、喷雪花等次第花开，河桦、束花茶花、溲疏、圆锥绣球、鸢尾等品种相映衬。项目实景如图 3-305 所示。

图 3-304 花溪施工实景

图 3-305 项目实景图

3.41 松江区五龙湖生态景观建设项目

建设单位：上海松江新城生态商务开发建设有限公司
设计单位：荷兰 NITA 设计集团
施工单位：上海欧堡利亚园林景观集团有限公司
指导单位及资料提供单位：松江区建设和管理委员会

3.41.1 基本情况

五龙湖生态景观建设项目西起光星路、东至洞泾港，整体分为四期陆续推进，于2011年起陆续启动一系列河道整治与配套景观绿化提升工程。至2019年初，四期建设项目全面完工，五龙湖休闲公园由此成型，在广富林路南侧形成一条东西向贯穿商务区的生态景观轴线，总用地面积27.8hm^2，其中绿地面积约15.3hm^2，水域面积12.5hm^2，累计投入资金约1.5亿元。

3.41.2 需求分析

五龙湖生态景观为新建景观绿地项目，建设前场地无明显内涝问题，设计定位为融合场地优势，结合城市多元发展及市民生活需求，打造动态活力水岸，形成城市绿心。

3.41.3 海绵方案设计

1）总体方案设计

五龙湖生态景观建设项目整体分河道开挖与护岸及景观绿化两类项目分阶段实施。自2016年确定商务区为松江海绵城市试点建设先行区以来，五龙湖生态景观建设项目在建设过程中积极融入海绵城市设计理念，河道护岸多采用草坡入水式生态护岸结构，结合岸坡多层次绿化种植，营造自然生态的休闲绿地。绿地内累计实施海绵改造面积约1.63hm^2。

2）海绵设施

（1）生态护岸。项目结合滨河绿地的多层次植物设计，护岸形式以自然草坡入水式为主，其下铺设柔性生态保护毯。区别于传统的土工布，该保护毯由聚酰胺纤维（惰性材料）构成，耐久性极高，对坡面植物的促生长能力和景观效果更为优越，以营造出两岸自然水生态美景。生态护岸形式如图3-306所示。

图 3-306　五龙湖二期生态景观

（2）透水铺装。五龙湖滨湖园路大部分采用了透水铺装结构，确保雨水快速下渗，防止路面积水。雨水通过透水面层和大孔径的基层由上至下，再通过软式排水管排入就近的雨水井，如图 3-307、图 3-308 所示。

图 3-307　透水园路图示

图 3-308　五龙湖三期生态景观

图 3-309　雨水花园

（3）雨水花园。沿路建有多处区块式的雨水花园（图 3-309），通过种植灌木、花草，形成小型雨水滞留入渗设施，收集来自地面的雨水，并利用土壤和植物的过滤作用净化雨水，使雨水经过存储、渗透、净化实现海绵功能。

（4）雨水分散 - 渗透系统。三期树阵广场区域的生态树穴采用新型雨水分散 - 渗透系统，增加雨水渗透，方便养分与氧气供给，有利于树木生长。该装置不需要人工管理，只要在树木四周的地面加盖保护板，在下面有一个系统，有水桶可储水，有管道可流水，实现自给自足（图 3-310）。

图 3-310　生态树池

3.41.4　建成效果

1）投资情况

五龙湖生态景观建设项目累计投入建设资金约 1.5 亿元。项目生态护岸建设投入约 1 500 万元，景观工程总造价约 1 亿元，其中海绵设施建设投入约 650 万元。

2）整体效果

随着松江区国际生态商务区海绵城市建设规划（实施方案）的编制成果落地，未来商务区将因地制宜、绿灰结合，通过一系列改造、新建项目，让海绵城市建设更具可操作性，使商务区成为一个绿色可循环的海绵体，切实解决区域内涝，缓解城市排水压力，营造绿色生态的城市环境（图 3-311）。

图 3-311　五龙湖生态景观

3.42 青浦区元荡堤防达标和岸线生态修复（二期）工程

建设单位：上海市青浦区水利管理所
设计单位：上海市水利工程设计研究院有限公司
施工单位：上海建工（浙江）水利水电建设有限公司
指导单位及资料提供单位：青浦区建设和管理委员会

3.42.1 基本情况

元荡堤防达标和岸线生态修复（二期）工程位于沪苏省际边界、“水乡客厅”北缘，是沪苏湖铁路、G50 高速、东航路（元荡路）入沪门户，与青浦区生态岸线贯通工程示范段（青浦）共同构成元荡湿地公园，形成一条生态绿色的景观门户带。

本工程占地面积约 31.3hm^2，主要建设内容包括新建道路及铺装约 3.02hm^2，新建改建生态护岸 1 920m，新建桥梁 3 座，新建水闸 3 座，水生态修复 7.25hm^2，鱼塘生态改造 12.17hm^2，景观及绿地布置 15.09hm^2，支河整治等。生态岸线比例 90%，蓝绿空间占比约 90.3%。截至 2021 年 10 月，本项目已基本完工。

工程位置图如图 3-312 所示。

图 3-312 元荡堤防达标和岸线生态修复（二期）工程位置图

3.42.2 问题分析

工程建设坚持以问题为导向，根据现场踏勘和测量成果，通过对现场进行梳理，主要存在以下问题：

（1）现状鱼塘虽已退出“低效高排”的高密度养殖模式，但是塘底淤泥较厚，鱼塘水质不容乐观。周边无乔灌木，景观无层次背景。

（2）国安林地区域植物种类单一，下层无地被，缺乏层次，地表坑洼。

（3）小汶港闸管区外侧空地场地标高较低，地表坑洼。

（4）小汶港闸管区对外封闭，对公众开放程度低；部分设施利用率较低；整体景观工程年代较为久远，部分区域管养不到位。

（5）现有护岸普遍硬质化，生态基底受到影响。

3.42.3 海绵方案设计

1）设计思路

（1）苏沪联动，打造一环・六湾・多点的整体元荡风采。苏沪联动，对元荡整体设计提出了“一环・六湾・多点”的景观构架。本工程根据总体定位，打造“醉美郊野湾”。

（2）多样水体形态净化，构建下游生态滤网。利用现状构建湖、湾、池、湿地、河等各种水体形态，打造层次丰富的水体净化网络。

（3）依托现状资源，打造特色风貌段。在整治空间内打造湿地风光区、风景森林区、入口风景区 3 个分区。

（4）多绿色功能基底，多点式活动植入。基于生态主导的绿色功能基底，结合环境资源，多点式植入生活、生产活动。

2）设计目标

打造一处远离喧嚣城区，为游人提供不同于城市公园和森林自然保护区的绿色体验，满足城市居民休憩新需求的滨湖郊野公园。设计遵循生态优先、宜居宜游、文脉创新三大策略，构建蓝绿交织、创新创意、彰显特色的江南水乡文化景观。

3）总体方案设计

为解决鱼塘水体不佳、护岸硬质化、场地坑洼等问题，达到年径流量控制率 75%（对应设计降雨量 22.2mm）、年径流污染控制率 55% 的目标，进行海绵化改造。

本工程结合现状肌理，针对每个区块不同特征，通过硬质护岸生态化改造、鱼塘生态化改造、近岸水生态修复、雨水花园、截水沟、透水铺装等海绵设施建设，满足海绵城市建设要求。工程总体布置图如图 3-313 所示，工程分区图如图 3-314 所示。

图 3–313　工程总体布置图

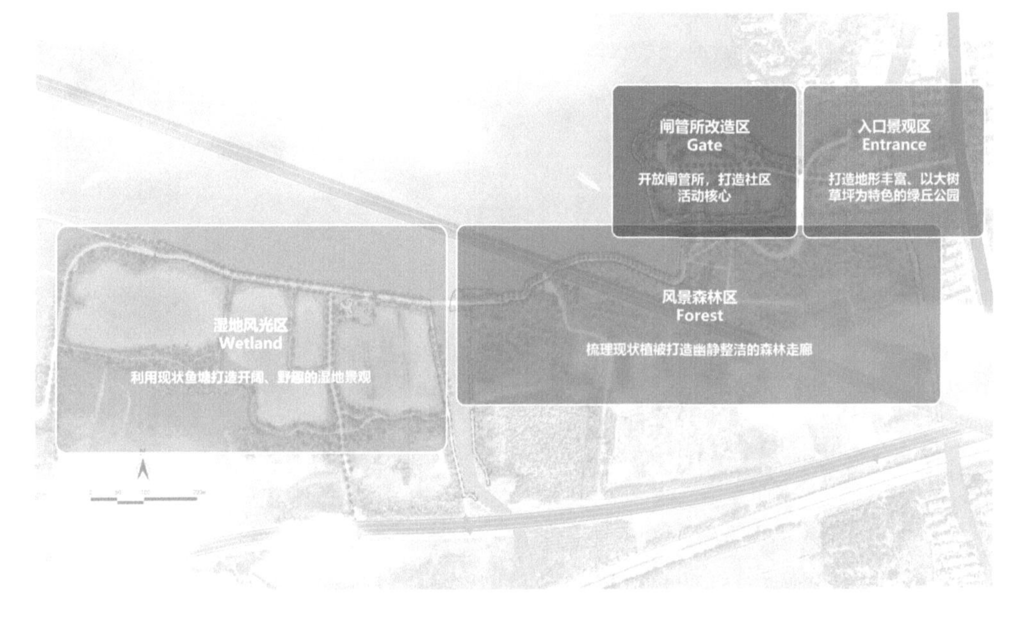

图 3–314　工程分区图

4）海绵设施

本工程海绵化改造运用到的具体海绵设施包括硬质护岸生态化改造、透水铺装、雨水花园、鱼塘生态化改造、近岸水生态修复等。

（1）硬质护岸生态化改造。对于湿地风光带挡墙将原有浆砌块石挡墙拆除至常水位以下，新建浆砌景观黄石挡墙至高程约 3.5m，墙后以 1∶4 的斜坡至高程 4.20m 处。斜坡采用土工网垫结构，并种植绿化，兼顾消浪和生态要求，表层设置景观石点缀（图 3–315）。对于风景森林段，为最大限度保留临湖第一排林木，拆除原有石笼挡墙第一层，采用仿木桩结构，墙顶高程约 3.5m，构建生态护岸（图 3–316）。

图 3–315　湿地风光区护岸生态化改造实景图

图 3-316　风景森林区护岸生态化改造实景图

（2）透水铺装。防汛通道（跑步道）采用透水沥青混凝土结构，雨水进入透水路面后向两侧散排至两侧绿地或截水沟，建成效果如图 3-317 所示。漫步道采用灰色露骨料混凝土路面结构，具有透水功能，雨水进入地面后向下渗入土壤，建成效果如图 3-318 所示。

图 3-317　透水沥青混凝土路面结构实景图

图 3-318　灰色露骨料混凝土路面结构

（3）雨水花园。雨水花园是海绵城市建设中最常用的技术方式，主要应用于入口景观区等场地开阔、地势低洼的场地，用于消纳雨水。通过对现有场地进行微地形改造，布置下凹式绿地，利用植物、土壤和微生物，使雨水经过存储、渗透、净化实现海绵功能。雨水花园布置如图 3-319、图 3-320 所示，建成后效果如图 3-321、图 3-322 所示。

图 3-319　雨水花园布置（入口景观区）

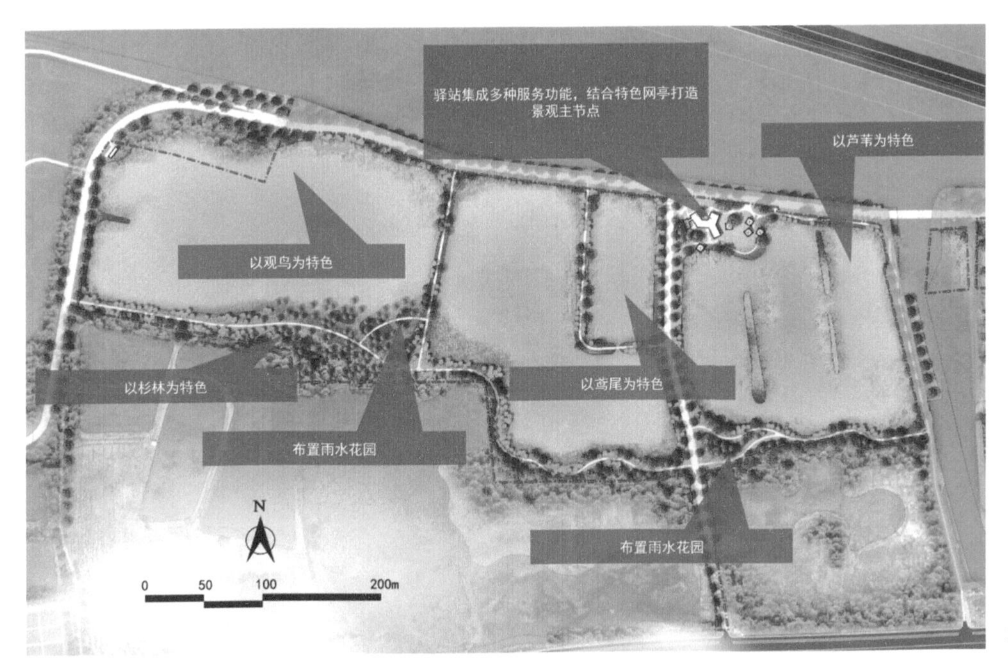

图 3-320　雨水花园布置（湿地风光区）

图 3-321　雨水花园建成后效果（入口景观区）

图 3-322　截水沟布置（湿地风光区）

（4）鱼塘生态化改造。改变现有“低效高排”的高密度养殖模式，将现有的 4 个鱼塘通过埋管等方式连通，种植沉水植物、挺水植物，投放鱼类和底栖动物，具备生态净化和雨水调蓄两方面功能，增强湿地碳汇能力。将鱼塘与元荡及下游河荡连通，建湖、湾、池、湿地、河等各种水体形态，打造层次丰富的水体净化网络。水体净化链如图 3-323 所示，鱼塘整治效果如图 3-324 所示。

图 3-323　构建层次丰富的水体净化网络

图 3-324　鱼塘净化效果

（5）近岸水生态修复。通过水下地形塑造，抬高近岸地形，种植沉水植物、挺水植物，拦截入湖污染物，净化近岸水质。在前沿布置生态坝，减小风浪对沉水植物、挺水植物的影响。水体修复区域如图 3-325 所示，近岸生态修复典型断面如图 3-326 所示，净化效果如图 3-327 所示。

图 3-325　近岸水体修复布置图

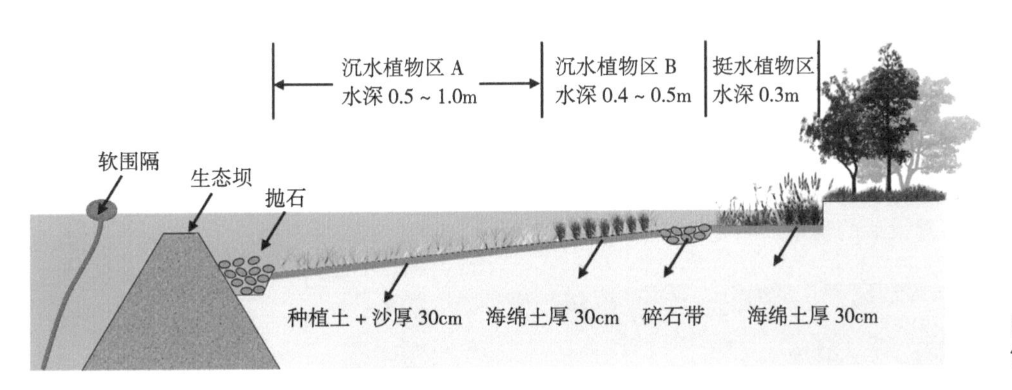

图 3-326　近岸水体修复典型断面图

图 3-327　近岸水体修复典型效果（示范段）

3.42.4 建成效果

1）投资情况

元荡堤防达标和岸线生态修复（二期）工程采取清单计价方式，实行设计、勘察、施工一体化运作。项目面积 31.3hm²，工程总投资 17 042.82 万元，其中工程费用 9 314.22 万元，海绵工程总造价 4 539.85 万元，非海绵工程总造价 4 774.37 万元。

2）整体效果

通过对现有硬质护岸的生态化改造，体现了河湖治理的生态理念；通过透水混凝土沿湖布置防汛通道和慢行道路，形成一条交通便利、市民可达、滨水可亲的贯通岸线；将封闭管理的小汶港闸区打开大门，将企业管理的林地收回整合、拆除围墙，整体向公众开放，将原杂乱无章的荒地进行整治提升，按照“四化”（绿化、彩化、珍贵化、效益化）要求，布置草地、花境、树林，实现“四季有色、四季有香、四季有景”，为居民休憩娱乐增添滨湖亲水空间；对鱼塘改变“低效高排”的高密度养殖模式，通过生态化改造，种植沉水、挺水植物，投放鱼类和底栖动物，使其同时具备生态净化和雨水花园两方面功能，增强湿地碳汇能力，鱼塘水质总体达到Ⅱ类标准，局部区域达到Ⅰ类标准；对近岸约 7.25hm² 湖区进行水下地形整治，形成挺水植物、沉水植物、浮游动植物分布有序的生态修复带，增加生态韧性，构建层次丰富的水质净化网络。提升后的元荡成了居民们休闲娱乐的好去处，也改善了周边的生态环境，是居民们实打实能看到的海绵城市改造，也充分体现了“+ 海绵”的理念。

建设后的实景如图 3-328 ~ 图 3-332 所示。

图 3-328　整治后鱼塘实景图

图 3-329　整治后的湿地风光区

图 3-330　整治后的小汶港闸管区

图 3-331　整治后的鱼塘近景

图 3-332　小汶港闸管区

3.43 临港海绵城市展示中心

建设单位：上海临港新城投资建设有限公司
设计单位：上海市政工程设计研究（总院）集团有限公司
指导单位及资料提供单位：临港新片区管理委员会

3.43.1 基本情况

图 3-333 临港海绵城市展示中心区位图

临港海绵城市展示中心位于临港滴水湖旁，东临环湖西一路、北靠申港大道、西接水芸路，在临港金融大厦与临港城投之间的中庭绿地与出入口位置（图 3-333）。展示中心分为室内及室外两个展厅，其中，室内展厅室内展馆建筑面积 418m^2，建设内容包括海绵之源、海绵之路、海绵之城、海绵之芯和海绵之美 5 个展厅。室外展示区建筑面积约 2 900m^2，建设内容包括海绵城市渗、滞、蓄、净、用、排的海绵工程措施的综合应用，以及水循环树型雕塑、浅层调蓄设施、雨水花箱等海绵城市材料展示与技术运用表演等。该中心是第一个固定用于科普海绵城市知识和展示海绵建设成果的展览场所。

3.43.2 问题与需求分析

1）集中展示临港海绵建设效果的需要

上海临港海绵城市试点区是上海首个国家级海绵城市建设试点地区，试点面积达 79.08km^2，包括 7 个示范区、15 个项目包、100 余项具体工程。由于试点区范围大，且所涉及的海绵工程较多，无法在有限的时间内整体直观地了解临港海绵建设成果，因此急需一个能够充分展示临港全区海绵建设情况的场所。

2）临港海绵城市对外宣传的需要

展示中心的对外宣传对象主要包括以下群体：

（1）中央部级领导。展示中心将作为上级考核汇报的交流场地，从宏观角度关注园区的发展成果和远景目标。

（2）兄弟省市领导。展示中心将作为宣传交流平台，分享园区建设过程中的成功经验，了解海绵城市发展的思路和措施。

（3）大众媒体记者。展示中心将作为对外宣传形象平台，积极关注、报道海绵城市成果与动态，有利于形成全面系统的临港海绵城市建设宣传。

（4）公众市民游客。展示中心将作为聚合力平台，让公众认识、理解、支持、参与海绵城市的建设，营造全社会积极推进海绵城市建设的良好氛围。

（5）国内外专业领域人士。展示中心将作为招商服务平台，吸引国内外众多商家、单位及团体来上海临港举办各种关于海绵城市建设的技术交流会、学术研讨会、产品论证会等。

3）展示临港海绵城市建设愿景的需要

临港海绵城市的建设目前只完成部分工程，海绵城市未来建设成什么面貌，社会及公众缺乏一个直观的认识。通过建设展示中心，集中宣传展示临港海绵城市建设愿景，临港海绵城市未来建成的城市面貌，展现“带领观众体验一场陌生而又熟悉的水土——海绵城市科普的旅程”展示主题。

3.43.3　海绵方案设计

1）总体方案设计

临港海绵城市展示中心共分为四块：前区、展厅、室外展示区及海绵城市绿化景观区（图 3–334）。其中，前区及室外展示区通过海绵工程措施模型展示海绵城市渗、滞、蓄、净、用、排的综合应用；展厅展示内容包括海绵之源、海绵之路、海绵之芯、海绵之美和海绵之城 5 个部分；海绵城市绿化景观区为展示中心的连带改造区域，通过营造绿化景观展示海绵城市的“渗、滞、排”。

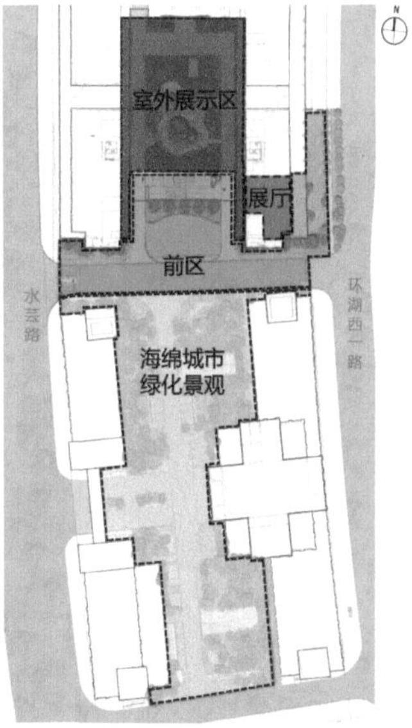

图 3–334　展区功能布局图

2）海绵设施展示

（1）生态透水铺砖及生态树池。展区前区采用生态透水铺装地面，接合六边形的水主题元素，并在广场上点缀生态树池，使参观者进入展厅之前就感受到海绵城市的文化（图 3–335）。

（2）雨水净化池。展示海绵城市雨水净化过程，有部分段透明可看其内部构造。内种旱生植物，表演时模拟雨水汇入过程，通过演示讲解及透明断面，了解海绵城市雨水渗透净化过程，更直接、深刻地了解海绵城市的构造形式（图 3–336）。

（3）雨水花园。雨水花园是海绵城市建设中常用的措施，其表面种植各类植物，与普通绿化形貌相似。为了更直接地说明雨水花园结构，展现雨水花园特有功能，在室外展厅雨水花园上部设置对应展示箱（图 3–337）。

（4）旱溪。室外广场地面的雨水汇入旱溪，实现“自然存积、自然渗透、自然净化”的海绵城市建设需求（图 3–338）。

图 3-335　生态透水铺砖及生态树池实景图

图 3-336　雨水净化池布置图

图 3-337　雨水花园展示模型

图 3-338 旱溪景观布置图

3.43.4 建成效果

1）投资情况

临港海绵城市展示中心工程总投资为 2 220 万元，其中室外景观工程包括绿化景观、透水铺装、旱溪、阶梯雨水花园等，总费用 560 万元；室内展厅工程包括室内装饰、中控、展示屏、投影设备，总费用 930 万元；室外展示工程包括艺术装置、导览系统、展板等，总费用 576 万元。

2）整体效果

本项目运用现代科技手段来展示海绵城市，突出临港试点区海绵城市建设特点。在展示丰富规划设计相关内容的同时，结合临港特色，重点展示海绵城市建设成果、现在和未来；设计了新颖别致的海绵设施展品，生动形象地展现了海绵设施的实际内涵（图 3-339 ~ 图 3-342）。

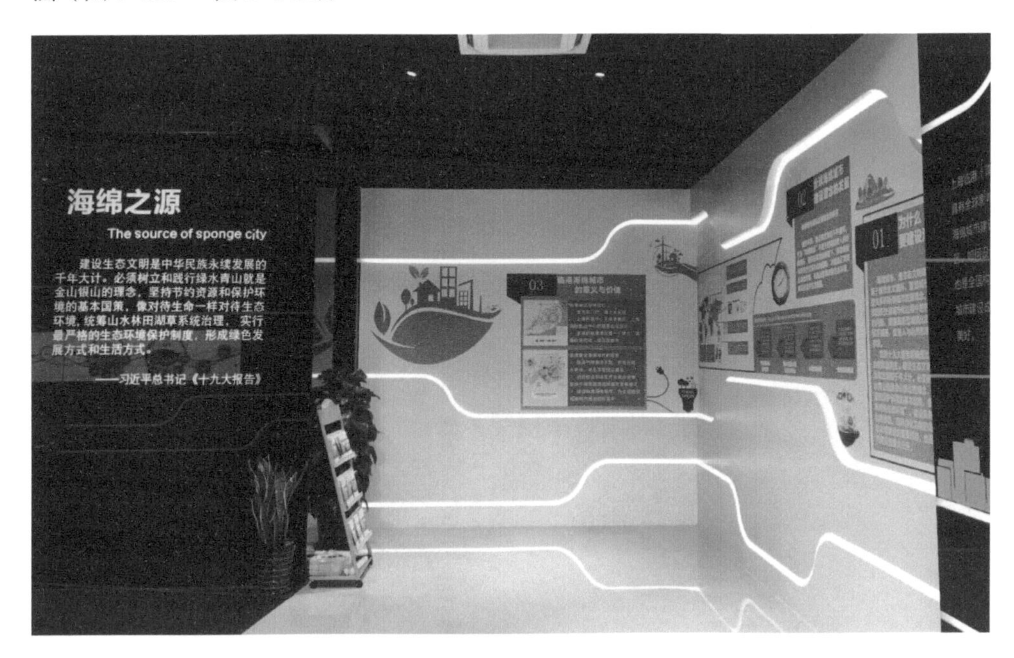

图 3-339 展厅实景图

图 3-340 室外展示总平面布置图

图 3-341 室外展示区实景图

图 3-342 室外展示区实景图

3.44 临港海绵城市智慧管控平台

建设单位：上海临港新城投资有限公司
设计单位：上海市政工程设计研究（总院）集团有限公司
施工单位：成都市信高工业设备安装有限责任公司、上海市政工程设计研究总院（集团）有限公司
指导单位及资料提供单位：临港新片区管理委员会

3.44.1 基本情况

1）地表水监测点位

目前现有地表水常规监测点包括临港新城滴水湖的引水水源、外围河道、射河涟河和滴水湖区等46个监测点，主要开展水文监测、水质监测和生物监测。

2）雨水排放口监测点位

现有雨水排放口附近监测点主要设置于射河涟河主要雨水排放口附近河道，根据排放口所处不同地块类型分类设置断面，主要分居民区污水、农业废水、道路雨水、商业区排水、办公区排水、绿地排水等类型，每个类型设置2个典型断面。

3.44.2 需求与服务对象分析

1）功能需求分析

（1）动态监管需求。随着临港海绵城市建设的不断开展、海绵城市相关设施监管要求的不断提升，需要对建设过程的管控，对各种设备的管控（包括设备、工单、巡检），对海绵设施的监测，对水质、水量等指标的在线监测，通过实时计算，动态监测海绵城市运营状态。同时，由于海绵城市建设牵扯项目数量大，分属不同的职能部门管控，在海绵城市建设过程中，需要采取一定的管控手段，对临港海绵城市建设过程实行统一化、标准化的全生命周期管理。

目前临港缺少一套对水环境、水资源、水安全、水生态、海绵设施、相关设备进行全天候动态监测，能够应对风险防控、针对突发事件预警分析、应急处置及辅助决策的智慧管控系统。因此，必须要建立一套信息化管理系统为海绵城市监管提供全面的管理支撑。

（2）绩效考核需求。临港管控平台以排口、管道流量、液位数据、河道断面水质数据、历史积水点数据、雨水收集利用量数据等一系列数据为支撑，以在线监测、定期填报、系统记录相结合的方式获取所需数据，为海绵城市建设效果的定量化绩效评

价与考核提供长期在线监测数据和计算依据，构建考核评估计算方法体系，为考核评估建立必不可少的数据采集、分析与展示平台。

2）服务对象分析

（1）政府行政主管部门。从海绵城市规划、建设到运行管理的全生命周期中，政府行政主管部门发挥着至关重要的作用：①在海绵项目建设期，掌控项目建设进度，监管项目的建设质量；②建立海绵城市绩效考核与指标考核体系，动态监管海绵城市运行效果；③制定海绵城市应急指挥体系，进行城市内涝或防汛等事故应急指挥与调度；④向社会公众宣传海绵城市相关信息，通过双向沟通手段推动民众对海绵城市建设与管理的支持。

（2）项目建设单位。在海绵城市建设过程中，项目建设单位需要获取政府和其他单位的文件通知，及时向政府主管部门上报项目建设情况，并与其他单位实现事务管理的协同共享。另外，还需要对项目质量进行精细化管理。

（3）海绵城市管控单位。管控单位通过信息化平台管理项目、地块、低影响开发设施、地下管线等海绵城市设施，并实现海绵设备与设施养护智能化、少人化；通过海绵城市监测网络实现主要监测点数据的在线采集与集中显示，对海绵城市运行数据进行统一管理与统计分析，定期向上级监管部门上报数据。

（4）社会公众。利用“互联网 +”政务服务手段，让民众可以通过多种形式全方位了解海绵城市，同时实时反馈水情及设施故障等信息，提高民众对海绵城市建设的参与度与支持度。

3）设计原则

海绵城市智慧管控平台的开发涉及面广、技术难度较高，因此在系统设计过程中，需着重考虑安全可行与现有技术的合理运用，统一接口标准与设计规范，统筹规划，分步实施。

平台建设要遵循以下原则：实用性和经济性原则、全面覆盖和体系完整原则、可伸缩性与开放性原则、共享与标准统一原则、安全性和可靠性原则、兼容性和多样性原则、扩展性和灵活性原则。

3.44.3 总体架构设计

临港海绵城市智慧管控平台采用 B/S 架构，实现 WEB 端和移动端的系统浏览、功能使用。总体构架如图 3-343 所示。

临港海绵城市智慧管控平台采用 SOA 系统设计理念，遵循 SOA 的架构要求。系统设计充分考虑业务与功能的紧密结合，将系统总体结构分为基础设施层、感知层、数据层、应用层、交互层以及展示层。

基础设施层主要包括：①基础安全系统，如防火墙、安全网关等；②硬件基础设施，如服务器、存储器、网络、容灾等设施建设，提供硬件及网络安全保障；③ GIS 地理信息系统软件等。

感知层实现各类传感仪器仪表的数据监测与采集以及人工数据录入。

图 3-343　平台总体设计架构

数据层以海绵城市数据仓库为核心，实现数据的资产化管理，包括数据的抽取整理、实时计算、统计分析、主题关系建立、仿真模拟以及共享交换等。

应用层涉及的内容包括决策支持管理系统、运维业务管理系统、监控监测、运行绩效评估系统。

平台交互层包括海绵城市“一张图”监管门户和公众服务平台。

展示层主要为临港海绵城市智慧管控平台的展示方式，用户可通过PC、大屏幕、移动终端等多种形式访问。

3.44.4　监测站点布置

1）总体监测方案

临港海绵城市总体监测方案分为试点区、汇水分区、排水分区、项目地块、海绵设施5个层级开展。根据海绵城市建设考核的要求进行布置，监测布点方案如图3-344所示。结合相关研究成果，在利用模型工具总结流域内水质水量变化特点的基础上，于水质水量关键节点处、典型项目及典型设施处布置监测点，获取必要的水质水量资料，并结合模型工具分析得到全域建设效果。

根据一次规划分期实施的原则，一期监测点结合重点监测对象滴水湖、近期建设项目及现场实际条件，集中对典型项目和典型设施进行布置；二期监测点主要结合项目进度布置，具体点位结合实际需要微调。

图 3-344 临港海绵城市总体监测布点方案

2）一期监测方案

经分析，一期监测方案确定了监测点数量共 54 个，其中有 21 个水质监测站、18 个关键节点流量及 SS 监测站、9 个雨量监测站、6 个河道液位监测站。临港一期监测方案如图 3-345 所示。此外，管控平台外接了 27 个海绵项目在线监测数据，作为项目监测的补充，同时通过人工取样进行水质分析，为在线监测数据的分析提供参考。

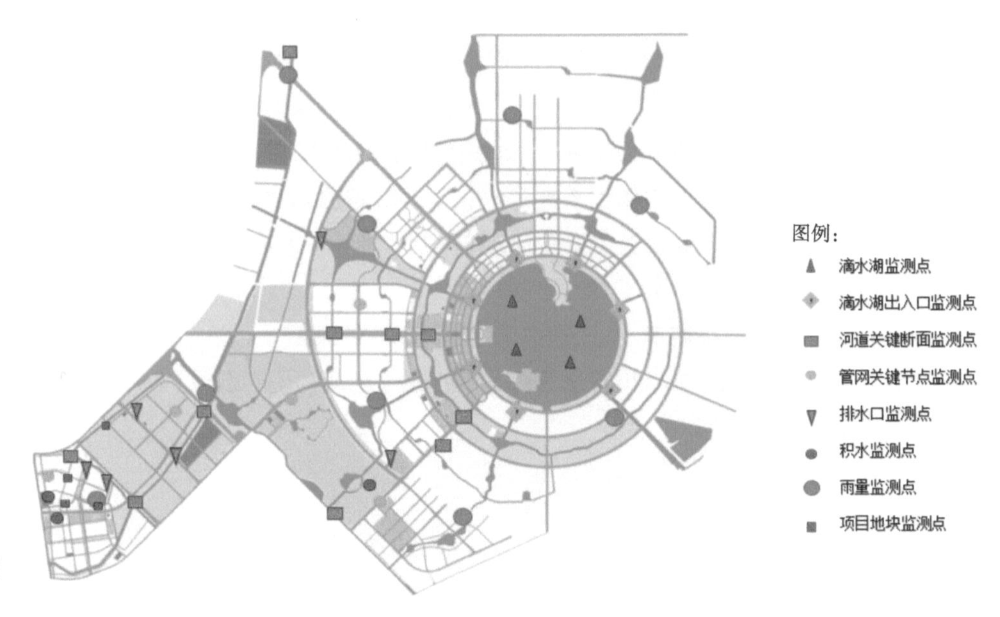

图 3-345 一期监测点位布置总图

3）滴水湖监测点

由于主城区水系现状基本无常规引排水，滴水湖湖面由于风浪较易出现死水区。通过实地勘察，在易出现死水的 4 个区域布设浮标站，如图 3-346、表 3-12 所示。

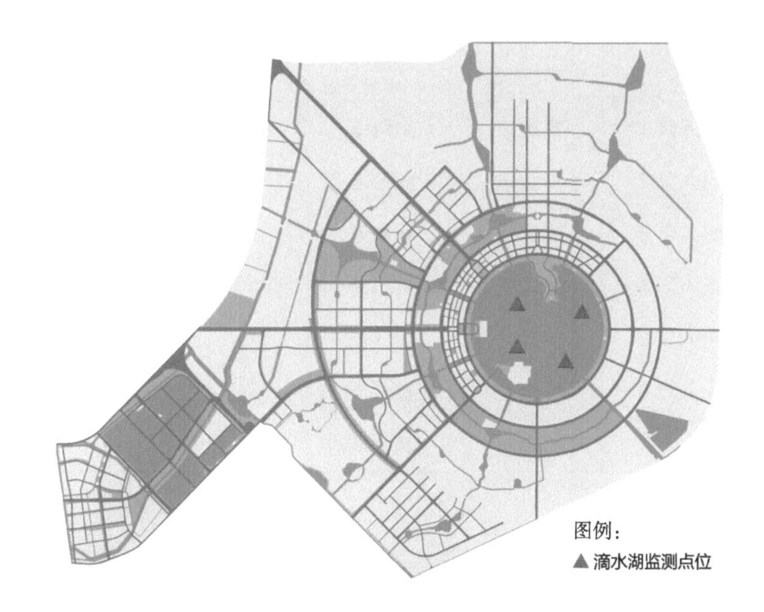

图 3-346　滴水湖监测点位平面布置图

表 3-12　滴水湖监测点信息一览表

序号	测站名称	测站类型	位置	监测要素
1	滴水湖 1	浮标站	滴水湖西侧	五参数、氨氮、叶绿素 / 蓝绿藻
2	滴水湖 2	浮标站	滴水湖南侧	
3	滴水湖 3	浮标站	滴水湖东侧	
4	滴水湖 4	浮标站	滴水湖北侧	

4）滴水湖出入口监测点

为掌握滴水湖出入水口水质情况，能够配合模型进行水质预警监测，防止污染水体进入或流出人工湖，针对进入湖区 7 条河道分别布设水质监测站，如图 3-347、表 3-13 所示。

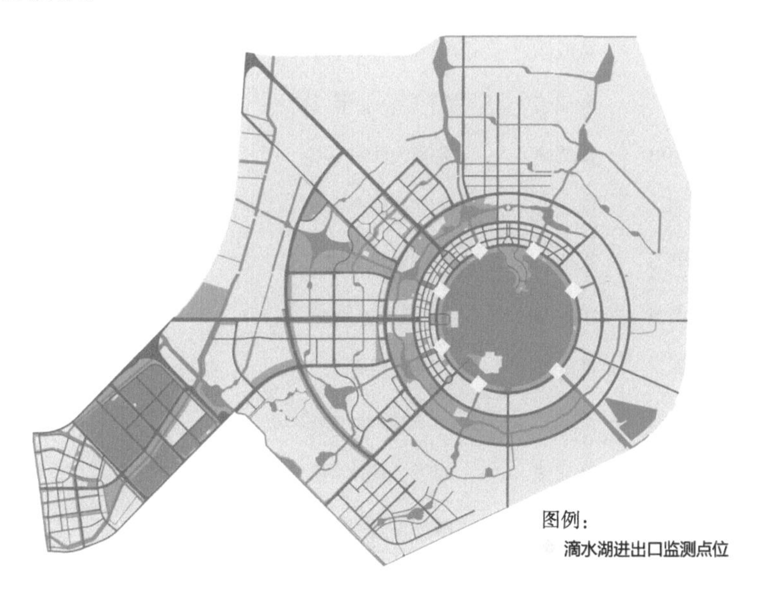

图 3-347　滴水湖进出口监测点位平面布置图

表 3-13　滴水湖进出口监测点信息一览表

序号	测站名称	测站类型	位置	监测要素
1	滴水湖出入口 1	岸边站	绿丽港	
2	滴水湖出入口 2	岸边站	黄日港	
3	滴水湖出入口 3	岸边站	橙和港	
4	滴水湖出入口 4	岸边站	赤风港	五参数、氨氮、总磷、COD、液位
5	滴水湖出入口 5	岸边站	紫飞港	
6	滴水湖出入口 6	岸边站	蓝云港	
7	滴水湖出入口 7	岸边站	青祥港	

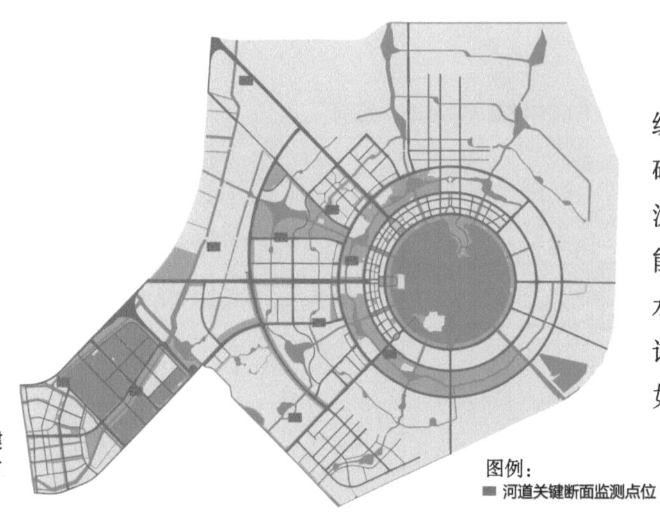

图 3-348　河道关键断面监测点位平面布置图

5）河道关键断面监测点

河道水系监测点布设在综合考虑人工检测现状的基础上，针对试点区内主要河流的进出口、交汇处、水功能区界等关键 10 个断面布设水质在线监测，以实时了解试点区内水环境实时状况，如图 3-348、表 3-14 所示。

表 3-14　河道关键断面监测点信息一览表

序号	测站名称	测站类型	位置	监测要素
1	河道关键断面 1	集成站	大芦东路日新河交叉处	
2	河道关键断面 2	集成站	塘下公路汇闸河桥	
3	河道关键断面 3	集成站	海事大学校园内	
4	河道关键断面 4	集成站	花柏路秋涟河交叉处	
5	河道关键断面 5	集成站	杞青路夏涟河交叉处	五参数、氨氮、总磷、COD_{Mn}、液位
6	河道关键断面 6	集成站	城市公园	
7	河道关键断面 7	集成站	橄榄路夏涟河交叉处	
8	河道关键断面 8	集成站	塘下公路塘北桥交叉处	
9	河道关键断面 9	集成站	塘下公路水闸河	
10	河道关键断面 10	集成站	海港大道春涟河	

6）管网关键节点监测点

针对试点区内 6 处重要管网关键节点进行水质水量监测，以便辅助风险及调度模型数据采集，如图 3–349、表 3–15 所示。

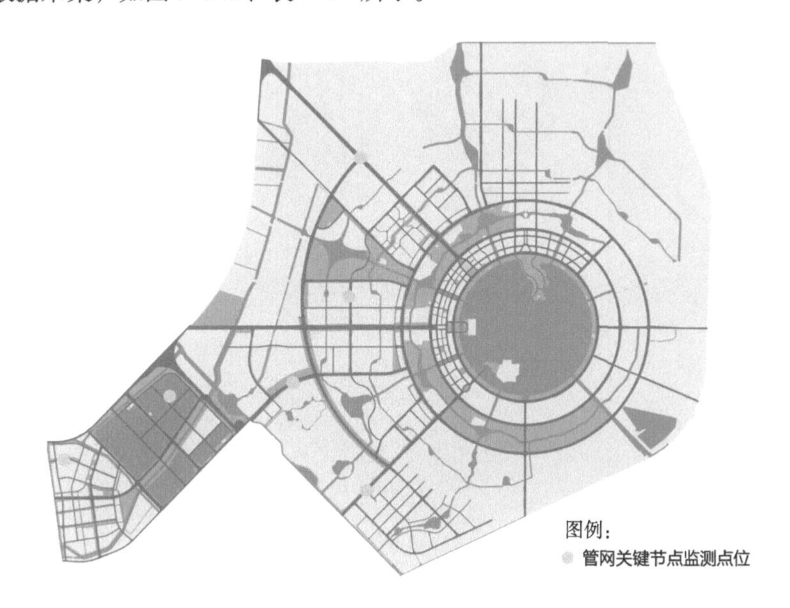

图 3–349　管网关键节点监测点位平面布置图

表 3–15　管网关键节点监测点信息一览表

序号	测站名称	测站类型	位置	监测要素
1	管网关键节点 1	管网内	同顺大道管网监测点	流量、SS
2	管网关键节点 2	管网内	塘下公路管网监测点	
3	管网关键节点 3	管网内	芦云路管网监测点	
4	管网关键节点 4	管网内	美人蕉路近海港大道监测点	
5	管网关键节点 5	管网内	美人蕉路近古棕路监测点	
6	管网关键节点 6	管网内	港辉路管网监测点	

7）排水口监测点

在试点区内选择周边有污染进入的市政排水口，包括餐饮、物流、附近河道水质变化较大的 6 个排水口监测点，以掌握湖区易污染排口的水质情况，对潜在的污染源予以监督，及时应对突发污染事件，如图 3–350、表 3–16 所示。

8）雨量监测布置点

区域雨量监测站点主要监测不同区域的降雨情况，提供准确的降雨数据，支持海绵城市设施效能分析及考核评估。由于试点区内降雨特性无明显差异，因此根据现有汇水分区情况，合考虑海绵项目建设情况，进行均匀布点，如图 3–351、表 3–17 所示。

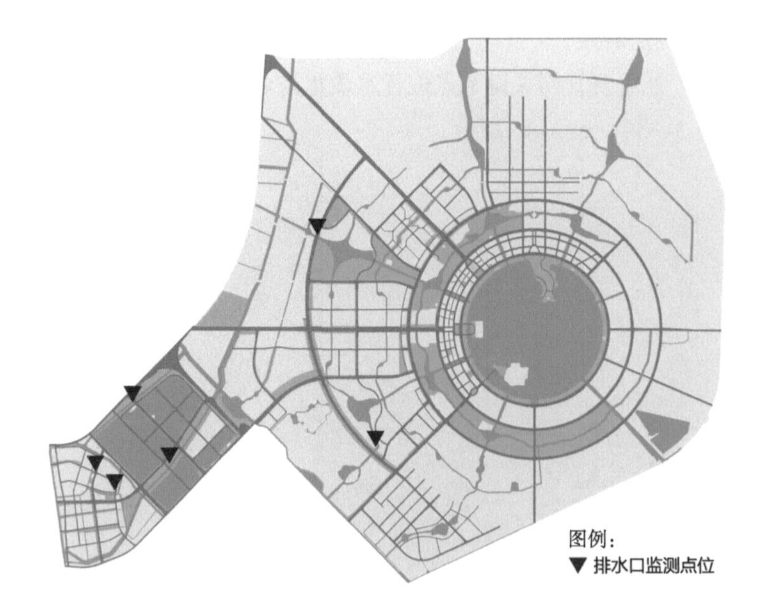

图 3-350 排水口监测点位平面布置图

表 3-16 排水口监测点信息一览表

序号	测站名称	测站类型	位置	监测要素
1	排水口监测 1	管网内	芦潮路排口监测点	流量、SS
2	排水口监测 2	管网内	夏涟河竹柏路排口监测点	
3	排水口监测 3	管网内	秋莲河橄榄路排口监测点	
4	排水口监测 4	管网内	里塘河芦云路排口监测点	
5	排水口监测 5	管网内	七组支河港辉路排口监测点	
6	排水口监测 6	管网内	随塘河港辉路排口监测点	

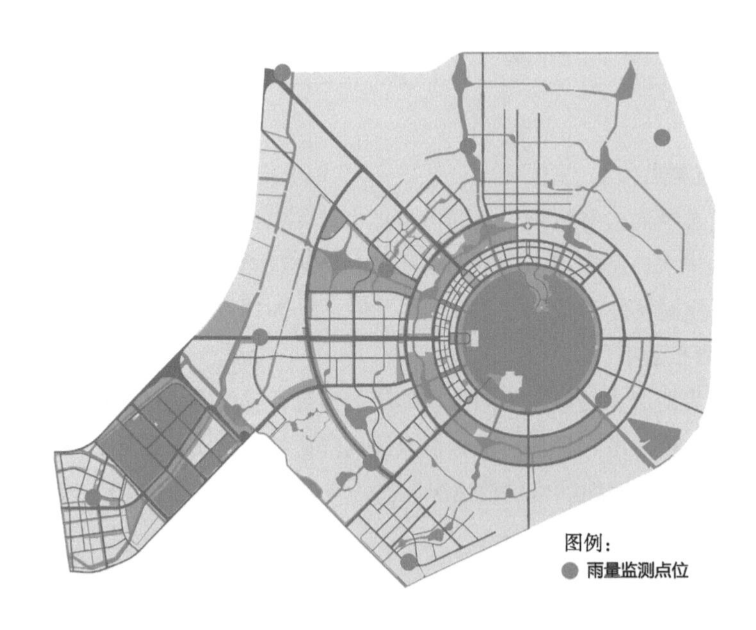

图 3-351 雨量监测点平面布置图

表 3-17　雨量监测点信息一览表

序号	测站名称	测站类型	位置	监测要素
1	雨量监测 1	雨量站	S7 道路附近	降雨量
2	雨量监测 2	雨量站	水华路和申港大道交叉处	
3	雨量监测 3	雨量站	港辉路和芦茂路交叉处	
4	雨量监测 4	雨量站	杞青路和夏涟河交叉处	
5	雨量监测 5	雨量站	海基六路和海洋四路交叉口	
6	雨量监测 6	雨量站	临港大道和两港大道交叉处	
7	雨量监测 7	雨量站	春涟河与赤风港交叉处	
8	雨量监测 8	雨量站	世纪塘路中段	
9	雨量监测 9	雨量站	古棕路和护城环湖交叉处	

9）海绵设施监测点

根据不同的项目类型，选取 4 个典型项目地块的海绵设施进行效果监测，其中排放口生态净化塘与浅层调蓄设施分别布设流量计、SS 计各 2 台；道路红线外雨水花园与蓄水模块及缓释器设施分别布设流量计、SS 计各 1 台，如图 3-352、表 3-18 所示。

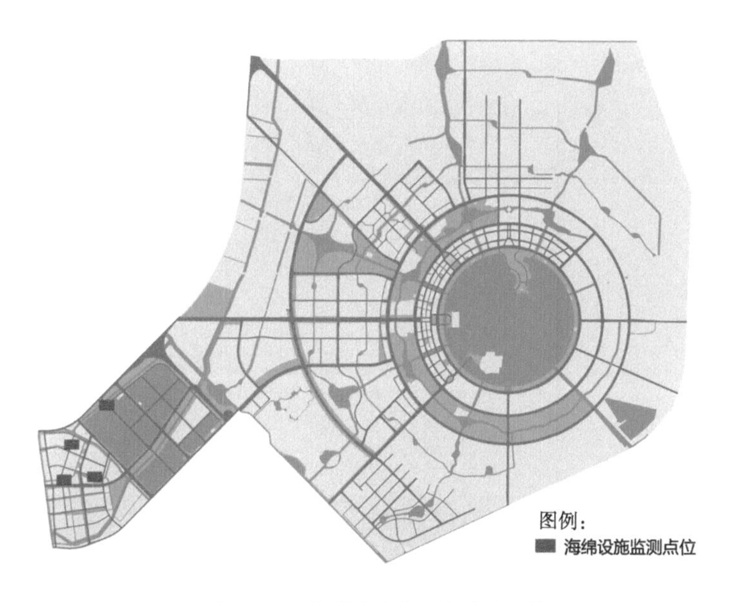

图 3-352　海绵设施监测点平面布置图

表 3-18　海绵设施监测点信息一览表

序号	测站名称	测站类型	位置	监测要素
1	排放口生态净化塘	管网内	物流园洋浩路日新河	流量、SS
2	浅层调蓄设施	管网内	江山路潮乐路	
3	道路红线外雨水花园	管网内	芦茂路潮和路	
4	蓄水模块及缓释器	管网内	新芦苑 F 区 6 号楼前绿地	

3.44.5 整体成效

临港海绵城市智慧管控平台基于临港海绵城市规划建设需求，服务于海绵城市建设运维管控与考核评估，主要使用物联网、大数据，以云计算虚拟化平台为基础，以海绵城市数据中心为核心，结合 GIS+ 物联感知网络构建海绵城市智慧管控平台，多角度、全方位实时监测海绵城市建设过程及运行情况，实现对海绵城市从规划、建设到运行管理的闭环精准管理。

1）软件系统效果

软件页面展示如图 3-353 ~ 图 3-357 所示。

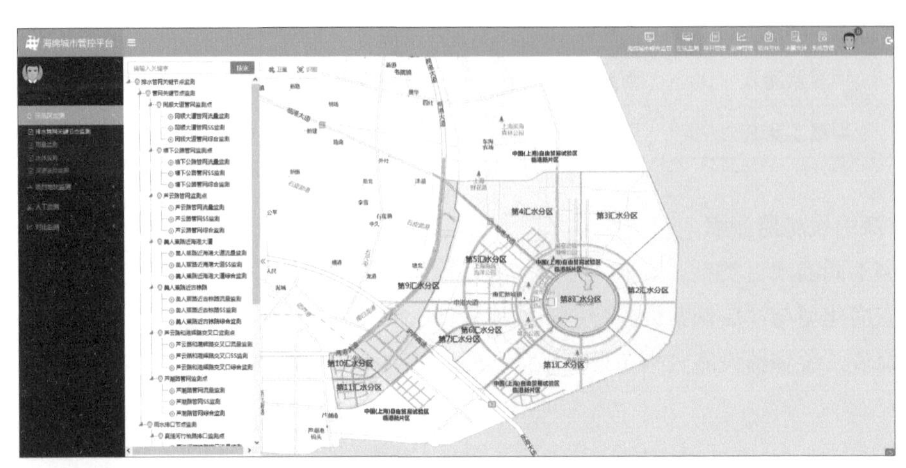

图 3-353 在线监测系统

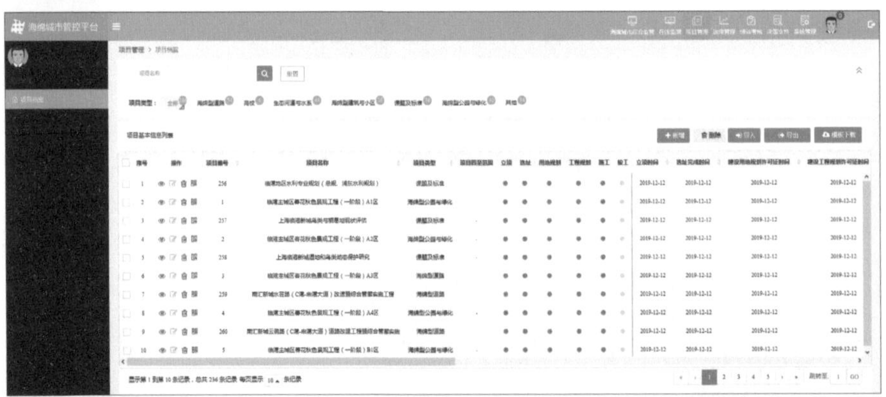

图 3-354 项目管理系统

图 3-355 海绵项目监测

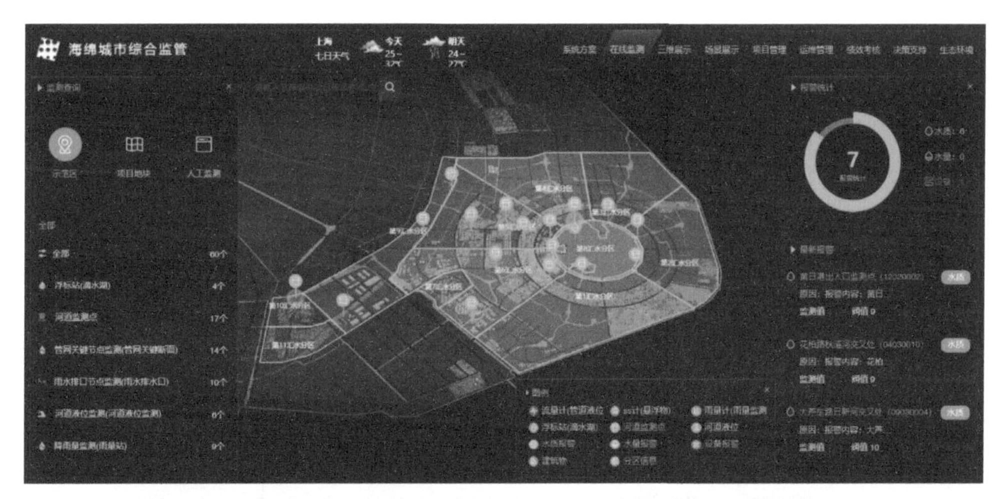

图 3-356　海绵监测网络

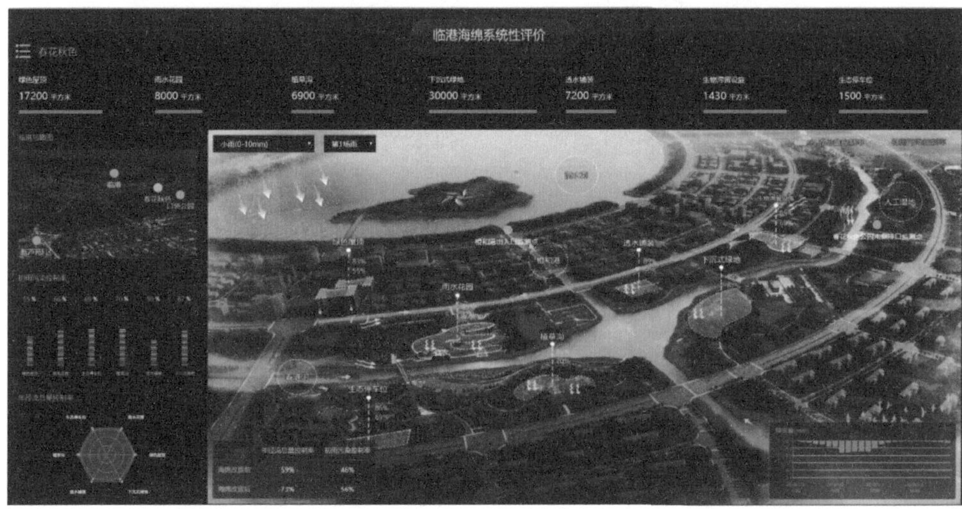

图 3-357　海绵系统评价

2）监测设备

监测设备展示如图 3-358 ~ 图 3-362 所示。

图 3-358　岸边站实景图

图 3-359　集成站实景图

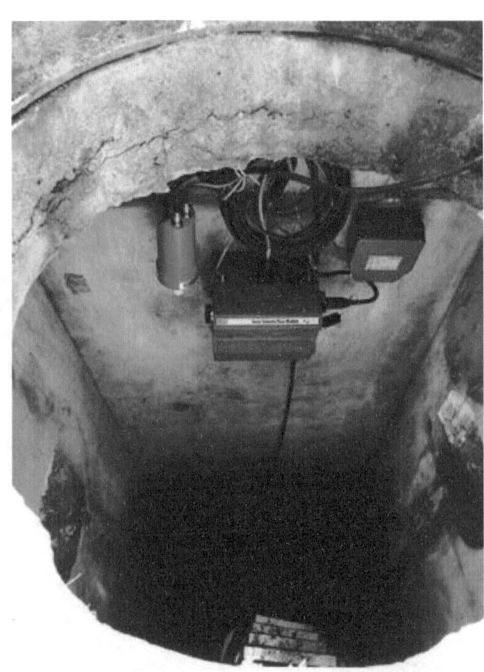

图 3-360　流量计实景图

图 3-361　雨量计实景图

图 3-362　浮标站实景图